推薦序

　　生活在地球上、觀察著截然不同的生命形式，似乎不少人都視為理所當然。但或許就好像是我們的身體一樣，直到失去了健康、開始生病後，才會意識到這一切是如此的得來不易。在這本《地球演化百科圖鑑》中，從地球與其太陽系的形成開始，循著脈絡一路引導大家走過生命的起源直到現在，最後再一同放眼未來，相信讀者們將會有更大的視野來感受這顆奇蹟之星的存在，進而瞭解我們人類自身的起源和眾多迷人生物多樣性的歷史。

　　知古鑑今，是一句常被掛在嘴上的話。可惜的是，這個「古」在一般的討論中，似乎都只會停留在很近期或者是人們所習慣的時間軸以內。舉例來說，臺灣和日本都沒有現存的野生鱷魚，也因此在臺灣和日本兩地的生物多樣性討論中，鱷魚雖身為目前現存體型最大的爬蟲類，但基本上不會受到任何的重視。或許這也可以說是一反大多數人普遍的認知與常識，其實在臺灣和日本的生命演化歷程中，不只有鱷魚這個類群，甚至還有當時全世界最大的鱷魚（現存最大鱷魚是六公尺多的鹹水鱷），也就是體長能達七公尺的豐玉姬鱷（*Toyotamaphimeia*）。

　　雖這本《地球演化百科圖鑑》無法包山包海，就像內容中也未提及這個目前只有在臺灣和日本所發現的大型鱷魚例子一樣，但相信已經能帶給讀者一個更大的尺度來思考地球與其生命演化的全貌，也就是當人們不論是快速瀏覽或是細讀這本書的內容，都能體會到地球的環境和生物的組成都是不斷的在改變。當我們瞭解原來環境與生物多樣性是持續的改變，就有機會能預測下一步，甚至是扭轉原本已經要步入的滅絕漩渦，而這就是近來在古生物研究裡想要推廣的保育古生物學（conservation paleobiology）。

延續前面所提到，這個臺灣和日本都有，但卻是不同物種的大型鱷魚例子（日本所發現的是待兼豐玉姬鱷，臺灣的物種是臺灣豐玉姬鱷），其清楚的證明了臺灣和日本都曾經發生過生物多樣性的滅絕事件。然而有趣的是，豐玉姬鱷們生存的時間點是大多數人都很熟悉，也就是《地球演化百科圖鑑》有提到的地質年代 ── 第四紀、或是更新世的冰河時期。這個所謂的冰河時期最著名的大型生物就是猛瑪象和劍齒虎，但您萬萬想不到的是，猛瑪象和劍齒虎也都曾在臺灣留下足跡，這事實可說是顛覆大多數人的認知。因此，大尺度的生物多樣性滅絕，與其地球環境共舞的演變一直都不是多數篇幅有限的科普書籍裡所能完整列舉的例子，而是各個地區所發現的古生物與其環境的轉變，這些都能幫助我們更進一步的瞭解地球與其生命一路漫長的旅程，進而讓我們去思考應該或能留下些什麼給未來的下一代。

　　在地球上已經結束的生命之舞尚有很多未知等著我們去探索與發掘，但未來的生命之舞也取決於我們當下的行動，希望讀者們能夠透過本書感受到地球演化的迷人之處，並從古生物所留下的種種線索，瞭解生命是如何演變而來。

臺灣大學生命科學系 副教授
蔡政修

自然百科
012

地球演化
百科圖鑑

新版 地球・生命の大進化

晨星出版

contents

46億年的故事

前言	7
刊頭特集 照片中的奇蹟之星「地球」	8
水之行星　海	10
地球的屋頂　山	12
乾枯的大地　撒哈拉沙漠、艾爾斯岩、蜘蛛型撞擊坑	14
動植物的樂園　紅樹林、熱帶雨林	16
自然形成　極光、溫帶低氣壓	18
地球上的生物系統圖	20
序章　認識地球的構造	
地球的內部構造	22
COLUMN　從地震波了解地球內部	23
覆蓋地球的板塊	24
板塊構造論	26
地函的動力機制	28
COLUMN　從韋格納的「大陸漂移說」到「板塊構造論」	29
火山活動	30
熱點	32
地震	34
海流	36
大氣的構造與循環	38
保護地球的磁場	40
地球史年表	42

第1部 地球的誕生與演化

第1章　地球形成期

- 01. 太陽系的起源 …………………………………………… 46
  - 太陽系形成的過程 ……………………………………… 48
  - 太陽系裡的地球 ………………………………………… 50
  - COLUMN　宇宙裡的太陽系 …………………………… 53
  - COLUMN　太陽系的行星介紹 ………………………… 54

- 02. 原始地球與大碰撞說 …………………………………… 58
  - 有部分地球剝落 ………………………………………… 60
  - 大氣與海洋來自何方？ ………………………………… 62
  - COLUMN　地球的兄弟星「月球」 …………………… 64

第2章　冥古宙～太古宙

- 03. 地球形成後仍持續發生的小天體碰撞 ………………… 72
  - 神祕的冥古宙 …………………………………………… 74
  - COLUMN　觀察撞擊坑了解天體碰撞 ………………… 77
  - COLUMN　大陸地殼與海洋地殼 ……………………… 78

- 04. 生命誕生 ………………………………………………… 80
  - 來自海中的生命 ………………………………………… 82
  - COLUMN　會產生氧的光合作用與不產生氧的光合作用 …… 83

第3章　元古宙

- 05. 大氧化事件與全球凍結 ………………………………… 84
  - 大氣中的氧急速增加 …………………………………… 86
  - COLUMN　礦物告訴我們氧氣的歷史 ………………… 87
  - 生物的主角換人 ………………………………………… 88
  - COLUMN　生命是什麼？ ……………………………… 90
  - 第一個超大陸誕生 ……………………………………… 92
  - COLUMN　威爾遜循環 ………………………………… 93
  - 決定地球氣候的關鍵 …………………………………… 94
  - COLUMN　冰河時期是什麼？ ………………………… 95
  - 為什麼會發生全球凍結？ ……………………………… 96
  - 全球凍結中活下來的生命 ……………………………… 98
  - 地球史上第一個大型動物誕生 ………………………… 100
  - COLUMN　化石告訴我們的事 ………………………… 103
  - 元古宙～古生代初期的大陸 …………………………… 104

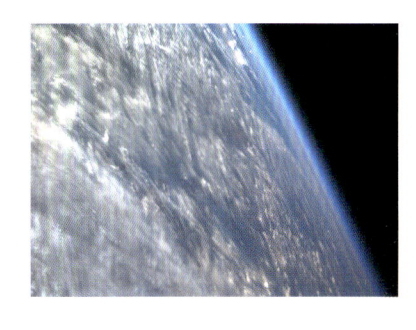

第 2 部　截至目前為止的地球

第 4 章　古生代

06. 寒武紀大爆發與生物的多樣化 ……………………… 106
　　寒武紀大爆發是指？ ………………………………… 108
　　COLUMN　寒武紀大爆發的關鍵是有「眼」？ …… 111
　　節肢動物出現 ………………………………………… 112
　　COLUMN　三葉蟲的演化 …………………………… 113
　　植物登陸 ……………………………………………… 114
　　魚類時代的到來 ……………………………………… 116
　　動物登陸 ……………………………………………… 118
　　氧氣濃度是現在的 1.5 倍以上！ …………………… 120
　　二疊紀最活躍的哺乳動物早期祖先 ………………… 122

07. 史上最大的大滅絕 …………………………………… 124
　　大滅絕是指？ ………………………………………… 126
　　滅絕原因是地函熱柱造成的火山噴發？ …………… 128
　　火山噴發在西伯利亞留下的巨大爪痕 ……………… 130

第 5 章　中生代

08. 恐龍時代的到來 ……………………………………… 132
　　大滅絕後的三疊紀世界 ……………………………… 134
　　氧濃度極低的侏儸紀 ………………………………… 136
　　低氧環境促使呼吸系統演化 ………………………… 138
　　分成兩大類的恐龍 …………………………………… 140
　　恐龍介紹①〈獸腳類〉 ……………………………… 142
　　恐龍介紹②〈蜥腳形類〉 …………………………… 144
　　恐龍介紹③〈裝甲類、頭飾龍類〉 ………………… 146
　　恐龍介紹④〈鳥腳類與其他〉 ……………………… 148
　　發生在白堊紀末的大滅絕 …………………………… 150

第 6 章　新生代

09. 大型恐龍滅絕後的世界 ……………………………… 152
　　新生代的地球環境 …………………………………… 154
　　世界屋脊「喜馬拉雅山脈」的形成 ………………… 156
　　巨鳥登場 ……………………………………………… 158
　　COLUMN　從不飛鳥到冠恐鳥 ……………………… 159
　　哺乳類的演化 ………………………………………… 160
　　回到海裡的哺乳類 …………………………………… 162

10. 人類的登場 …………………………………………… 164
　　第四紀的地球環境 …………………………………… 166
　　第四紀的大型生物 …………………………………… 168
　　COLUMN　現生種的生物們 ………………………… 169

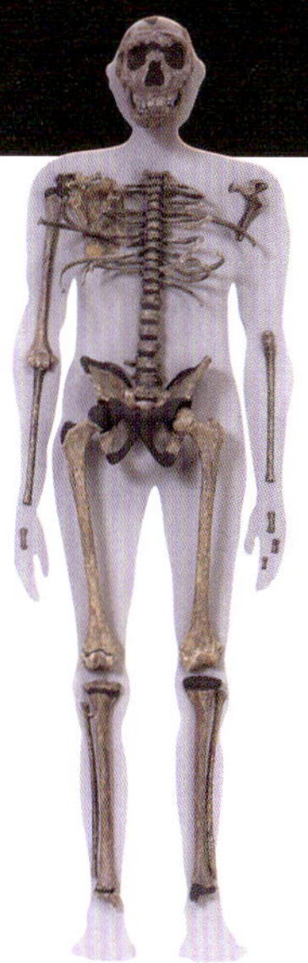

靈長類們的演化……170
歷經演化的人類……172
COLUMN 為什麼有肉食性與植食性的區分？……173
現代人類活下來的關鍵是？……174
COLUMN 矮小人類「弗洛勒斯人」……175
石器時代的文化……176

第3部 地球與人類的未來

第7章 未來的地球

11. 地球暖化……178
    逐步加劇的全球暖化……180
    COLUMN 發生在世界各地的環境異變……181
    人類與地球暖化的關係①……182
    人類與地球暖化的關係②……184
    海將會酸化？……186
    COLUMN 如何防止地球暖化？……187
    溫暖期與寒冷期……188
    COLUMN 化石燃料還能夠維持多久？……189

12. 接下來將發生的地殼變動……190
    必然成真的巨大火山爆發……192
    COLUMN 地球因「火山冬天」而急速變冷……193
    2億5000萬年後的超大陸……194
    COLUMN 另外一個「超大陸」論……195

13. 地球的命運……196
    增加亮度的太陽……198
    地球生物圈的終結……200
    COLUMN 人類何時滅亡？……201

14. 太陽的命運與宇宙的終結……202
    老化的太陽……204
    宇宙將何去何從？……206
    COLUMN 白矮星的超新星爆發……207

15. 地外生命存在嗎？……208
    太陽系外行星的發現……210
    COLUMN 如何發現行星？……211
    存在地外生命的可能性……212
    COLUMN 地外智慧生命體真的存在嗎？……213
    挑戰宇宙的人類……214

索引……216
參考文獻……220

照片、插圖引用

【p.8-9】 NASA/NOAA/GSFC/Suomi NPP/VIIRS/Norman Kuring

【p.10】 NASA

【p.12】 Jeffrey Kargel, USGS/NASA JPL/AGU、NASA

【p.14】 NASA/GSFC/METI/ERSDAC/JAROS, and U.S./Japan ASTER Science Team、NASA、Space Imaging

【p.16-17】 Jesse Allen, Earth Observatory, using data obtained from the University of Maryland's

【p.18-19】 Norman Kuring, NASA Ocean Color Group、NASA/James Yungel、Jesse Allen, Earth Observatory, using data obtained from the Goddard Earth Sciences DAAC、NASA

【p.29】 NASA

【p.31】 wdeon / Shutterstock.com

【p.33】 NOAA

【p.41】 NASA

【p.48】 NASA/JPL-Caltech

【p.50】 NASA

【p.52-53】 NASA/JPL

【p.60】 NASA/JPL-Caltech

【p.64-65】 NASA/JPL/USGS、NASA

【p.70-71】 NASA

【p.76-77】 NASA、NASA/JPL

【p.91】 NASA/Mary Pat Hrybyk-Keith

【p.126-127】 Esteban De Armas/Shutterstock.com

[p.172-173] L.H.4下頜骨（Australopithecusafarensis）、TS 5頭骨（Australopithecus africa-nus）、KNM-WT 17000頭骨（Australopithecus/ Paranthropus aethiopicus）、SK 48頭骨（Aust-ralopithecus/Paranthropus robustus）、OH 5頭骨（Australopithecus/Paranthropus boisei）、OH9頭骨（Homo erectus/ergaster）、Kabwe1頭骨（Homo heidelbergensis）、La Chapelle-aux-Saints頭骨（Homo neanderthalensis）/ 全數來自日本國立科學博物館

[p.175] Liang Bua 1/ 日本國立科學博物館

【p.184】 Data courtesy Marc Imhoff of NASA GSFC and Christopher Elvidge of NOAA NGDC. Image by Craig Mayhew and Robert Simmon, NASA GSFC

【p.187】 SeaWiFS Project, NASA/Goddard Space Flight Center, and ORBIMAGE、Jose Gil / Shutterstock.com

【p.204-205】 Stefan Seip（AstroMeeting）、Xavier Haubois（Observatoire de Paris）et al.、NASA, ESA, and the Hubble Heritage Team（STScI/AURA）、NASA, ESA, H. Bond（STScI）and M. Barstow（University of Leicester）

【p.206-207】 NASA/JPL-Caltech、NASA, ESA, CXC, SAO, the Hubble Heritage Team（STScI/AURA）, J. Hughes（Rutgers University）

【p.211】 NASA, ESA, and G. Bacon（STScI）、NASA, ESA, and D. Aguilar（Harvard-Smithsonian Center for Astrophysics）

【p.212-213】 NASA/ESA/G. Bacon（STScI）、NASA/JPL/University of Arizona、NASA/JPL/USGS、Seth Shostak/SETI Institute

【p.214-215】 NASA、NASA/Kim Shiflett、NASA/Joel Kowsky、NASA/Dominic Hart、NASA/JPL-Caltech

其他照片、資料提供（並非按使用順序）

西予市、西予市城川地質館、大學共同利用機關法人自然科學研究機構國立天文臺、三笠市立博物館、福井縣立恐龍博物館、國立科學博物館、獨立行政法人宇宙航空研究開發機構（JAXA）、獨立行政法人海洋研究開發機構（JAMSTEC）、PANA 通信社、川上紳一、嶋村正樹、山岸明彥、原田馨、Shuhai、Xiao、NOAA(The National Oceanic and Atmospheric Administration)

前言

地球目前正在改變，全球暖化就是其中一例。然事實上，地球自古以來就持續不斷在改變，而且經歷的都是些足以導致眾多生物滅絕的劇變，例如：比現在地球暖化規模更大的超高溫暖化、使全球凍結的超寒冷化、小行星撞擊、超大規模火山爆發、大洋缺氧事件等。

地球從約46億年前誕生至今，歷經各種磨難的同時，也逐漸演化，今後將持續演化下去。在這個過程中，時間不斷流逝，萬物也不斷改變，我們從中窺探到宇宙普遍的法則。我們所處的「現在」，不過是從過去延伸到未來的「時間軸」上的一個片段罷了。

生命在這樣的地球上誕生，雖多次面臨滅絕危機，卻每次都存活下來，並發展成今天的模樣。生命的演化與地球環境的進化，有著密不可分的關係。

本書是以上述的「演化」為主題，透過淺顯易懂的視覺方式，說明最新的研究觀點，介紹地球與生命充滿戲劇性的歷史，更進一步探討地球與生命未來可能的發展方向與預測。希望各位能夠透過本書，感受到地球史／生命史的神奇魅力。

田近 英一

刊頭特集

照片中的奇蹟之星「地球」

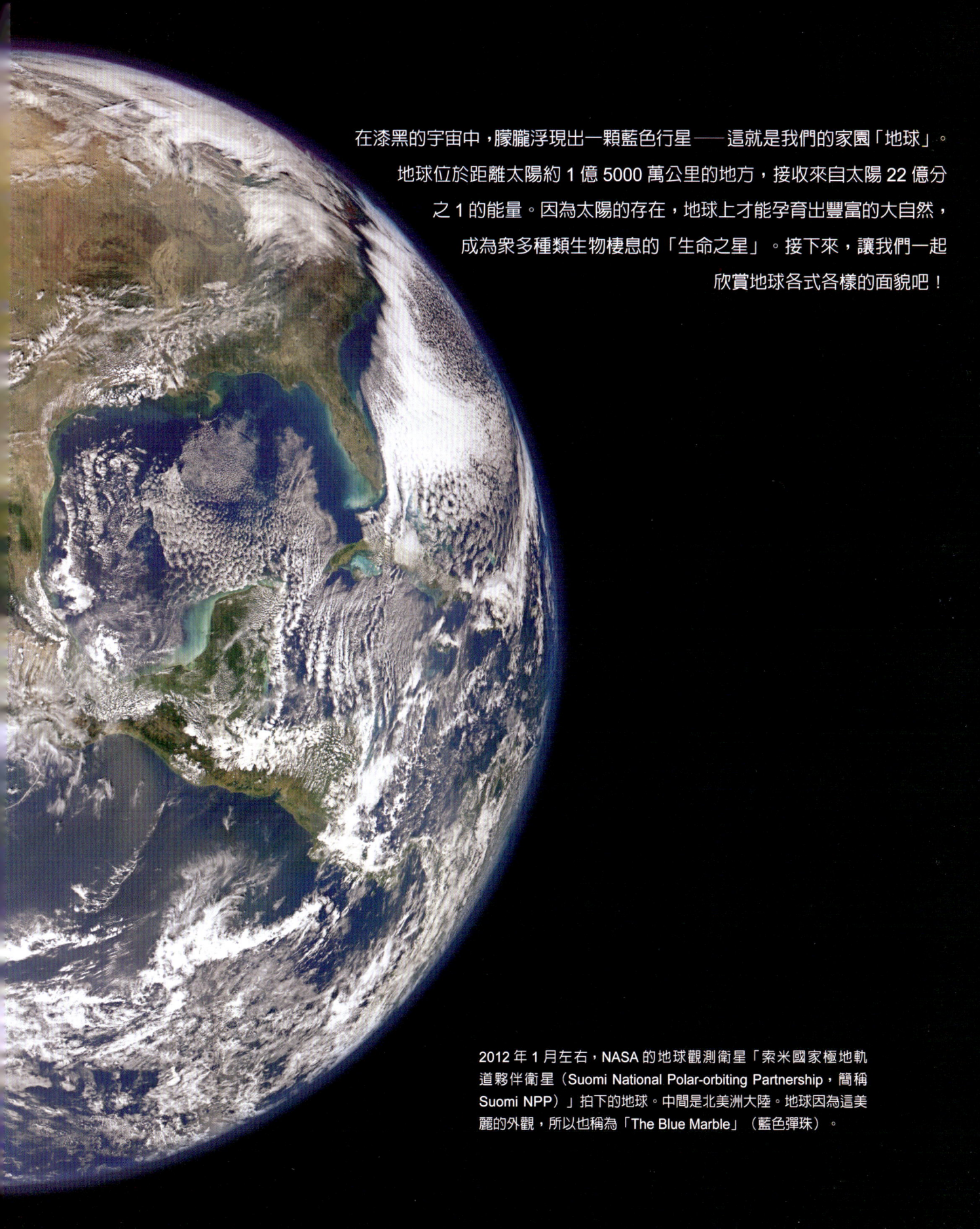

在漆黑的宇宙中，朦朧浮現出一顆藍色行星——這就是我們的家園「地球」。地球位於距離太陽約 1 億 5000 萬公里的地方，接收來自太陽 22 億分之 1 的能量。因為太陽的存在，地球上才能孕育出豐富的大自然，成為眾多種類生物棲息的「生命之星」。接下來，讓我們一起欣賞地球各式各樣的面貌吧！

2012 年 1 月左右，NASA 的地球觀測衛星「索米國家極地軌道夥伴衛星（Suomi National Polar-orbiting Partnership，簡稱 Suomi NPP）」拍下的地球。中間是北美洲大陸。地球因為這美麗的外觀，所以也稱為「The Blue Marble」（藍色彈珠）。

奇蹟之星「地球」Earth Gallery

水之行星
海

生命的起源
廣大的海洋帶來穩定的氣候，也使得各式各樣的生命在地球上誕生。

紐約州的手指湖（Finger Lakes）
這是 NASA 衛星拍下的照片。這些像人類手指般細長排列的湖泊，據說是冰河朝同一個方向侵蝕所造成，形成現在的樣貌。

玻利維亞的烏尤尼鹽湖
嚴格來說這是一片鹽原,但通常稱之為「鹽湖」。據說是安地斯山脈隆起時,殘留的海水晒乾後形成。在夏天到秋初這段期間,湖面乾燥,人與車輛皆可通行其上。

紅海的居民們
悠遊在埃及紅海裡的海龜(上),以及棲息在珊瑚礁中的魚群(下)。由於紅海幾乎沒有從陸地流進來的河流,所以水很清澈透明,再加上溫暖的氣候,因此孕育出美麗的珊瑚礁與特有的海洋生物。

11

在極寒環境互相依偎的野犬
喜馬拉雅山的野犬。在嚴寒地帶，喜馬拉雅山區仍孕育出眾多野生動物，構築出豐富的生態系。

海拔 8848 公尺
在印度、西藏交界上橫貫東西的世界最大山脈。照片是海拔 8848 公尺的最高峰「珠穆朗瑪峰」。

從太空中拍到的景象
國際太空站上拍到的喜馬拉雅山脈。

生活在喜馬拉雅山區的「犛牛」
牛科哺乳類動物「犛牛」棲息在山岳高地上（野生種只有在西藏高原）。

喜馬拉雅山的冰河
從 NASA 地球觀測衛星「泰拉（TERRA）」看到的喜馬拉雅山冰河。

奇蹟之星「地球」Earth Gallery
地球的屋頂
山

13

巨大的蜘蛛網
蜘蛛撞擊坑（Spider crater）位在澳洲西北部的乾燥地帶。據說是地層遭受隕石撞擊出現褶皺，因此形成這種奇特的形狀。

艾爾斯岩（Ayers Rock）
澳洲艾爾斯岩的鳥瞰照。原住民阿博利人稱它為「烏魯魯」。

色彩繽紛的世界
衛星空拍所看到的撒哈拉沙漠綠洲。

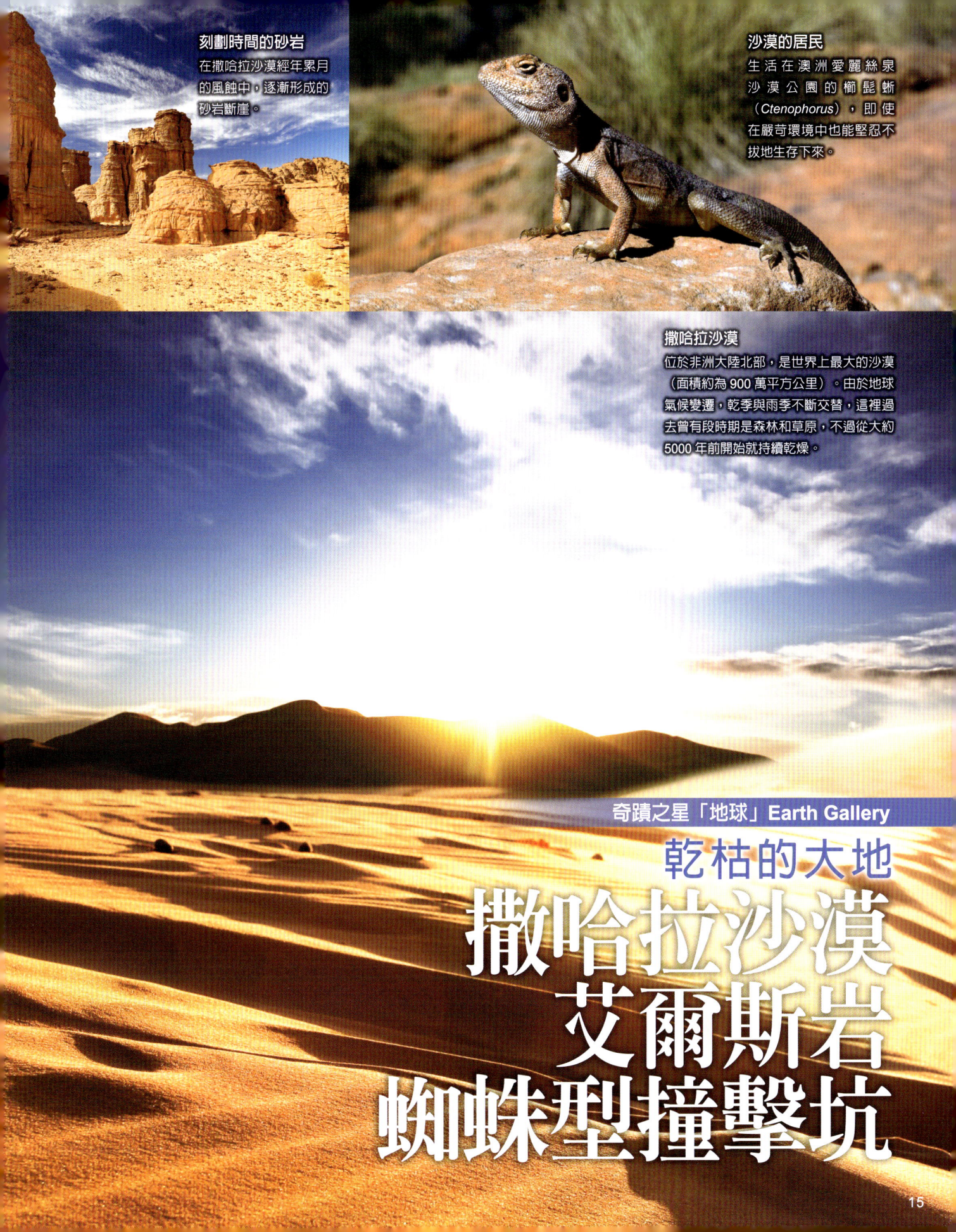

刻劃時間的砂岩
在撒哈拉沙漠經年累月的風蝕中，逐漸形成的砂岩斷崖。

沙漠的居民
生活在澳洲愛麗絲泉沙漠公園的櫛鬚蜥（*Ctenophorus*），即使在嚴苛環境中也能堅忍不拔地生存下來。

撒哈拉沙漠
位於非洲大陸北部，是世界上最大的沙漠（面積約為 900 萬平方公里）。由於地球氣候變遷，乾季與雨季不斷交替，這裡過去曾有段時期是森林和草原，不過從大約 5000 年前開始就持續乾燥。

奇蹟之星「地球」Earth Gallery

乾枯的大地
撒哈拉沙漠
艾爾斯岩
蜘蛛型撞擊坑

15

奇蹟之星「地球」Earth Gallery

動植物的樂園
紅樹林
熱帶雨林

世界遺產的紅樹林
這是印度與孟加拉邊境沿岸的紅樹林衛星空拍照。紅樹林在形成細小水道同時，也逐漸向海洋擴展。

棲息於亞馬遜雨林的水豚（左）與猴子（右）家族。有各式各樣生物共同居住的亞馬遜雨林，至今仍會持續發現新的野生物種。

羽毛繽紛豔麗的鸚鵡。亞馬遜雨林裡不是只有鸚鵡，還有巨嘴鳥、蜂鳥、啄木鳥等，目前已知鳥類共有約1800種。

發達的根
紅樹林是一種生長於海水與淡水交會的河口泥地中的植物。這地方有來自海洋與河川的有機物匯聚，環境對生物來說十分友善。

很大的鳥喙
棲息於紅樹林與熱帶雨林的船嘴鷺，（Boat-billed Heron）。牠的特徵是嘴大，靠著捕食螃蟹和蝦子等獵物維生。

地球的肺
位於南美的亞馬遜河流域是全世界規模最大的熱帶雨林。因為氣候溫暖、降雨量豐沛，各式各樣的生物棲息在這裡，形成複雜的生態系。雨林吸收大量二氧化碳、釋出氧氣，因此被稱為「地球的肺」。

奇蹟之星「地球」Earth Gallery

自然形成
極光
溫帶低氣壓

揮灑在空中畫布上的畫作
北極與南極地區的上空會出現大氣發光現象，稱為「極光」。極光的形狀與色彩不斷地轉變，令人讚嘆。這種現象是地球環境創造的藝術景觀之一。

美麗的藍色
這是挪威北部巴倫支海的衛星空拍照。那片美麗的藍色，是浮游植物的傑作。

巨大的沙之漩渦
照片是2001年，中國吉林省發生的一次沙塵暴。溫帶低氣壓捲起沙塵的景象清晰可見，就像大量沙子吞沒了雲層一樣。

積雲排成的路
出現在太平洋最北端、堪察加半島、阿拉斯加、阿留申群島圍繞的白令海峽上空的積雲。因為雲排列成路的樣子，因此稱為「雲街（Cloud Street）」。

西沉的夕陽
沉入北極附近海冰的夕陽。由於溫室效應氣體增加，影響全球暖化，導致近年來北極的海冰面積急速減少。

地球上的生物系統圖

真核生物：細胞內的細胞核有核膜包覆的生物。
原核生物：細胞內的 DNA 沒有核膜包覆的生物。

原口動物：動物形成初期產生的、用來攝取營養的開口。
新口動物：原口或其附近變成肛門的動物群。
舊口動物：原口直接成為口的動物群。
體腔：消化器官等內部器官與體壁之間的空間。
真體腔：體腔由內胚層（最終形成內臟）包覆。
假體腔：體腔沒有內胚層包覆。

真核生物

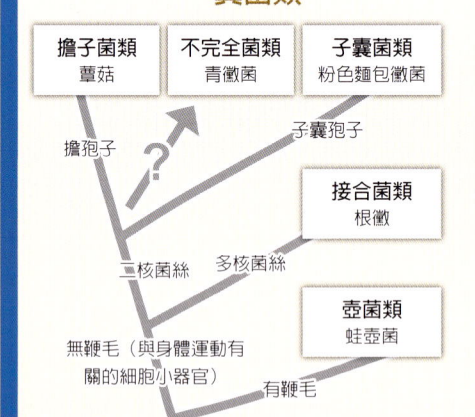

植物

維管束植物

- **種子植物**
  - **裸子植物**（胚珠裸露）
    - 球果類：杉木・檜木
    - 蘇鐵類：蘇鐵
    - 銀杏類：銀杏
  - **被子植物**（胚珠包在子房內）
    - 單子葉類：稻・麥
    - 雙子葉類：櫻花・牽牛花

- **蕨類植物**
  - 蕨類：紫萁
  - 松葉蕨類：松葉蕨
  - 木賊類：木賊
  - 石松類：東北石松

苔蘚植物
- 苔類：地錢
- 角蘚類：角蘚
- 蘚類：泥炭苔

用種子繁殖／用孢子繁殖／有維管束（養分和水分的通道）／無維管束

真菌類

- 擔子菌類：蕈菇
- 不完全菌類：青黴菌
- 子囊菌類：粉色麵包黴菌
- 接合菌類：根黴
- 壺菌類：蛙壺菌

擔孢子／子囊孢子／二核菌絲／多核菌絲／無鞭毛（與身體運動有關的細胞小器官）／有鞭毛

原生生物（有核膜）

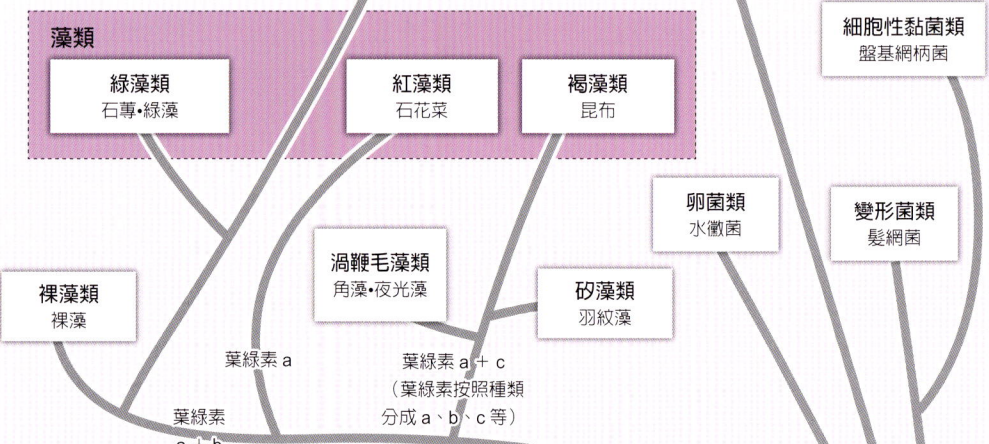

藻類
- 綠藻類：石蓴・綠藻
- 紅藻類：石花菜
- 褐藻類：昆布

- 細胞性黏菌類：盤基網柄菌
- 卵菌類：水黴菌
- 變形菌類：髮網菌
- 裸藻類：裸藻
- 渦鞭毛藻類：角藻・夜光藻
- 矽藻類：羽紋藻

葉綠素 a / 葉綠素 a + c（葉綠素按照種類分成 a、b、c 等）/ 葉綠素 a + b

原核生物（沒有核膜）

真細菌
- 藍綠菌
- 紅色硫黃細菌
- 亞硝酸菌
- 大腸桿菌・乳酸桿菌
- 枯草桿菌

起源生物

地球上的生物有多種分類方式，根據分類方式可分為二界說、三界說、四界說、五界說。這些方法各有缺點，因此未來可能會有變動。這裡的介紹是以五界說為主。

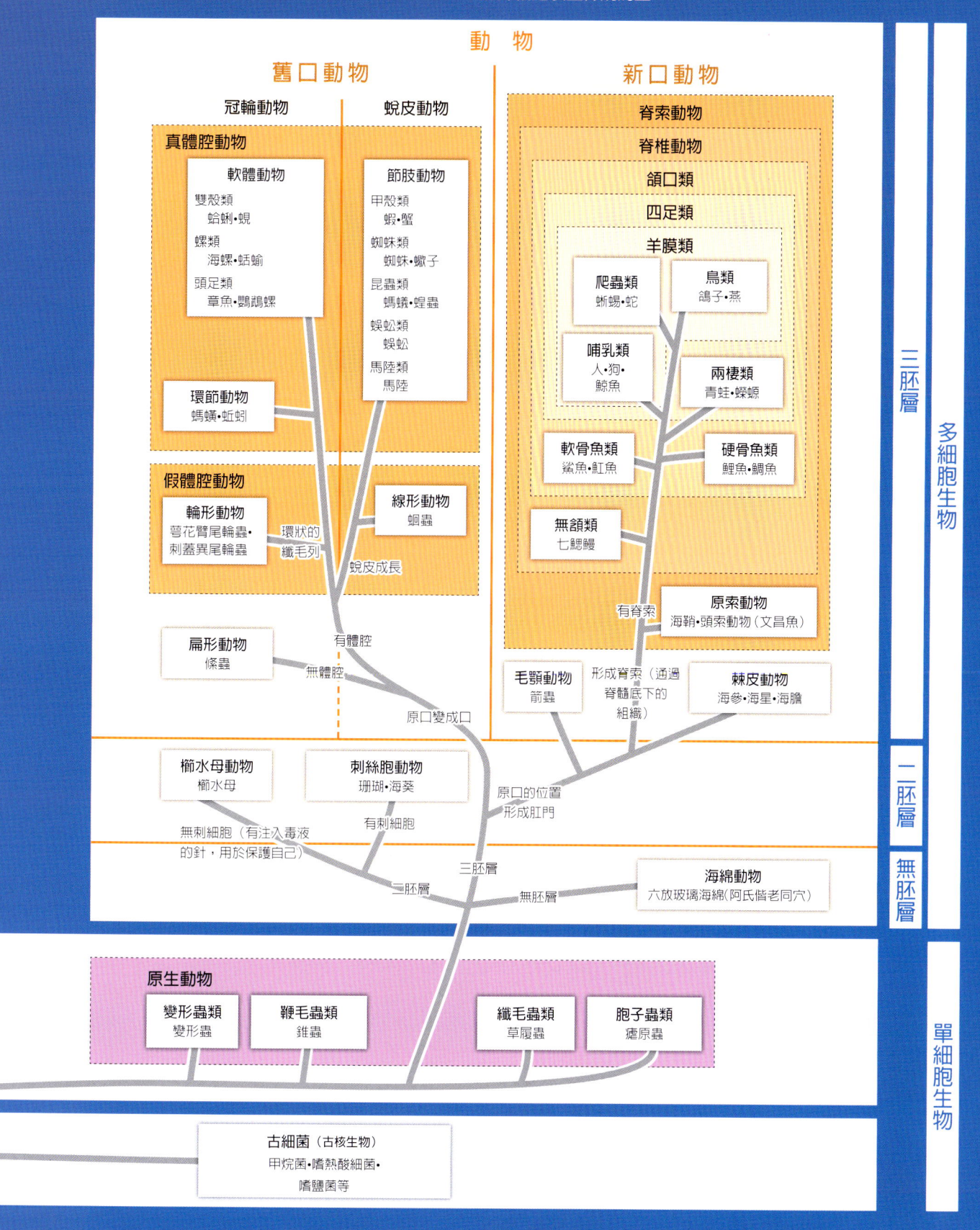

動物

舊口動物

冠輪動物

真體腔動物
- 軟體動物
  - 雙殼類：蛤蜊・蜆
  - 螺類：海螺・蛞蝓
  - 頭足類：章魚・鸚鵡螺
- 環節動物：螞蟻・蚯蚓

假體腔動物
- 輪形動物：薔花臂尾輪蟲・刺蓋異尾輪蟲

扁形動物：條蟲

蛻皮動物
- 節肢動物
  - 甲殼類：蝦・蟹
  - 蜘蛛類：蜘蛛・蠍子
  - 昆蟲類：螞蟻・蝗蟲
  - 蜈蚣類：蜈蚣
  - 馬陸類：馬陸
- 線形動物：蛔蟲

新口動物

脊索動物
  脊椎動物
    頜口類
      四足類
        羊膜類
        - 爬蟲類：蜥蜴・蛇
        - 鳥類：鴿子・燕
        - 哺乳類：人・狗・鯨魚
        - 兩棲類：青蛙・蠑螈
      - 軟骨魚類：鯊魚・魟魚
      - 硬骨魚類：鯉魚・鯛魚
    無頜類：七鰓鰻

原索動物：海鞘・頭索動物（文昌魚）

毛顎動物：箭蟲

棘皮動物：海參・海星・海膽

- 櫛水母動物：櫛水母
- 刺絲胞動物：珊瑚・海葵

海綿動物：六放玻璃海綿（阿氏偕老同穴）

原生動物
- 變形蟲類：變形蟲
- 鞭毛蟲類：錐蟲
- 纖毛蟲類：草履蟲
- 胞子蟲類：瘧原蟲

古細菌（古核生物）
甲烷菌・嗜熱酸細菌・嗜鹽菌等

環狀的纖毛列・蛻皮成長・有體腔・無體腔・原口變成口・有脊索・形成脊索（通過脊髓底下的組織）・原口的位置形成肛門・三胚層・二胚層・無胚層・無刺細胞（有注入毒液的針，用於保護自己）・有刺細胞

三胚層・二胚層・無胚層
多細胞生物
單細胞生物

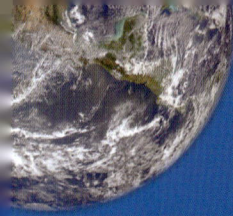

Prologue 認識地球的構造

地球的內部構造

如果把地球比喻成雞蛋，那麼蛋殼就是地殼，蛋白是地函，蛋黃是地核（分外地核與內地核）。

地殼
靠近地表的岩石層，可分為大陸地殼與海洋地殼。在地球物理學上，是指地表到莫氏不連續面（地殼與地函的分界線）這部分。

地函過度帶
深度約 410～660km 附近、由地震學上的不連續面（地震波的速度與密度急遽上升的區域）包圍的部分。

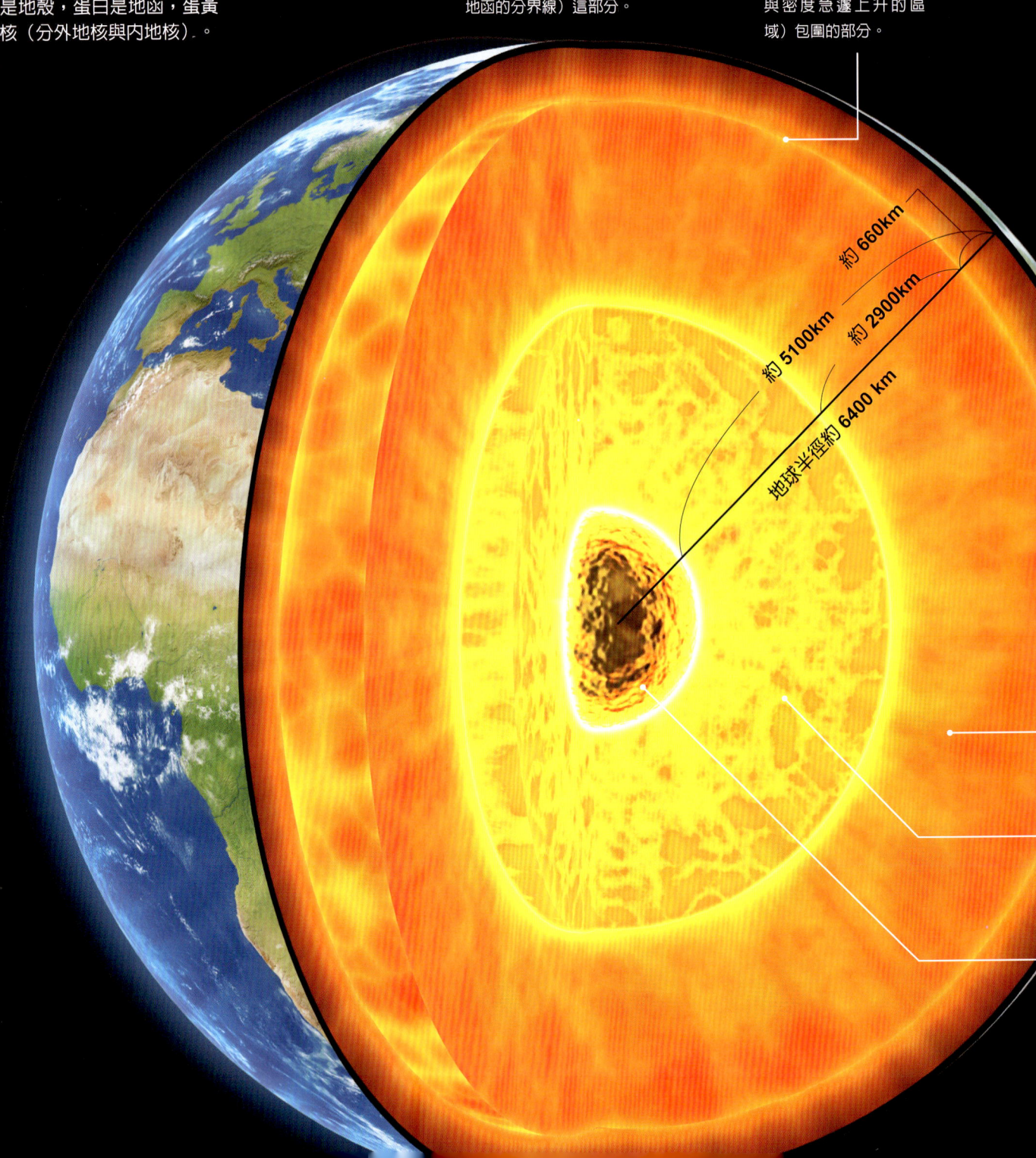

約 660km
約 2900km
約 5100km
地球半徑約 6400 km

地球的特徵之一，就是內部的溫度仍舊很高，會發生地函熱對流和火山活動。我們就先來看看地球的基本構造吧！

■像水煮蛋般的三重構造

地球是半徑約 6400 公里的球體，其內部大多由岩石與金屬構成。內部構造大致上可分為三層，中心是由鐵與鎳等金屬形成的「地核」，地核外圍是處於超高溫與超高壓狀態的岩石所構成的「地函」，最外層則是以岩石為主要成分的「地殼」所包覆。

若以「水煮蛋」來打比方，地核就是蛋黃，地函是蛋白，地殼則像是蛋殼。

地核可分為固態的內地核與液態的外地核。外地核與內地核交界處，位於地表下約 5100 公里深的地方。

地函可再細分為上部地函與下部地函。上部地函主要由橄欖石（玄武岩等含量很高的矽酸鹽礦物）組成，橄欖石的結晶結構在地函過度帶會發生變化。下部地函主要是由氧化鎂、鈣鈦礦等礦物構成。

另一方面，地殼則可分為玄武岩成分的「海洋地殼」，以及花崗岩成分的「大陸地殼」。大陸地殼重量較輕，因此當兩塊地殼碰撞時，海洋地殼會隨著海洋板塊下沉。海洋地殼的厚度約為 6 公里，厚度較薄且平均；而大陸地殼的厚度因地而異，舉例來說，一般的陸地厚度約為 30 公里，但在喜馬拉雅山這類高海拔地區，地殼的厚度可達 90 公里。地殼與地函的分界線「莫氏不連續面」，從海底看是大約在 6 公里深、陸地是大約在 25.75 公里深的地方。

上部地函
根據地震的傳遞方式，將這部分分為上部地函與下部地函。上部地函是從地殼往下到約 660km 深的位置。主要成分是「橄欖石」。

下部地函
深度約 660～2900km 的地函，主要由「鈣鈦礦」構成。

外地核（液態）
深度約 2900～5100km 的區域。由液態的鐵與鎳所構成，也含有幾%的其他輕元素。

內地核（固態）
深度 5100km 以下直到地球中心的部分（半徑約 1300km）。地球中心的溫度高達 6000°C，與太陽表面差不多，壓力也極高，約 360 萬大氣壓力。

COLUMN
從地震波了解地球內部

地震波（實線：P 波、S 波）
地震波幾乎傳送不到
外地核
內地核
地函
震源
地震波（點線：P 波）
只有 P 波可到

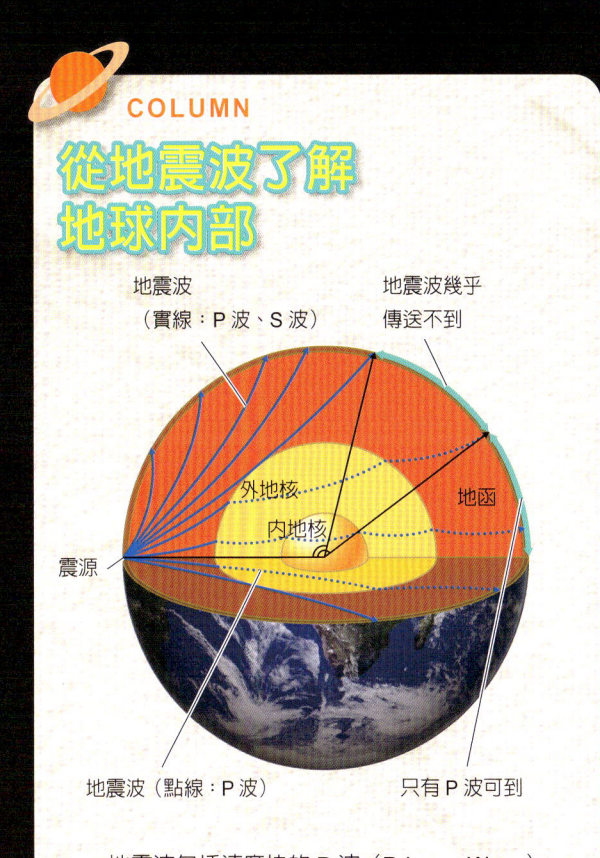

地震波包括速度快的 P 波（Primary Wave），以及速度慢的 S 波（Secondary Wave）兩種。P 波能穿過固體與液體，S 波只能穿過固體。利用這項差異，我們就可以了解地球內部的結構。

覆蓋地球的板塊

■ 許多板塊

地球表面是由十多片堅硬岩石構成的板塊所覆蓋。板塊可分為海洋板塊與大陸板塊，每年以約 1～10 公分的速度在移動。板塊的交界處會發生遠離（張裂）、靠近（聚合）、平行錯位（錯動）等動態現象。

板塊彼此遠離的現象，發生在海洋板塊形成的洋脊附近。這些地區經常發生火山作用，並持續生成新板塊。

海洋板塊與大陸板塊相撞時，密度較高且溫度較低

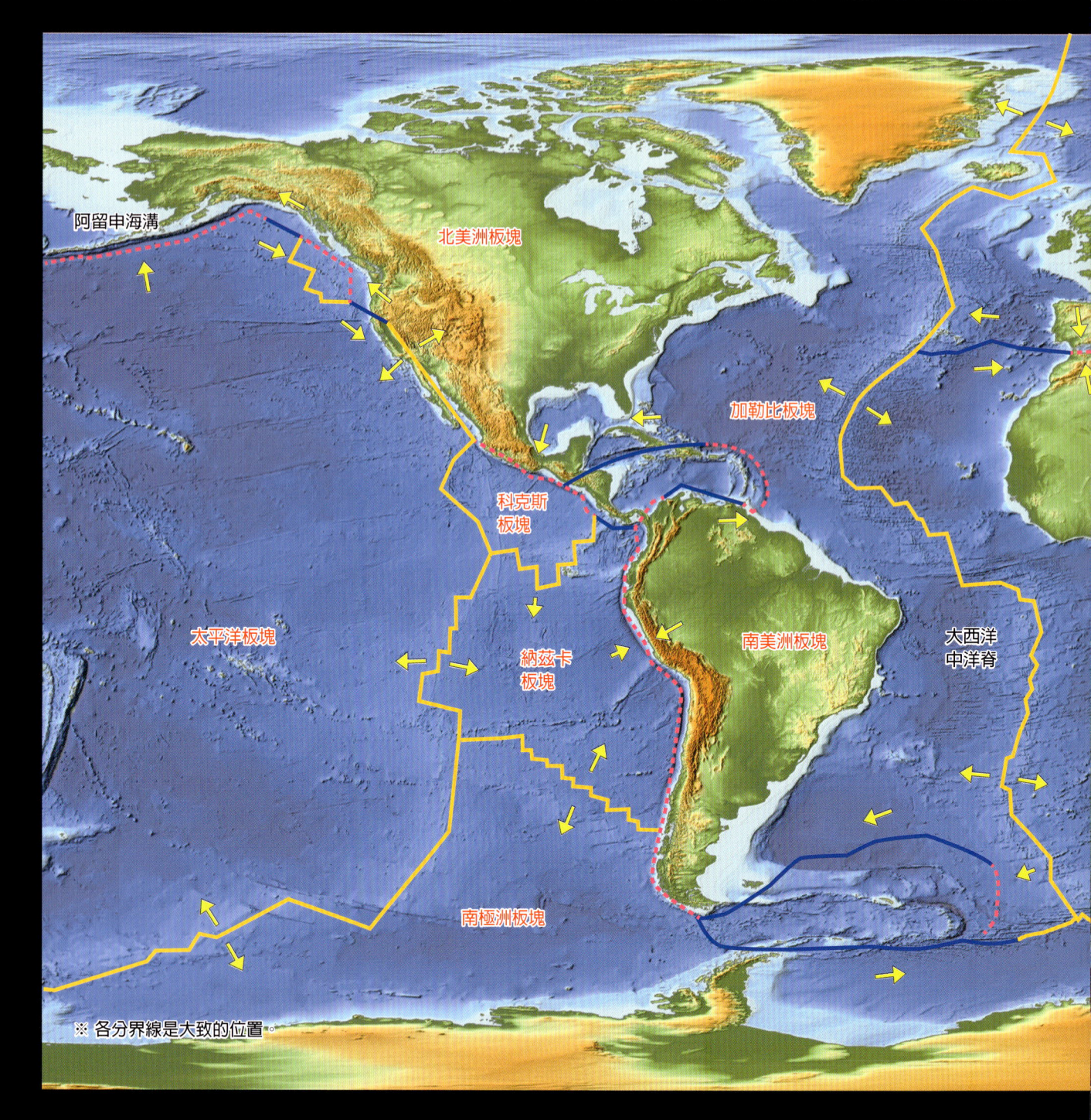

阿留申海溝
北美洲板塊
加勒比板塊
科克斯板塊
太平洋板塊
納茲卡板塊
南美洲板塊
大西洋中洋脊
南極洲板塊

※ 各分界線是大致的位置。

認識地球的構造

的海洋板塊會沉入大陸板塊下方，形成「隱沒帶」（也稱「海溝」）。板塊在這種地方容易擠壓變形，因此會頻繁發生地震。而隱沒的海洋地殼熔融後產生岩漿，也會引發附近的火山活動。地震頻傳的地區通常也是火山活動頻繁的地區，就是這個原因。

板塊錯動的地區也會發生地震，美國西海岸就是其中一例，板塊錯動的交界處露出地表的場所，會經常發生內陸型地震。

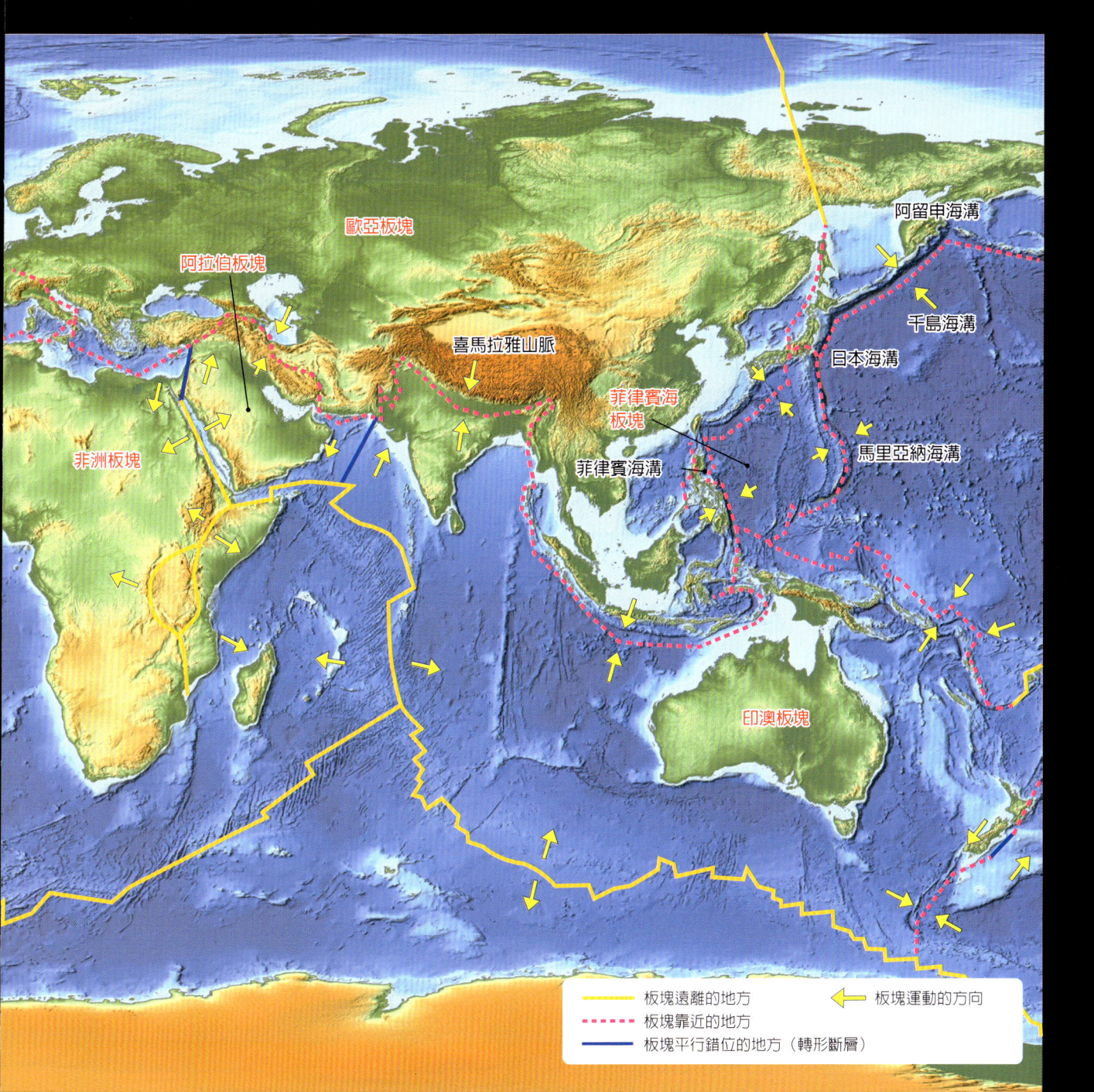

歐亞板塊
阿拉伯板塊
喜馬拉雅山脈
菲律賓海板塊
菲律賓海溝
阿留申海溝
千島海溝
日本海溝
馬里亞納海溝
非洲板塊
印澳板塊

板塊遠離的地方
板塊靠近的地方
板塊平行錯位的地方（轉形斷層）
板塊運動的方向

板塊構造論

■引起地殼變動的板塊運動

　　覆蓋地球表面的板塊，各自以緩慢的速度移動著，而推動這些板塊移動的原動力，就是位於板塊下方的地函熱對流。地表上形成超級大陸之後，熱柱上升，引發大規模的火山作用，進而導致超級大陸分裂，逐漸向左右分離，最終在其中央形成現在在太西洋、印度洋、東太平洋看到的洋脊。在洋脊的中心會出現「裂谷」，並從中噴發岩漿，製造出新的海洋地殼。包括海洋地殼在內的地函最上層，也會隨著向左右擴張，並逐漸降溫，這些冷卻後變硬的區域就構成了板塊。有大陸地殼的板塊稱為「大陸板塊」，沒有的稱為「海洋板塊」。

　　另一方面，在海洋板塊與大陸板塊接壤的地帶，海洋板塊會隱沒至大陸板塊之下。在板塊隱沒帶附近會形成深溝，深度小於6000公尺的稱為「海槽」，大於6000公尺的是「海溝」，並伴隨地震與火山活動。以日本為例，附近有日本海溝與南海海溝等，這也是地震與火山等的主因。韋格納提出的「大陸漂移說」，後來因「海底擴張說」的提出而重新受到世人所重視，最終發展成今天的「板塊構造論」。這個理論可用來解釋各種地殼變動的原因。

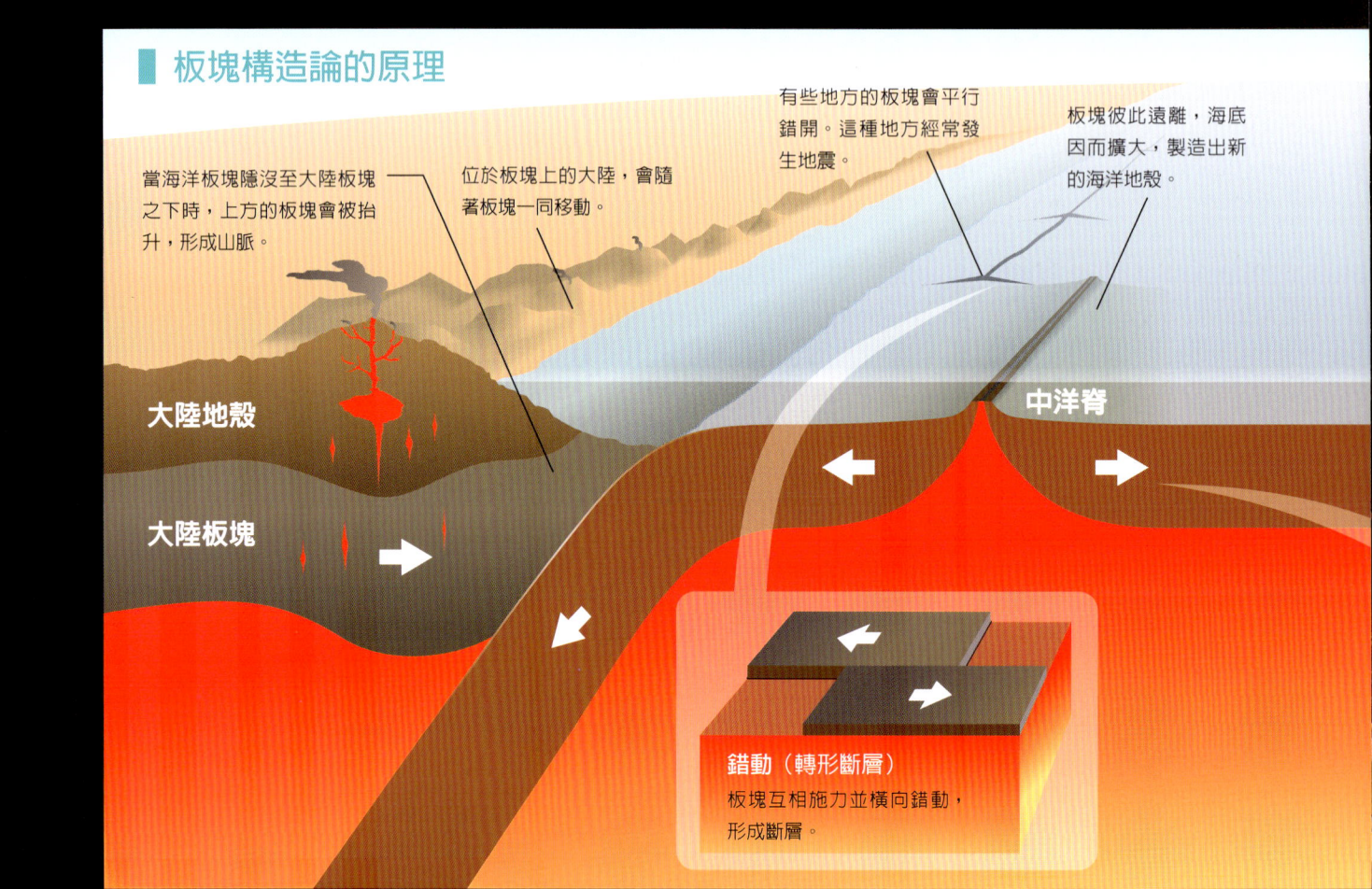

▌板塊構造論的原理

當海洋板塊隱沒至大陸板塊之下時，上方的板塊會被抬升，形成山脈。

位於板塊上的大陸，會隨著板塊一同移動。

有些地方的板塊會平行錯開。這種地方經常發生地震。

板塊彼此遠離，海底因而擴大，製造出新的海洋地殼。

大陸地殼

大陸板塊

中洋脊

錯動（轉形斷層）
板塊互相施力並橫向錯動，形成斷層。

認識地球的構造

▌地殼與板塊有什麼不同？

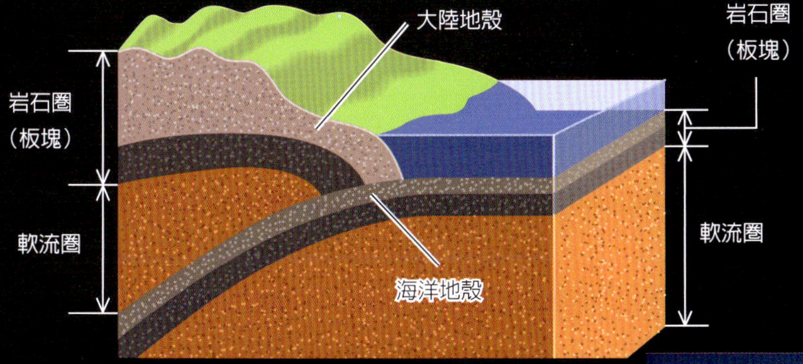

板塊是地殼與地函最上層部分的合稱。只要板塊一移動，地殼也會隨之移動。板塊（幾乎等於岩石圈）是指深度約 100km 以內的冷硬區域。在其下方有流動性的柔軟區域，稱為軟流圈。

大陸地殼
岩石圈（板塊）
岩石圈（板塊）
軟流圈
海洋地殼
軟流圈

菲律賓馬里亞納群島擁有地球最深的馬里亞納海溝。

喜馬拉雅山脈是由兩塊大陸板塊碰撞形成。

「東非大裂谷」正是大陸分裂發生的起點。

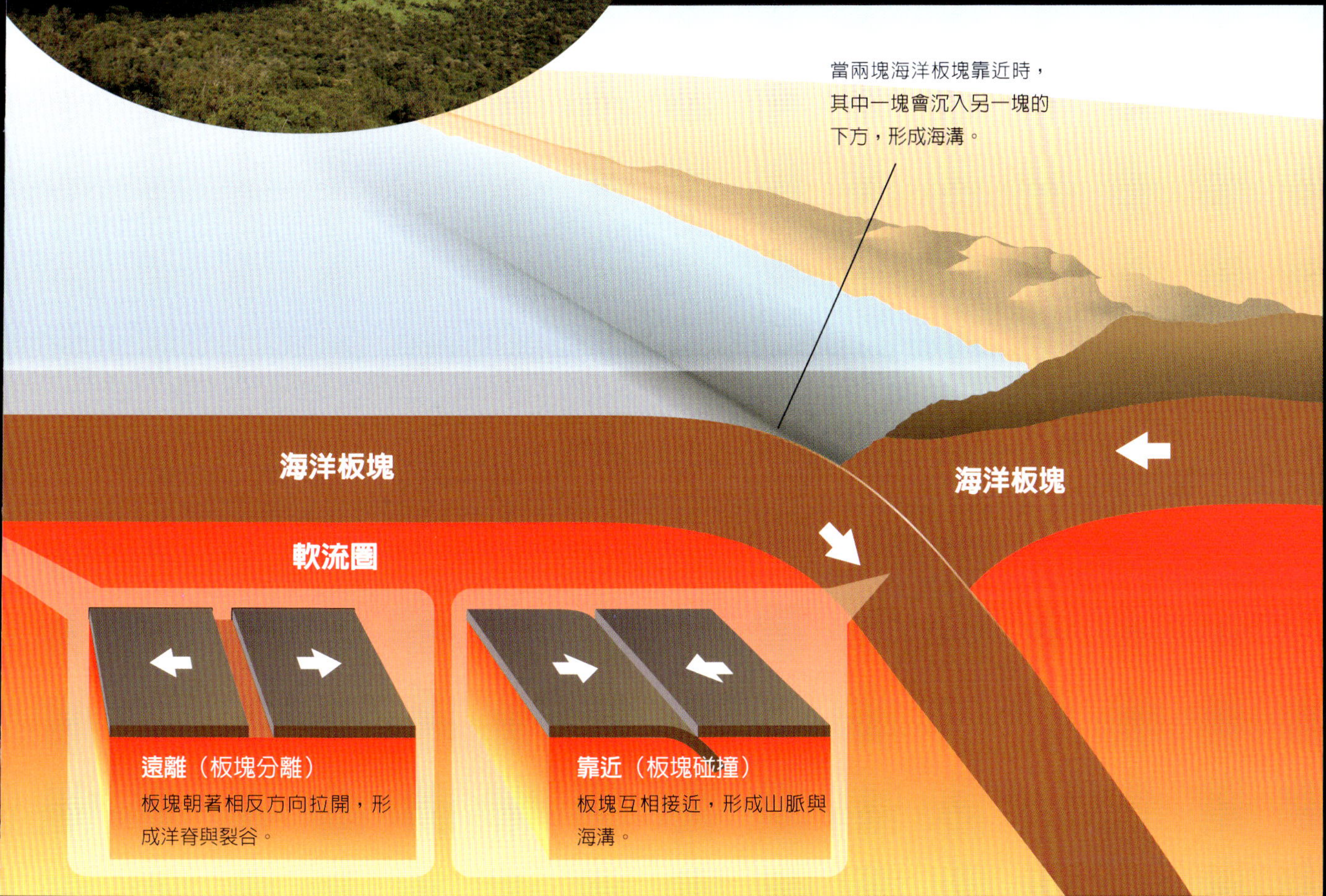

當兩塊海洋板塊靠近時，其中一塊會沉入另一塊的下方，形成海溝。

海洋板塊　　　　　　　　　　海洋板塊

軟流圈

遠離（板塊分離）
板塊朝著相反方向拉開，形成洋脊與裂谷。

靠近（板塊碰撞）
板塊互相接近，形成山脈與海溝。

地函的動力機制

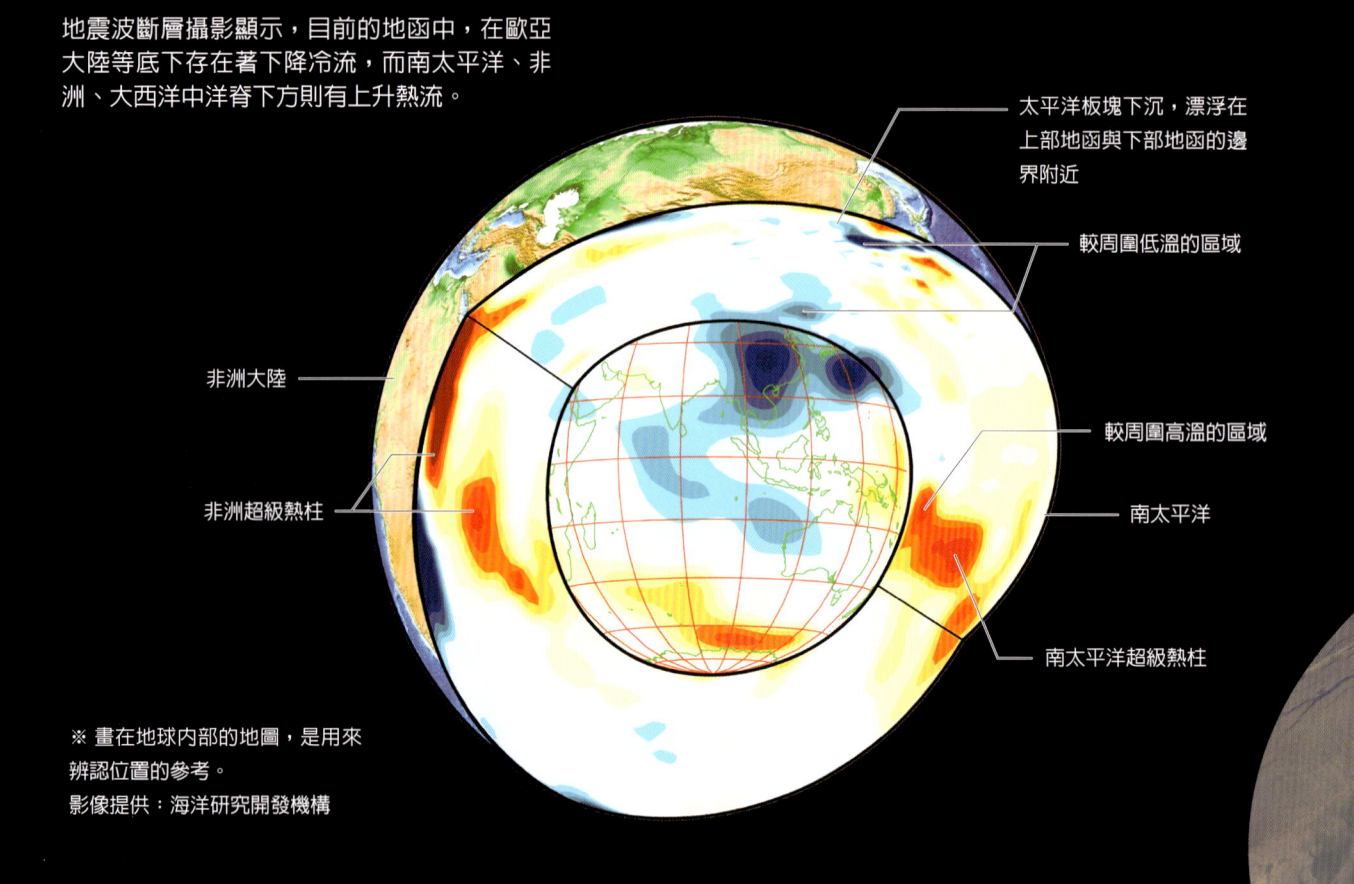

地震波斷層攝影顯示，目前的地函中，在歐亞大陸等底下存在著下降冷流，而南太平洋、非洲、大西洋中洋脊下方則有上升熱流。

太平洋板塊下沉，漂浮在上部地函與下部地函的邊界附近

較周圍低溫的區域

非洲大陸

非洲超級熱柱

較周圍高溫的區域

南太平洋

南太平洋超級熱柱

※ 畫在地球內部的地圖，是用來辨認位置的參考。
影像提供：海洋研究開發機構

■地函熱對流

地球內部究竟正在發生什麼事？我們雖然可以觀測到地球表面發生的現象，卻無法直接用肉眼觀察地球內部情況。蘋果只要拿刀剖開，就能看到裡面，但地球可就沒那麼容易。

因此，若想探索地球內部的資訊，就要利用地震波。地震波會穿過地球內部，傳達到地球的另一側，因此只要在多處地點觀測地震波，就能獲得地震波所經之處的資訊。

在醫療領域有一項技術是「電腦斷層攝影（CT）」。它是利用放射線等來觀察肉眼無法看見的人體內部構造；只要將檢查得到的資料經過電腦處理，就能製作出二維的剖面影像，甚至可以顯示成三維圖像。地震波斷層攝影（地震層析斷層掃描）也是利用相同方式，透過電腦分析大量地震波資料，藉此取得地球內部的剖面圖或三維影像。

有了地震波斷層攝影，就可以掌握地震波在地函內部的速度分布，進而推測出地函的溫度變化，從而了解地函的流動情況。我們因此在太平洋等地觀察到宛如巨大蘑菇的上升熱流（超級熱柱），此外也發現沉入日本附近的海洋板塊（隱沒板塊）橫躺在上部地函與下部地函的交界附近等。科學家認為，這些橫躺的隱沒板塊，最終將會下沉到地函深處，也就相當於地函熱對流中的「下降冷流」。

認識地球的構造

西伯利亞的洪流玄武岩。過去因「超級熱柱」上升引起岩漿噴發，而留下巨大的爪痕。

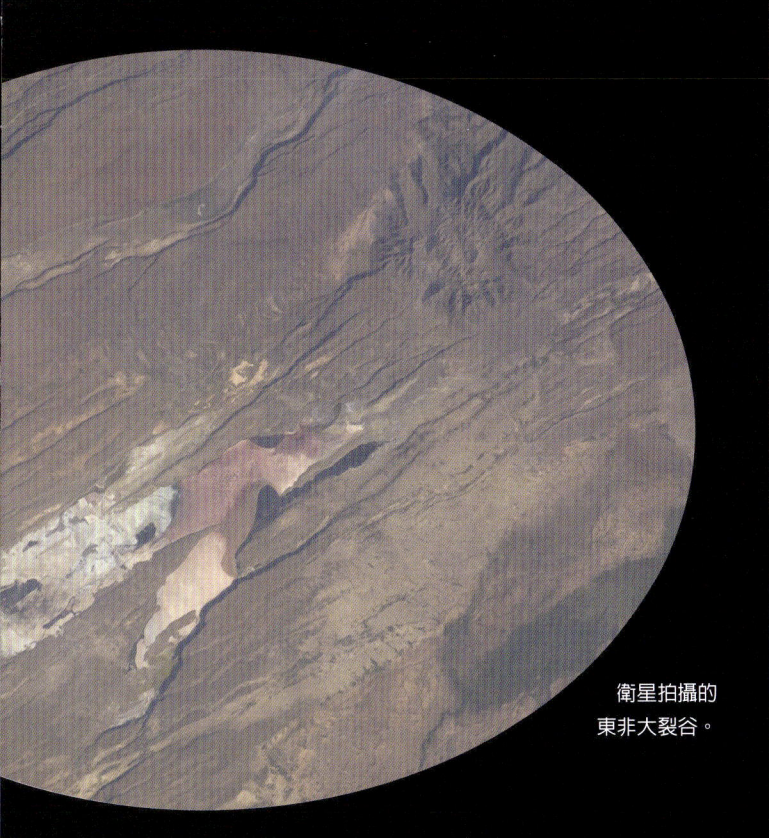

衛星拍攝的東非大裂谷。

而這些沉入地函與地核邊界附近的隱沒板塊，在水平移動的過程中，會因放射性元素分裂發熱而被加熱，重新成為上升熱流（超級熱柱）上升到地表。這些發現讓我們逐漸揭開了地函熱對流的真實樣貌。

COLUMN

從韋格納的「大陸漂移說」到「板塊構造論」

德國地球物理學家阿爾弗雷德·韋格納（Alfred Wegener）於 1912 年提出了「大陸漂移說」，主張現在的各大洲過去原本是一大片陸地。該學說在發表當時未被大眾接受，後來還一度被遺忘。直到 1950 年代，大西洋海底發現了一座大山脈，使得情況出現改變。透過調查海底地磁紀錄後發現，大西洋的海底正以中洋脊為中心，朝東西兩側擴張分開。由於這項發現，韋格納的「大陸漂移說」重新受到關注，並進一步發展成「海底擴張說」，之後又衍生出「板塊構造論」，如今更進一步討論起其與地函活動的關聯。

韋格納的「大陸漂移說」

古生代石炭紀（約 3 億年前）

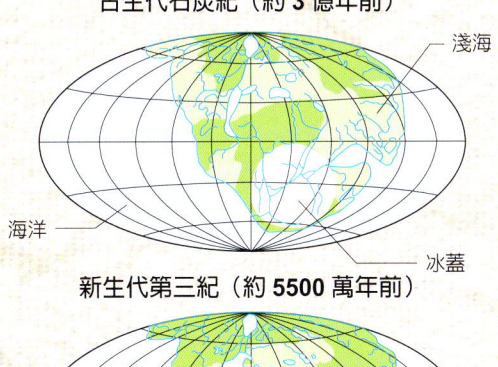

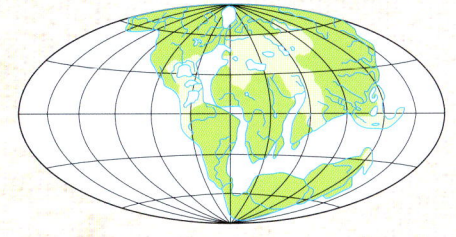

淺海
海洋
冰蓋

新生代第三紀（約 5500 萬年前）

新生代第四紀

根據「（Wegener, 1929）」「地球的構造」製圖

火山活動

火山灰隨著噴煙從火口噴出，大範圍四處飛散，會遮蔽陽光，隨著降雨落下地面沉積，造成農作物損害。

火山氣體從火口或噴氣口噴出。雖然大多是水蒸氣，但也含有二氧化碳、硫化氫等有害氣體。

岩漿破碎後形成的火山噴出物，統稱為火山碎屑。

噴火口是在火山頂或山腰上形成，直徑從數十公尺到數十公里不等，會噴出火山噴出物。

岩漿有時不走中央管道，會改走其他管道，在地表破裂處形成側火口。

從上部地函 20～200km 深處湧上來的岩漿，在靠近地表數公里處形成的岩漿庫。岩漿庫的岩漿會因內部壓力而上升。

■三種火山活動

　　火山活動是指地球內部產生的岩漿噴出地表的現象。這種現象會發生於洋脊、隱沒帶與熱點這三種類型的場所。

　　洋脊是地球上火山活動最活躍的地點。為了補足海洋地殼擴張所需的物質，地函物質上升，產生玄武岩質的岩漿，這些岩漿冷卻凝固後，就會形成新的海洋地殼。

　　另一方面，在隱沒帶附近會有火山零星分布在離海溝一段距離外，與海溝平行排列。隱沒帶之所以會形成火山，可能是受到水的影響；因為隱沒的海洋板塊含有大量水分，熔點也跟著降低，因此板塊更容易熔化成岩漿。而在某個深度（以日本為例，是在板塊隱沒深度約 110 公里左右，恰好滿足生成岩漿所需的溫度與壓力條件，因此在地表上距離海溝不遠處，形成稱為「火山前緣」的火山帶。由於日本正好位於隱沒帶附近，因此也受到這些影響，產生了不少火山。

　　至於「熱點」，就是指地函深處上升的熱柱引發的火山活動。另外在 2006 年還發現海洋板塊裂開產生的全新型態海底火山在活動，稱為「微型熱點」。

認識地球的構造

2011年2月，日本鹿兒島縣的櫻島連續發生爆炸性噴發。這座叫「御岳」的活火山，正在頻繁地反覆噴發。

夏威夷火山國家公園的熔岩流。表面平坦光滑，有時會出現繩紋。

全球火山分布圖

火山的種類

種類	特徵
單成火山	**一次噴發就形成的火山**
火山渣錐	在火口附近堆積火山噴出物而形成的圓錐狀地形
低平火山口（瑪珥湖）	岩漿水蒸汽爆發後形成的火口地形
熔岩穹丘	黏性高的熔岩從火口噴湧並堆積而成
火山岩尖（熔岩脊柱）	在火山管道中冷卻凝固的熔岩，呈柱狀突出的形態
中央火山錐	由小規模噴發活動形成的小型火山丘
複式火山	**經過多次噴發活動形成的火山。**
熔岩臺地	大量熔岩流噴出並平坦堆積而成的地形
盾狀火山	黏性低的熔岩流大範圍鋪展擴散而形成
成層火山	黏性略高的熔岩與火山噴出物層層堆疊形成
火山臼	因大規模噴發後，岩漿庫頂部塌陷形成的凹陷地形

據說全世界大約有1500座活火山，其中大多數分布在環太平洋帶。日本擁有全球約一成的活火山*，堪稱名副其實的「火山國」。

資料來源：日本內閣府防災資訊網站「1. 世界的火山」

*譯注：臺灣的三座活火山分別是大屯火山群（北部）、基隆火山（基隆嶼）、龜山島火山（宜蘭外海），占全球不到千分之三，但也仍位於火山活動帶上，是具有潛在火山風險的地區。

31

熱點

■出現在板塊內部的火山活動

火山的活動與板塊運動密切相關，但也有些火山的生成與板塊運動無關，這類火山稱為「熱點」。

以夏威夷島來說，它並不位於板塊聚合形成的洋脊或隱沒帶上，而是在板塊內部，且是目前仍持續在噴發的火山島。夏威夷島的西北方向還連著其他島嶼，這些都是過去的火山噴發所形成。包括茂宜島、歐胡島等，都是比現在仍在活動的夏威夷島，形成於更早以前的時代。從夏威夷群島再往西北方向延伸，就是一連串的海底火山群「天皇海山列」。

此現象說明了，火山活動持續在地底的某個固定位置上發生，而在它上方的太平洋板塊正朝著西北方向移動，使得已形成的火山島一座接著一座往西北方向偏移。

由此可知，源源不絕的岩漿供應，與板塊運動無關，而是來自地球深處的地函熱對流所造成，也就是地球深處產生的熱柱突破地殼，提供岩漿。

除了上述地點外，還有太平洋上的加拉巴哥群島（又稱科隆群島）、大溪地島附近、南太平洋上的薩摩亞一帶等，目前已知全球有超過 20 處熱點零星分布在各地，其中，火山活動特別活躍的地區，就是與大西洋中洋脊熱點重疊的冰島。

▍夏威夷群島的形成

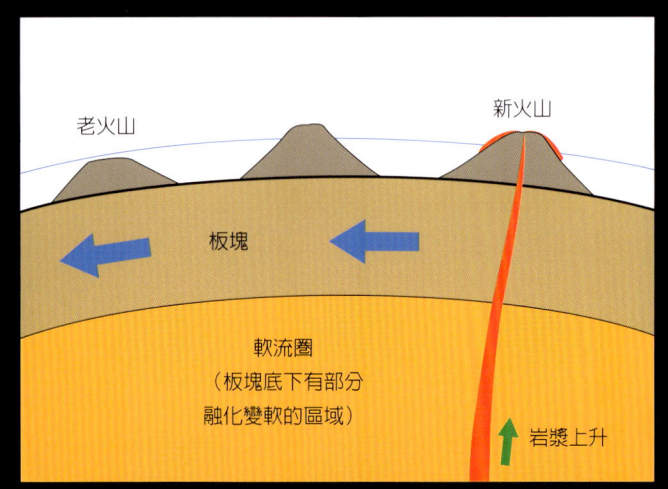

板塊在地球深處固定的熱點上方經過，就會在地表形成火山帶。夏威夷群島也是熱點製造出來的典型火山例子。

歐胡島的鑽石頭火山曾在約 30 萬年前噴發過一次，此處目前是熱門的觀光景點。

認識地球的構造

夏威夷群島與天皇海山列

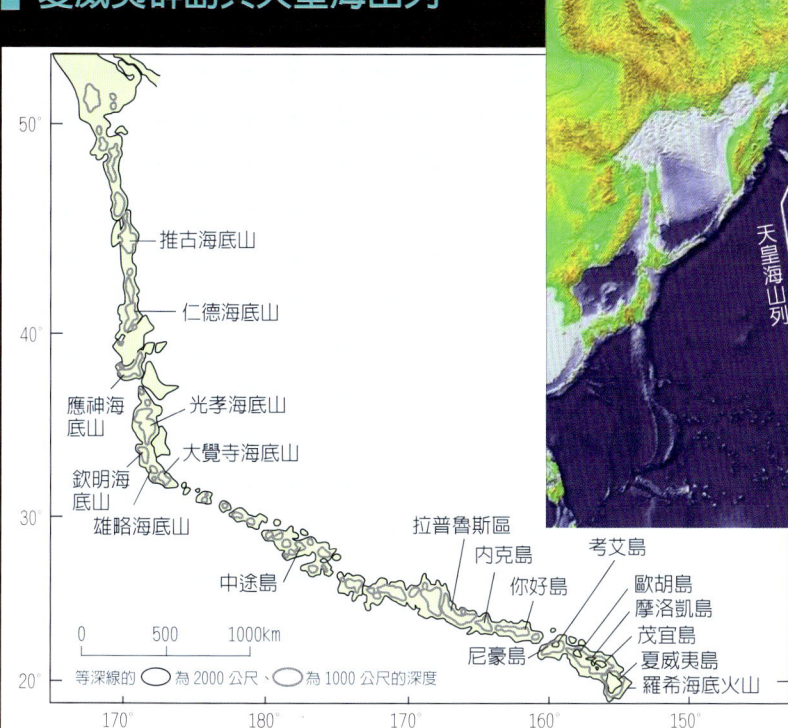

圖中標示：
- 推古海底山
- 仁德海底山
- 應神海底山
- 光孝海底山
- 大覺寺海底山
- 欽明海底山
- 雄略海底山
- 拉普魯斯區
- 中途島
- 內克島
- 你好島
- 摩洛凱島
- 尼豪島
- 考艾島
- 歐胡島
- 茂宜島
- 夏威夷島
- 羅希海底火山

等深線的 ○為2000公尺、○為1000公尺的深度

（地圖標示：天皇海山列、夏威夷群島）

推古海底山形成於6500萬年前，雄略海底山是4300萬年前，夏威夷島是約100萬年前，愈靠近夏威夷島，岩石年代就愈年輕。

目前也仍然活躍中的夏威夷島奇拉韋厄火山。海拔1277m，山頂的火山臼直徑4～6km。噴火口經常噴發且充滿熔岩。

地震

■ 發生的地點不同，引發地震的原理也不同

地震可分為發生在板塊邊界的地震，以及發生在板塊內部的地震。發生在板塊邊界的地震是「板塊界面型地震」，起因是海洋板塊下沉，導致邊界扭曲變形，變形累積達極限時，就會引發地震。

日本附近的太平洋板塊、菲律賓海板塊等海洋板塊，正在往歐亞板塊、北美板塊等大陸板塊的下方下沉。板塊的表面凸凹不平，因此板塊之間有些地方容易滑動，有些則會因壓力而緊貼，變成不易滑動的地栓區域（asperity）。這些地栓區域的變形持續累積，一旦到極限，板塊就會突然滑動，引起地震。此時如果海底抬升，推高海水，就有可能引發海嘯。

海洋板塊下沉的位置就在日本海溝、西南群島海溝、駿河海槽、南海海槽等。2011年造成311東日本大地震的東北地方太平洋近海地震，以及日本預測未來可能發生的東海地震、東南海地震、南海地震等，也都是屬於這種類型。

另外一種發生在板塊內部的地震，稱為「板塊內部型地震」，多數的直下型地震都屬於這種，起因是板塊內的活斷層累積過多的變形，再也無法承受而移動時，就引起了地震。1995年造成阪神・淡路大地震的日本兵庫縣南部地震即屬此類。發生於正在下沉的海洋板塊內部的地震，稱為「隱沒帶地震」。

板塊界面型地震

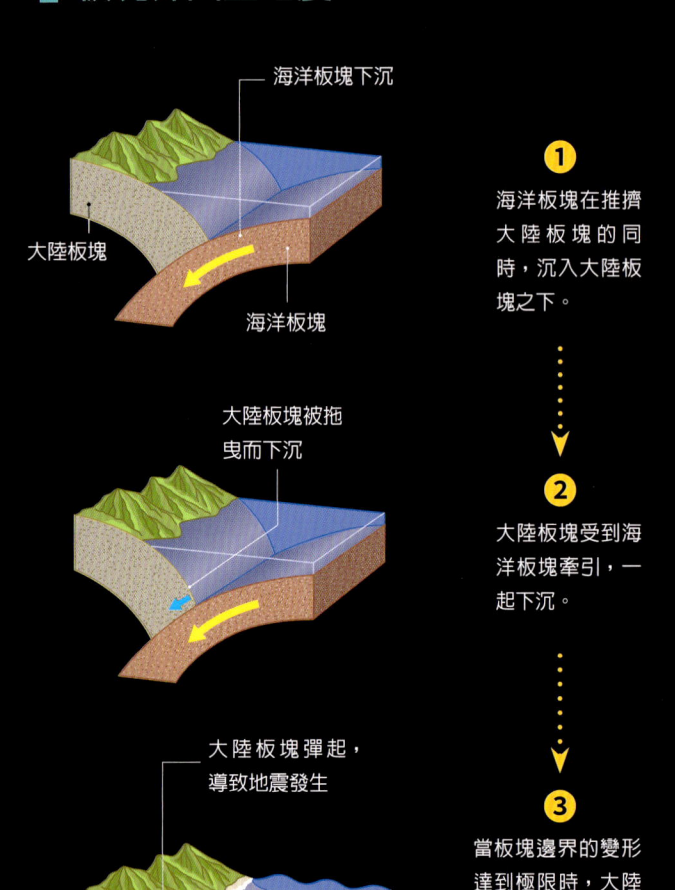

海洋板塊下沉
大陸板塊
海洋板塊

1. 海洋板塊在推擠大陸板塊的同時，沉入大陸板塊之下。

大陸板塊被拖曳而下沉

2. 大陸板塊受到海洋板塊牽引，一起下沉。

大陸板塊彈起，導致地震發生

3. 當板塊邊界的變形達到極限時，大陸板塊會彈起，試圖回復原狀，因而引發地震。

板塊界面型地震多半發生在海溝附近，因此也稱為「海溝型地震」。如果海底也跟著抬升，海水會被推高，有時就會引發海嘯。2011年3月11日發生在日本的東北地方太平洋近海地震也是屬於此類型。板塊界面型地震是每隔數十年至數百年會發生。

認識地球的構造

地震分布圖

A₁：隱沒帶、A₂：碰撞帶 / B：洋脊 / C：轉形斷層

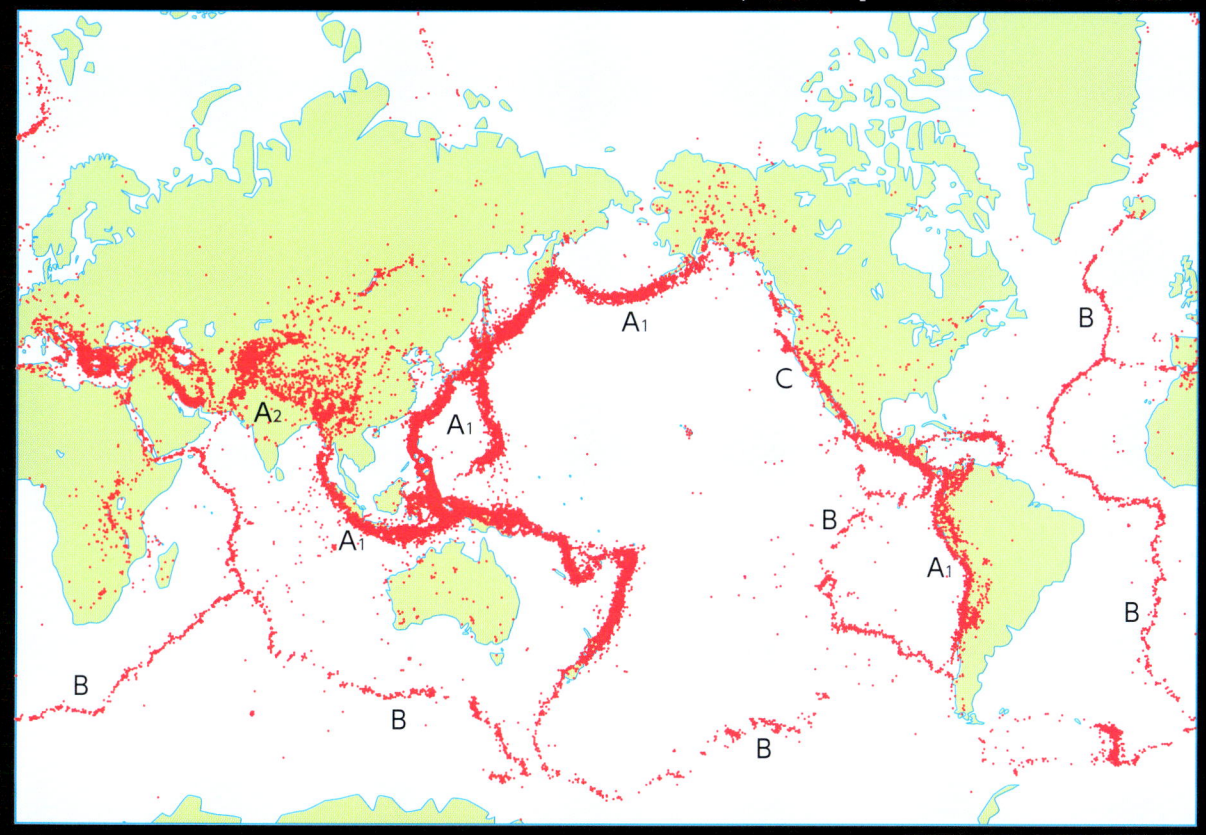

根據日本氣象廳官網「地球的原理」製表

板塊內部型地震

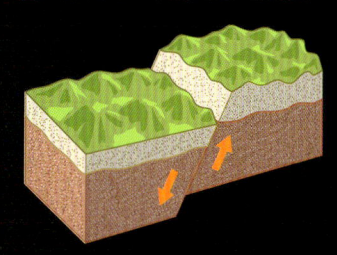

正斷層
在洋脊等板塊擴張的邊界，上盤地層因張力，沿著斷層面向下滑落。

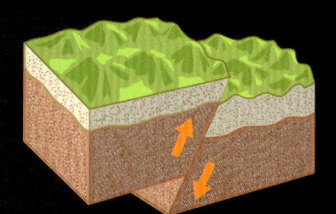

逆斷層
在板塊彼此擠壓的隱沒帶等處，上盤地層因壓力，沿著斷層面推擠上升。

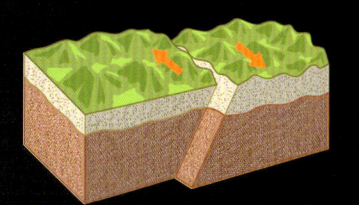

橫移斷層
在板塊彼此錯動的地區（轉形斷層），斷層面兩側的地層會互相橫向錯移。

芮氏地震規模與震度的差別

芮氏地震規模（M）是指地震發生時，釋放出的能量大小。隨著 M 的數字 1、2、3 愈來愈大，對應的地震規模會變為約 32 倍、約 1000 倍、約 3 萬 2000 倍。震度是根據各觀測點測得的搖晃強度，因此距離震央愈遠，震度愈小。若是想了解地震本身的大小，可看芮氏地震規模 M；若想了解搖晃程度與災情狀況，則參考震度會比較清楚。

「板塊內部型地震」是板塊內部的斷層錯動所引發的地震。若這條斷層正好位於人類居住區正下方，就稱為「直下型地震」。

海流

■ **流動於表層與深層的兩種海流**

比起陸地面積，地球的海洋範圍更廣，地表面積約 70.8% 都是海洋覆蓋。海底有火山、海溝等地形，還有豐富的起伏變化，只是因為平常藏在海水底下，我們幾乎不會注意到，地球上最深的馬里亞納海溝，水深達 11000 公尺，這個深度已經足以淹沒整座珠穆朗瑪峰（8848 公尺）。

在這片廣大的海洋中，海水並非總是停留在同一處，而是以海流的形式不停在流動。海流的流動可分為深度 400 公尺左右的表層海流，以及在深度 700 公尺以上區域的深層海流。表層海流流動的原動力，是吹拂海面的偏西風與信風等大規模的風，負責把赤道附近的熱運往高緯度地區，像是日本近海的黑潮與親潮、大西洋的墨西哥灣流等都很有名。

深層海流的流動則是受到溫度與鹽度的影響，也就是海水密度的差異。比方說，在北大西洋格陵蘭近海與南極附近，寒冷且鹽度高的海水會下沉（沉降）至深海，順著海底的地形緩慢前進，接著在印度洋、太平洋等地

海流大循環

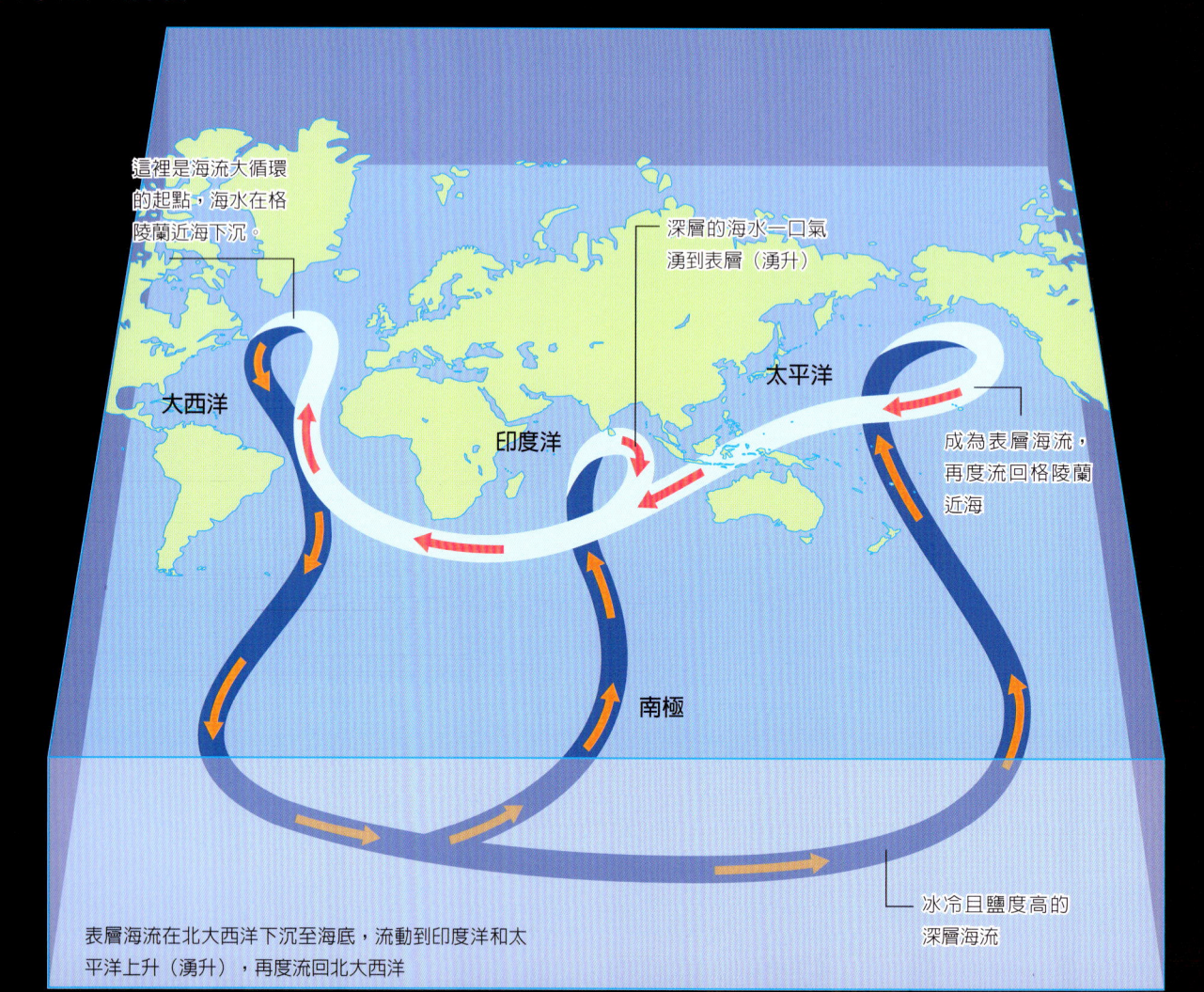

這裡是海流大循環的起點，海水在格陵蘭近海下沉。

深層的海水一口氣湧到表層（湧升）

大西洋

印度洋

太平洋

成為表層海流，再度流回格陵蘭近海

南極

冰冷且鹽度高的深層海流

表層海流在北大西洋下沉至海底，流動到印度洋和太平洋上升（湧升），再度流回北大西洋

認識地球的構造

上升（湧升）至表層，乘著表層海流返回北大西洋，這種現象稱為「溫鹽環流」。在北大西洋下沉的海水到達北太平洋的表層為止，大約需要兩千年那麼長的時間。

一旦地球持續暖化，海水溫度上升，極地冰層融化，稀釋了海水的鹽度，不禁令人擔憂很可能導致「溫鹽環流」的循環變弱。

▎地球的水在哪裡？

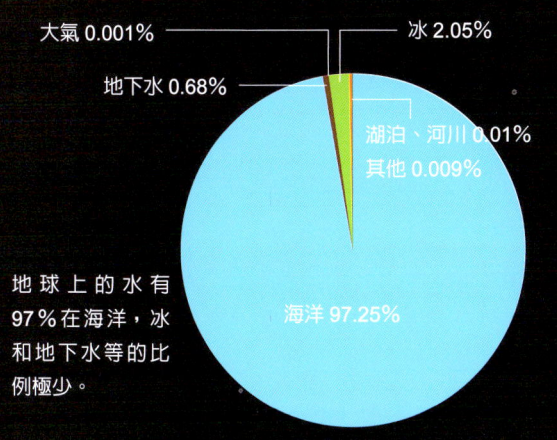

大氣 0.001%
冰 2.05%
地下水 0.68%
湖泊、河川 0.01%
其他 0.009%
海洋 97.25%

地球上的水有97%在海洋，冰和地下水等的比例極少。

南極大陸四周有南極環流流過。

海流包括流向高緯度的暖流，以及流向低緯度的寒流。地球的氣溫就是由這種南北之間的熱傳輸而形成。

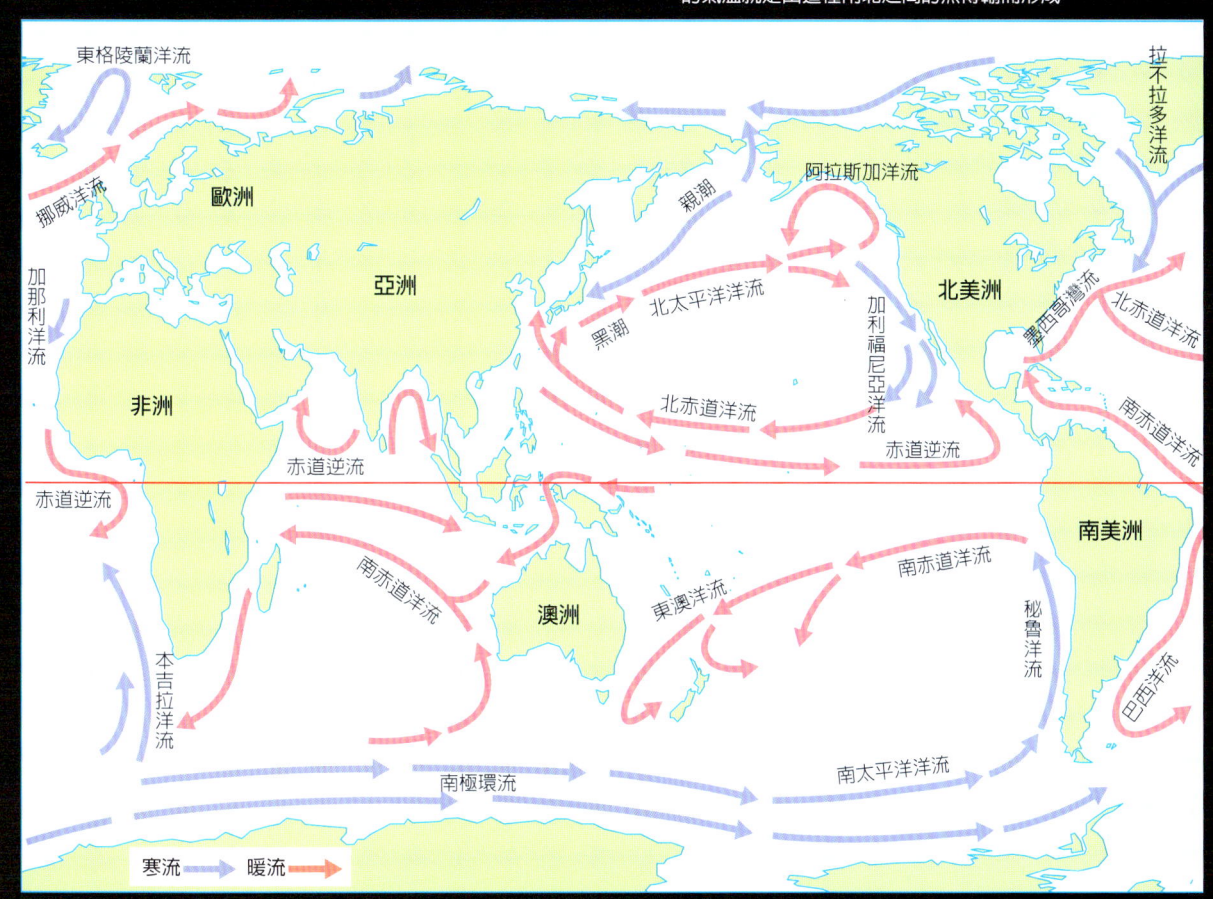

▎全球的海流

東格陵蘭洋流、拉不拉多洋流、挪威洋流、阿拉斯加洋流、加那利洋流、親潮、北太平洋洋流、黑潮、墨西哥灣流、北赤道洋流、加利福尼亞洋流、赤道逆流、南赤道洋流、東澳洋流、秘魯洋流、巴西洋流、本吉拉洋流、南極環流、南太平洋洋流

歐洲、亞洲、非洲、北美洲、南美洲、澳洲

寒流　暖流

大氣的構造與循環

■ 分為四層的大氣

　　大氣是被地球重力束縛在地球表面的氣體。目前地球的大氣主要是由氮和氧構成，可依據溫度的垂直分布，大致劃分為四層。

　　「對流層」直接接觸地表和海面，愈往上，氣溫愈低。這一層的大氣活動十分旺盛，會出現各種天氣現象。厚度在高緯區約 8 公里，到了赤道附近是 16 公里左右，僅占地球直徑的千分之一。

　　對流層往上是「平流層」；由於分布在平流層的臭氧層會吸收紫外線，所以這一層的氣溫反而會隨高度上升而上升，因此平流層中不易產生對流。

大氣的構造

4. 增溫層
由於吸收來自太陽的電磁波等而變得高溫。部分大氣分子會電離成電子與離子，形成電離層。極光的發光現象也是在這一區出現。

3. 中氣層
氣壓只有地面的萬分之一，氣溫會隨高度上升而下降。

2. 平流層
由於臭氧層會吸收太陽的紫外線，所以氣溫會隨高度上升而上升。

1. 對流層
對流旺盛，會製造雲、發生下雨、下雪等各種氣象。

外氣層
地球大氣中最外側的一層。大氣的密度低，氣溫極高。

10,000km
500km
80km
50km
〜16km

大氣的組成

- 其他 0.035%
- 二氧化碳（CO_2）0.035%
- 氬（Ar）0.93%
- 氧（O_2）20.9%
- 氮（N_2）78.1%

認識地球的構造

距離地面 50～80 公里的區域稱為「中氣層」，氣溫會隨高度上升而下降。中氣層的氣壓只有地面上的萬分之一。

而距離地面 80～500 公里左右的區域稱為「增溫層」。在中氣層與增溫層的交界處附近，平均氣溫是零下 92.5℃，是整個大氣中最冷的區域。增溫層會受到太陽釋放的電磁波等影響，氣溫有時可上升至 2000℃，但由於這一層的大氣密度極低，實際含有的能量也很低。

來自太陽的熱與光，在赤道附近最多，兩極最少，因此赤道與兩極之間的溫差很大。為了調節這種差異，地球會進行「大氣循環」，將熱傳輸出去。事實上，大氣在低緯度區、中緯度區、高緯度區，各自形成了具有特色的空氣流動，因此，在靠近地面的低緯度區會形成信風帶，高緯度區則有來自極地的寒冷空氣流入，形成極地東風帶。在中緯度的高空中有偏西風蜿蜒曲折流動。

■ 大氣的大循環

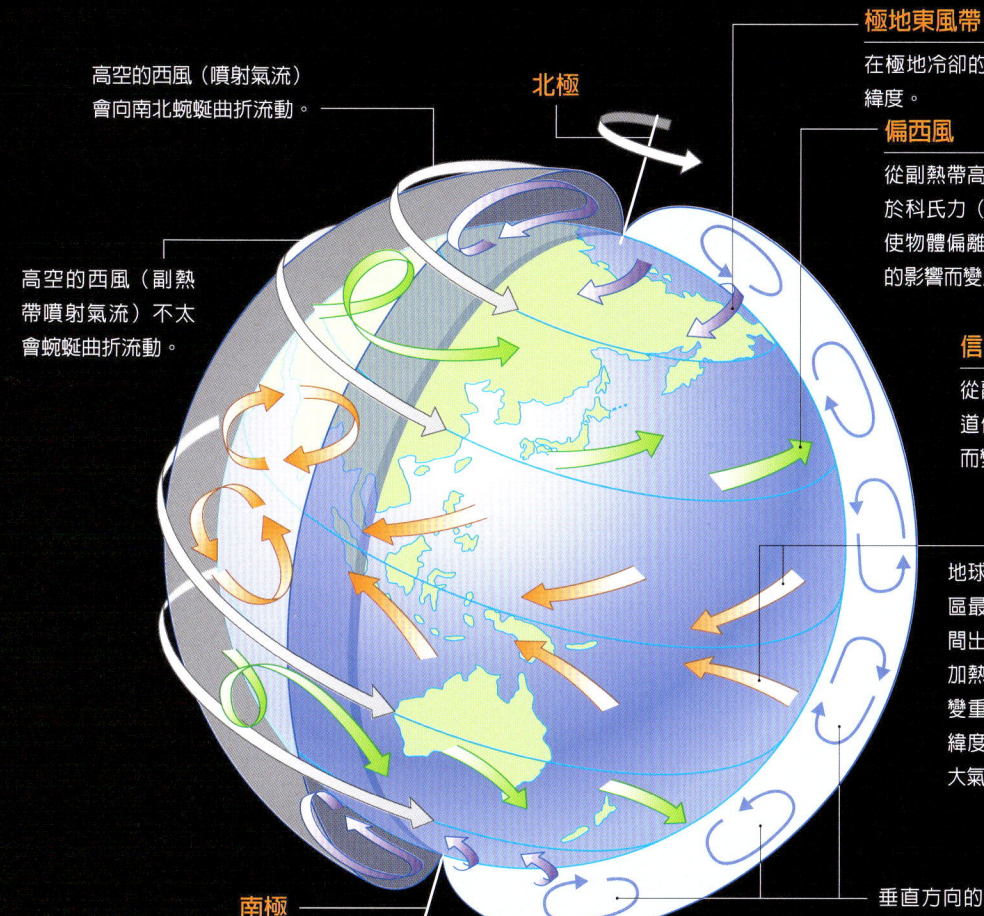

颶風等天氣現象發生在對流層中。

高空的西風（噴射氣流） 會向南北蜿蜒曲折流動。

高空的西風（副熱帶噴射氣流） 不太會蜿蜒曲折流動。

北極

極地東風帶
在極地冷卻的空氣流向低緯度。

偏西風
從副熱帶高氣壓帶吹出的風，由於科氏力（在旋轉體上移動時，使物體偏離前進方向的作用力）的影響而變成偏西風。

信風
從副熱帶高氣壓帶吹向赤道低壓帶的風，因科氏力而變成偏東風。

地球接收到的太陽光，在低緯度區最強，因此低緯度與高緯度之間出現溫差。赤道附近的空氣被加熱後變輕上升，兩極的冷空氣變重下降。實際上，低緯度、中緯度、極地都分別形成了各自的大氣循環。

南極

垂直方向的環流可分為三種。

39

保護地球的磁場

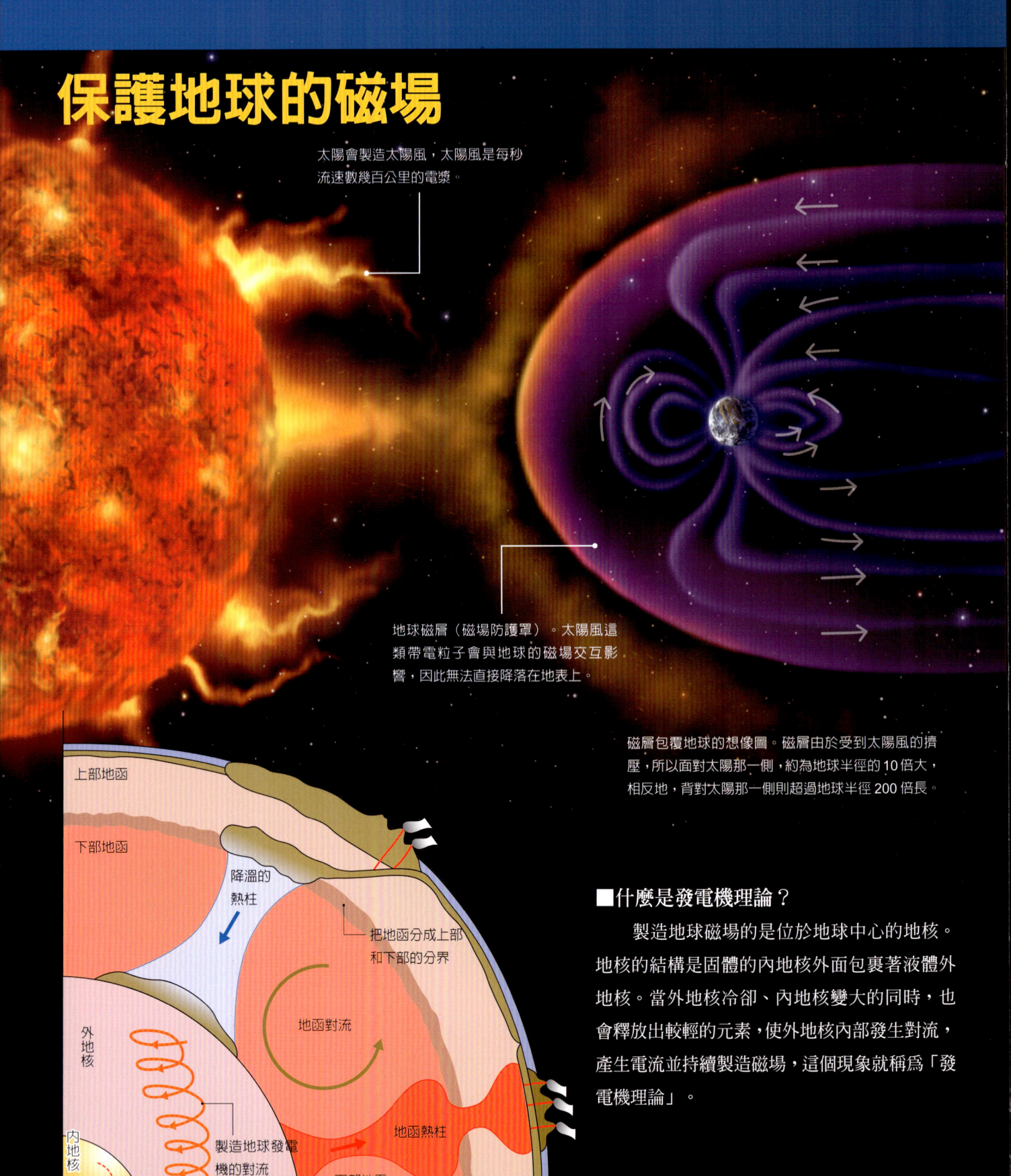

太陽會製造太陽風,太陽風是每秒流速數幾百公里的電漿。

地球磁層(磁場防護罩)。太陽風這類帶電粒子會與地球的磁場交互影響,因此無法直接降落在地表上。

磁層包覆地球的想像圖。磁層由於受到太陽風的擠壓,所以面對太陽那一側,約為地球半徑的 10 倍大,相反地,背對太陽那一側則超過地球半徑 200 倍長。

上部地函
下部地函
降溫的熱柱
把地函分成上部和下部的分界
地函對流
外地核
內地核
對流
製造地球發電機的對流
地函熱柱
下部地函

■什麼是發電機理論?

製造地球磁場的是位於地球中心的地核。地核的結構是固體的內地核外面包裹著液體外地核。當外地核冷卻、內地核變大的同時,也會釋放出較輕的元素,使外地核內部發生對流,產生電流並持續製造磁場,這個現象就稱為「發電機理論」。

認識地球的構造

■放射線的屏障

地球接受來自太陽的光與熱，但太陽帶來的不止這些，還有稱為「太陽風」的高溫電漿。「電漿」是電離後的陽離子與電子自由活動的狀態，也是與固體、液體、氣體並列的物質「第四態」。

地球有磁場保護，雖然地球的磁層與太陽風強烈交互影響，不過兩者的分界線劃分得一清二楚。另一方面，地球背對太陽那一側的磁層，受到太陽風吹拂而伸長。在太陽風迎風面的磁層，大小是地球半徑的10倍，不過背風面的磁層反而因為太陽風而大大拉長超過地球半徑的200倍。

太陽風的粒子帶電，因此會受到地球磁層影響而改變行進路線。其中一部分的太陽風會從北極或南極附近的高空降落大氣層，與大氣分子碰撞、發光，構成大氣的氧分子和氮分子發出綠色、粉紅色等顏色光芒，這就是我們在北極圈和南極圈看到的極光。

部分太陽風與地球的大氣分子互相碰撞，結果產生極光。

衛星拍到的如夢似幻極光。在距離地面200km的高空中發光，彷彿籠罩著整個地球。

地球史年表

| 46億年前 | 40億年前 | 30億年前 | 25億年前 |

冥古宙　　太古宙

- 地球誕生（46億年前）
- 生命誕生（40億年前） 
- 氧氣增加（25億～20億年前）

大霹靂

隕石撞擊

生物的光合作用活動與疊層石

| 5.4億年前 | 4.88億年前 | 4.44億年前 | 4.16億年前 | 3.59億年前 |

古生代

| 寒武紀 | 奧陶紀 | 志留紀 | 泥盆紀 | 石炭紀 |

- 植物登陸（4億7500萬年前）
- 動物登陸（4億1600萬年前～）
- 魚類演化（4億年前～）
- 蕨類植物森林（3億6000萬年前～）
- 哺乳類的早期祖先登場（石炭紀後期）

寒武紀大爆發

最早的陸地生物「頂囊蕨」

鄧氏魚

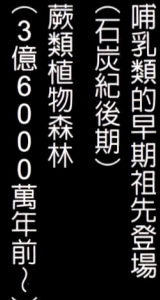

古蕨屬

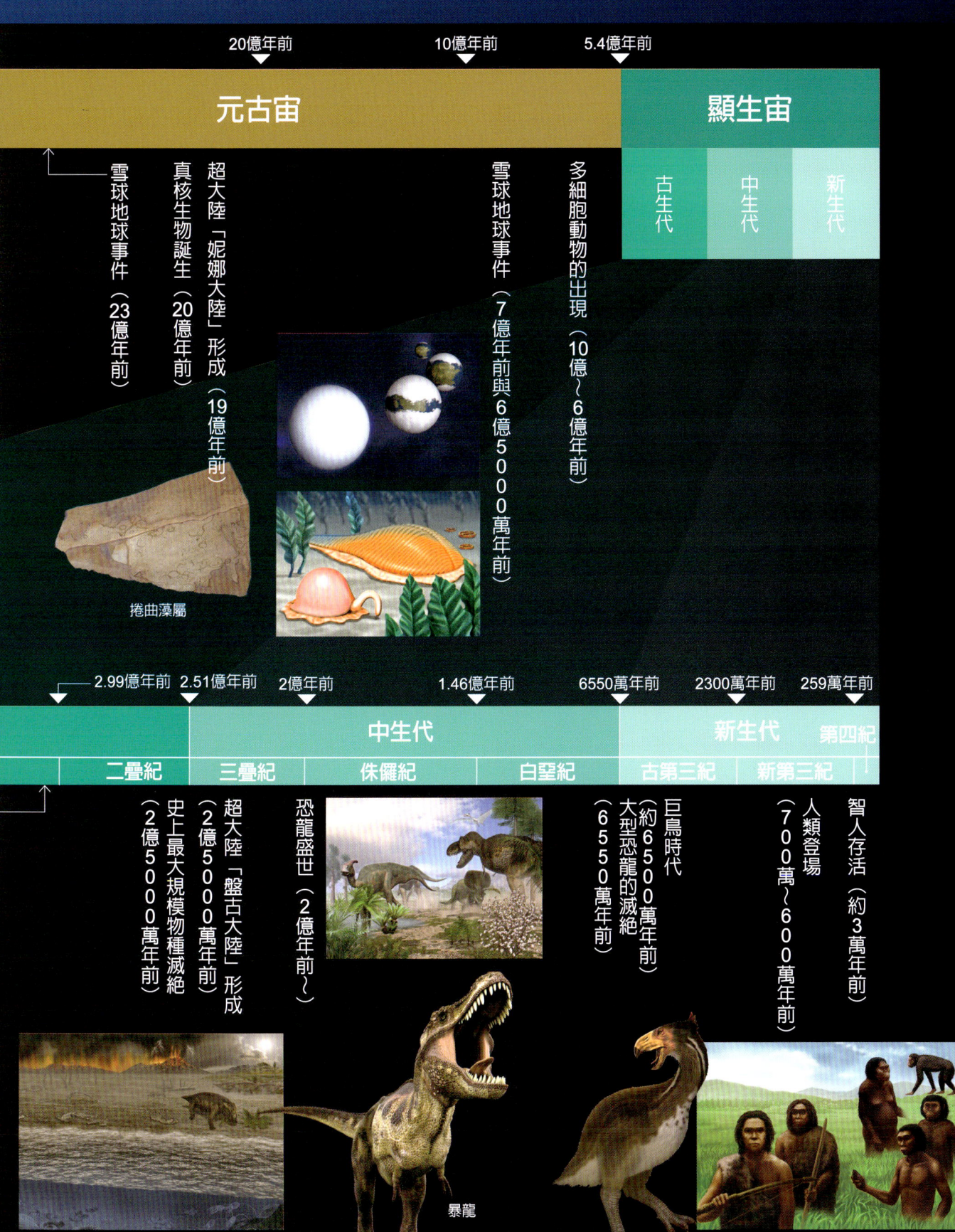

按照本書的內容，分成「46 億年的地球歷史」，以及「現在～未來的地球」。

	20億年前	10億年前	5.4億年前		
元古宙			顯生宙		
			古生代	中生代	新生代

- 雪球地球事件（23億年前）
- 真核生物誕生（20億年前）
- 超大陸「妮娜大陸」形成（19億年前）
- 雪球地球事件（7億年前與6億5000萬年前）
- 多細胞動物的出現（10億～6億年前）

捲曲藻屬

2.99億年前	2.51億年前	2億年前	1.46億年前	6550萬年前	2300萬年前	259萬年前
		中生代		新生代		第四紀
二疊紀	三疊紀	侏儸紀	白堊紀	古第三紀	新第三紀	

- 史上最大規模物種滅絕（2億5000萬年前）
- 超大陸「盤古大陸」形成（2億5000萬年前）
- 恐龍盛世（2億年前～）
- 大型恐龍的滅絕（6550萬年前）
- 巨鳥時代（約6500萬年前）
- 人類登場（700萬～600萬年前）
- 智人存活（約3萬年前）

暴龍

地球史年表

現在～未來的地球

如果地球持續暖化，預測將會引發各種氣候變遷。

有可能發生超巨大火山爆發等的大規模災害。

| 2.5 億年後 | 9 億年後 | 25 億年後 | 50 億年後～ |

未來的地球

「終極盤古大陸」形成（2.5 億年後）

生命的滅絕

太陽更加明亮，地球不再屬於「適居帶」。

海洋從地球上消失？（25 億年後）

太陽膨脹，最後變成白矮星？

太平洋　北美洲　非洲　地中海山脈　歐亞大陸　南美洲　澳洲　南極大陸

未來的大陸
現在的大陸
隱沒帶

44

第 **1** 部

地球的誕生與演化

第 **1** 章　地球形成期
01. 太陽系的起源 …………………… P.46
02. 原始地球與大碰撞說 ……………… P.58

第 **2** 章　冥古宙～太古宙
03. 地球形成後仍持續發生的小天體碰撞 P.72
04. 生命誕生 ………………………… P.80

第 **3** 章　元古宙
05. 大氧化事件與全球凍結 ………… P.84

第 1 章 地球形成期

01 太陽系的起源

誕生於銀河系角落的太陽系

銀河星系是由約 2000 億顆星星與氣體所構成。距今約 46 億年前，在銀河星系的某個角落，一顆年老的恆星壽終正寢，引發劇烈的爆炸。這就是我們地球與其他行星所在太陽系誕生的起點。

原始行星
大小約數公里左右的微行星，在空間中反覆互相碰撞，逐漸成長為原始行星。與現在不同的是，在太陽系形成的後期階段，太陽系的太陽附近大約有 20 顆火星大小的原始行星在繞行。

地球形成期　❶ 太陽系的起源

原始太陽的核心
因氣體本身的重力作用，逐漸收縮、升溫，當核心溫度高達約 1000 萬度時，引發核融合反應，發展成主序星，這就是「太陽的誕生」。

01 太陽系的起源

太陽系形成的過程

超新星爆發
恆星「死亡」時，就是以大爆炸的方式結束，爆炸的衝擊會將各種物質飛散在宇宙中，帶來新恆星的「誕生」。

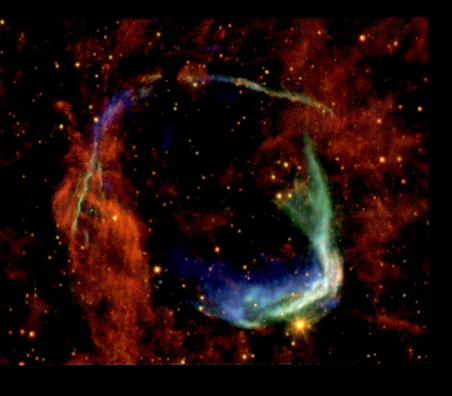

星星的誕生
圖中的畫面是恆星誕生想像圖。塵埃與氣體聚集在星雲中，因重力而收縮，恆星因而誕生。一般認為太陽也是以這種方式形成。

太陽系形成的經過

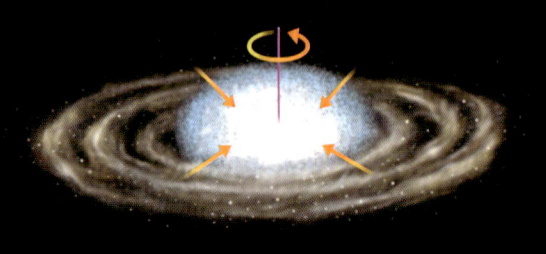

1 原始太陽形成
塵埃與氣體緩慢旋轉，受到重力影響逐漸收縮，分為中心（原始太陽）的高溫高密度部分，以及扁平氣體圓盤的部分。

原始太陽系氣體圓盤　固體微粒
原始太陽

2 氣體冷卻，成為固體
圓盤的溫度逐漸下降冷卻後，氣體凝結成固體微粒。接著，靠近太陽的高溫區形成岩石與金屬，低溫區則形成冰等物質。

冰微行星　岩石微行星

3 微行星形成
岩石與冰粒匯聚在原始太陽系圓盤的赤道面後，就因為重力作用而失控，形成直徑約 10km 的小天體「微行星」。

第 1 章 地球形成期

■從塵埃中誕生的星星們

太陽系的誕生可追溯至距今約 46 億年前。起初是原本存在於宇宙的一顆恆星爆炸，噴出大量塵埃與氣體。這些物質匯聚起來，中心密度高的部分形成了原始太陽。

形成的原始太陽四周，仍殘留著剩下的塵埃與氣體，這些物質在太陽重力的牽引下，圍著太陽繞行，漸漸集結成太陽的赤道面，形成氣體圓盤。

接著塵埃和氣體在這個圓盤上不斷繞行旋轉，集合在赤道面上，導致重力失控，

衍生出直徑約 10 公里的小天體「微行星」。這些微行星反覆互相撞擊，逐漸愈變愈大，最後製造出三種類型的原始行星，包括類地行星（岩石行星）、類木行星（氣態巨行星）、類海行星（冰巨行星）。

類地行星（岩石行星）
位在很靠近原始太陽的地方，所以行星是由熔點高的礦物和金屬等成分所構成。質量小，但密度大。在太陽系中，除了地球之外，水星、金星、火星（上面照片）也屬於這一類。

類木行星（氣態巨行星）
距離原始太陽較遠，溫度低，所以行星的構成物質還包括大量的冰，導致行星的質量很大。其重力作用使它吸收了附近的氣體，也因此變得更大。木星（上面照片）和土星都屬於這一類。

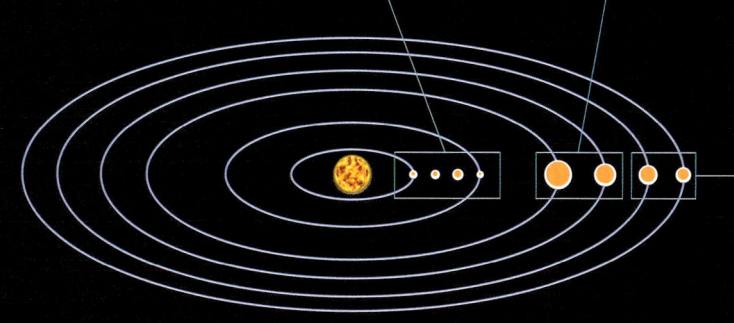

類海行星（冰巨行星）
以前按照尺寸分類時，天王星（上圖）、海王星都是劃分在類木行星（氣態巨行星），不過現在多半按照組成物質分類，像它們這種氣體含量少、由大量的冰組成行星，稱為類海行星（冰巨行星）。

4 太陽系誕生
靠近太陽的微行星反覆碰撞後，成長為現在的大小，比木星更遠的行星，更進一步吸收四周的氣體，讓自己變得更大。

❶ 太陽系的起源

01 太陽系的起源

太陽系裡的地球

地球的體積有多大呢？

我們拿地球與太陽系其他行星比較看看。（　）內是假設地球直徑為 1cm 時，其他行星與它的比例。

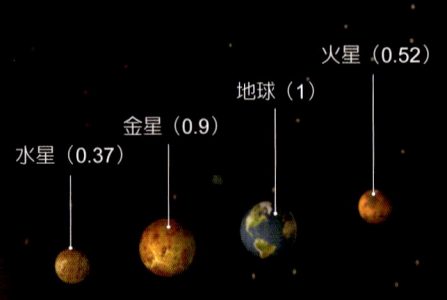

水星（0.37）　金星（0.9）　地球（1）　火星（0.52）

木星（11）

行星的形成

靠近太陽的區域，充滿熔點高的礦物與金屬等物質，因此誕生的行星主要由岩石與金屬構成。而遠離太陽的區域，則因為材料物質中加入大量的冰，所以最終形成類木行星（氣態巨行星）與類海行星（冰巨行星）。換句話說，與太陽的距離也決定了行星的性質。

第 1 章 地球形成期

① 太陽系的起源

海王星（3.8）

天王星（3.9）

土星（9.2）

名稱	大小（直徑）
太陽	139 萬 2000km
水星	4880km
金星	1 萬 2104km
地球	1 萬 2756km
火星	6795km
木星	14 萬 2984km
土星	12 萬 537km
天王星	5 萬 1119km
海王星	4 萬 9529km

生命的起源

像太陽這樣自行釋放光與能量的天體，稱為「恒星」。太陽釋放的能量，支持著地球上大部分的生命活動，倘若沒有太陽，我們也無法生存。

■彈珠大小的行星

太陽系的行星一共有 8 顆。以太陽為中心，軌道由內而外依序為：水星、金星、地球、火星、木星、土星、天王星、海王星。除此之外還有五顆「矮行星」，以及無數的小天體（如：小行星、海王星外天體、彗星）繞著太陽轉。

若從大小來看，地球是繼木星、土星、天王星、海王星之後的第五大行星。假設地球的直徑為「1 公分」，則木星約為其 11 倍，太陽則是地球的 110 倍左右。換句話說，地球在太陽系中宛如是一顆小小的彈珠。

但地球能夠成為擁有生命、獨一無二的行星，也必須要正好是這個大小、與太陽之間適當的距離，各方面條件配合得天衣無縫才行。

01 太陽系的起源

■地球的距離與大小恰到好處

水星、金星、火星與地球同為類地行星，為什麼只有地球上有生命存在呢？主要是生命若沒有水，就無法生存，而且水不能是固態，也不能是水蒸氣狀態，必須是「液體的水」。

地球上之所以能夠保有液態水，是因為地球與太陽之間的距離，為最理想的 1 億 4960 萬公里；雖然地球因此只能接收到太陽釋放能量的 22 億分之一，但若距離再拉近 5%，氫就會從大氣層上方蒸發到太空裡，地球就會失去液態的水。換言之，水星與金星就是太靠近太陽。

像這樣能夠保住液態水的區域，稱為「適居帶（生命可生存的區域）」。事實上，火星也很可能和地球一樣，屬於適居帶。那麼，為什麼火星表面卻沒有液態水呢？那是因為火星的體積只有地球的一半左右，而且沒有磁場。

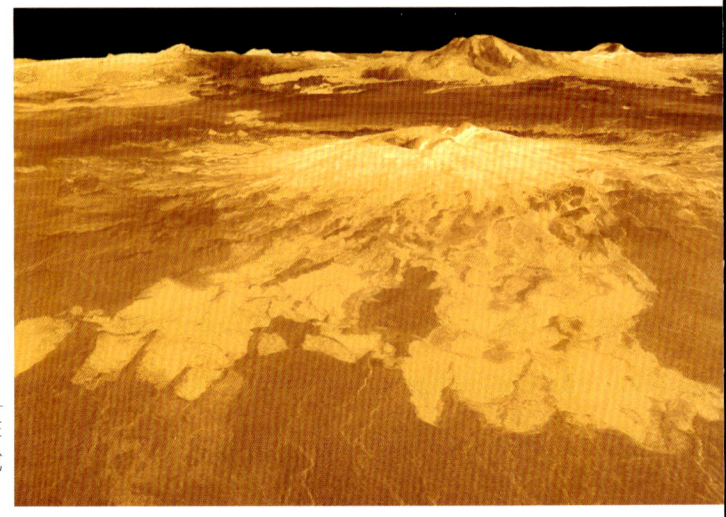

無法成為地球的行星
金星雖然與地球大小相近，卻因為地表留不住液態水（右），不是「適居帶」，而是無法成為地球的火熱星球。

■適居帶（Habitable Zone）

中央在進行核融合反應，製造能量，會自主發光的天體稱為「恆星」。恆星愈重就愈明亮，因此「適居帶」是把較輕的恆星放在太陽附近，較重的恆星放在邊陲。以現在的太陽系來看，假設太陽與地球的距離為「1」天文單位時，在 0.95～約 2 天文單位這範圍內就是「適居帶」。火星也有很大的可能是屬於適居帶的範圍內，可是火星的大小只有地球一半（重量是十分之一），因此火星內部活動已經沉寂。

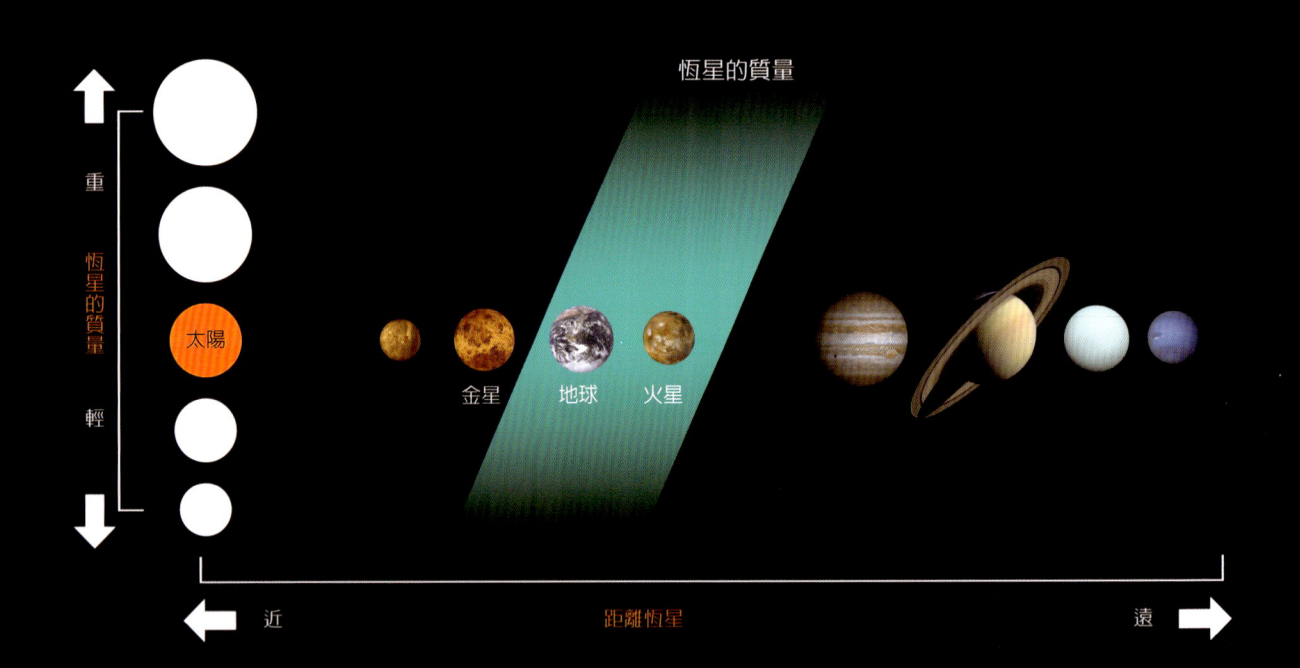

第 1 章 地球形成期

當行星的大小（質量）較小時，重力也較小，若沒有磁場，就會直接承受太陽噴出、帶著高速粒子的太陽風（p.40）影響，無法留住大氣層，氣體就會散逸到宇宙中。而一旦少了大氣層，地表溫度就會下降，水也會結冰。火星過去可能與地球一樣擁有大量水資源，但後來急遽變冷。

地球能夠持續維持豐沛的水資源，這都要歸功於與太陽的距離、大氣的組成、質量等多方條件。

COLUMN 宇宙裡的太陽系

太陽系是否有盡頭？

在天文學中，表示太陽系內天體距離的單位是「天文單位（AU）」。太陽與地球的平均距離 1 億 5000 萬公里等於「1」天文單位。

人類很久很久以前就知道太陽、月球、水星、金星、火星、土星的存在，至於新的行星「天王星」則是要到 1781 年才被發現。此後，太陽系的研究持續發展，到了 1846 年發現海王星、1930 年發現冥王星，並認為冥王星是離太陽最遠的行星。然而，冥王星與另外八大行星在各方面缺乏共同點，再加上 1990 年代以後又陸續發現了許多天體與冥王星共用軌道，因此將它降級分類為「矮行星」，劃分為太陽系的「海王星外天體」。

「海王星外天體」也包括「歐特雲」等，「歐特雲」是冥王星等的「類冥天體」、「古柏帶」、「長週期彗星（公轉週期在 200 年以上的彗星）的故鄉。一般認為「古柏帶」的分布範圍在距離海王星約 50 天文單位處，「歐特雲」則是 1 萬～ 10 萬天文單位的地方。2015 年，NASA 發射人類第一個冥王星探測器「新視野號（New Horizons）」，若能成功抵達冥王星附近，有望獲得更多關於海王星外天體的資訊。

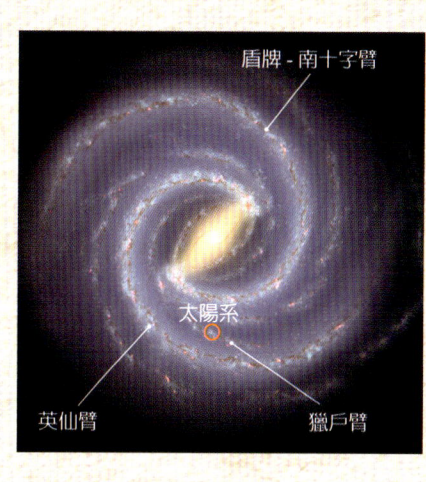

銀河星系中的太陽系

宇宙裡存在著無數由恆星和星際物質等各種物質組成的「星系」。為了與其他星系區分，我們所在的星系稱為「銀河星系」或「銀河系」。銀河星系有螺旋狀的「旋臂」。

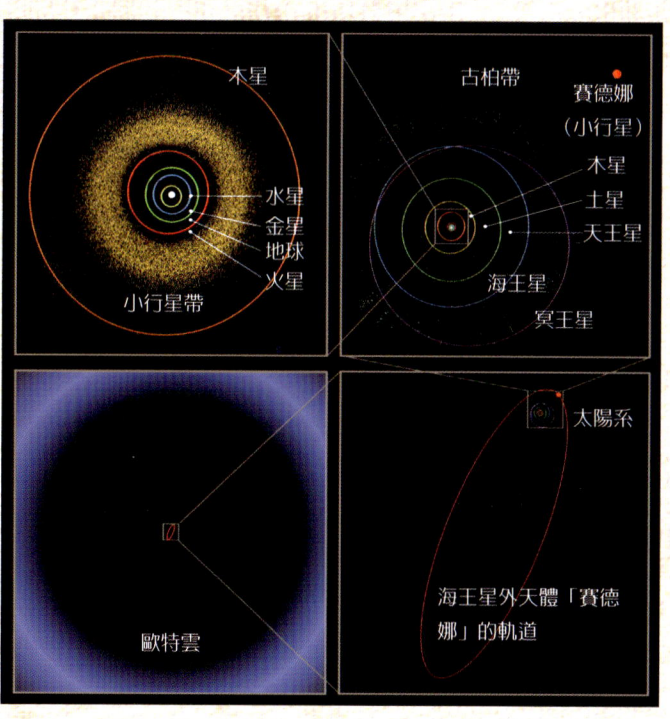

太陽系的樣貌

距離太陽愈遠，就像圖中這樣，但我們不清楚的部分仍很多。
改自「Sedna's Orbit」NASA/JPL-Caltech/R. Hurt (SSC-Caltech)

COLUMN

太陽系的行星介紹

太陽系中,沿著軌道由內而外排列著水星、金星、地球、火星、木星、土星、天王星、海王星這八顆行星。如同49頁介紹的,這些行星可依組成成分分為三類。讓我們一邊與地球比較,一邊認識太陽系的行星吧。

■內部扎實的地球

太陽系的八大行星可以依組成成分分三類:第一類是以岩石與金屬為主的「類地行星」;第二類是以氫氣和氦氣為主的「類木行星」;第三類則是冰占大部分的「類海行星」。

類地行星的公轉軌道位於太陽與火星之間,這類行星大多體積較小,但密度很高,擁有以鐵和鎳構成的核心,以及岩石形成的地函與地殼。

類木行星的核心是以岩石和冰構成,吸引附近的氫氣與氦氣等氣體形成行星,所以體積巨大,而且質量極重。也因此,類木行星中的木星與土星,無論是體積或質量,都穩居太陽系行星的第一、第二名。只不過,這類行星的主要成分是氣體,因此密度低。如果要比密度,太陽系行星中密度最高的就是地球。

類海行星的構造是氣體包裹著一塊巨大冰塊,大部分成分是冰,所以儘管有時會分類為類木行星,但近年來多半獨立出來歸類在「冰巨行星」。

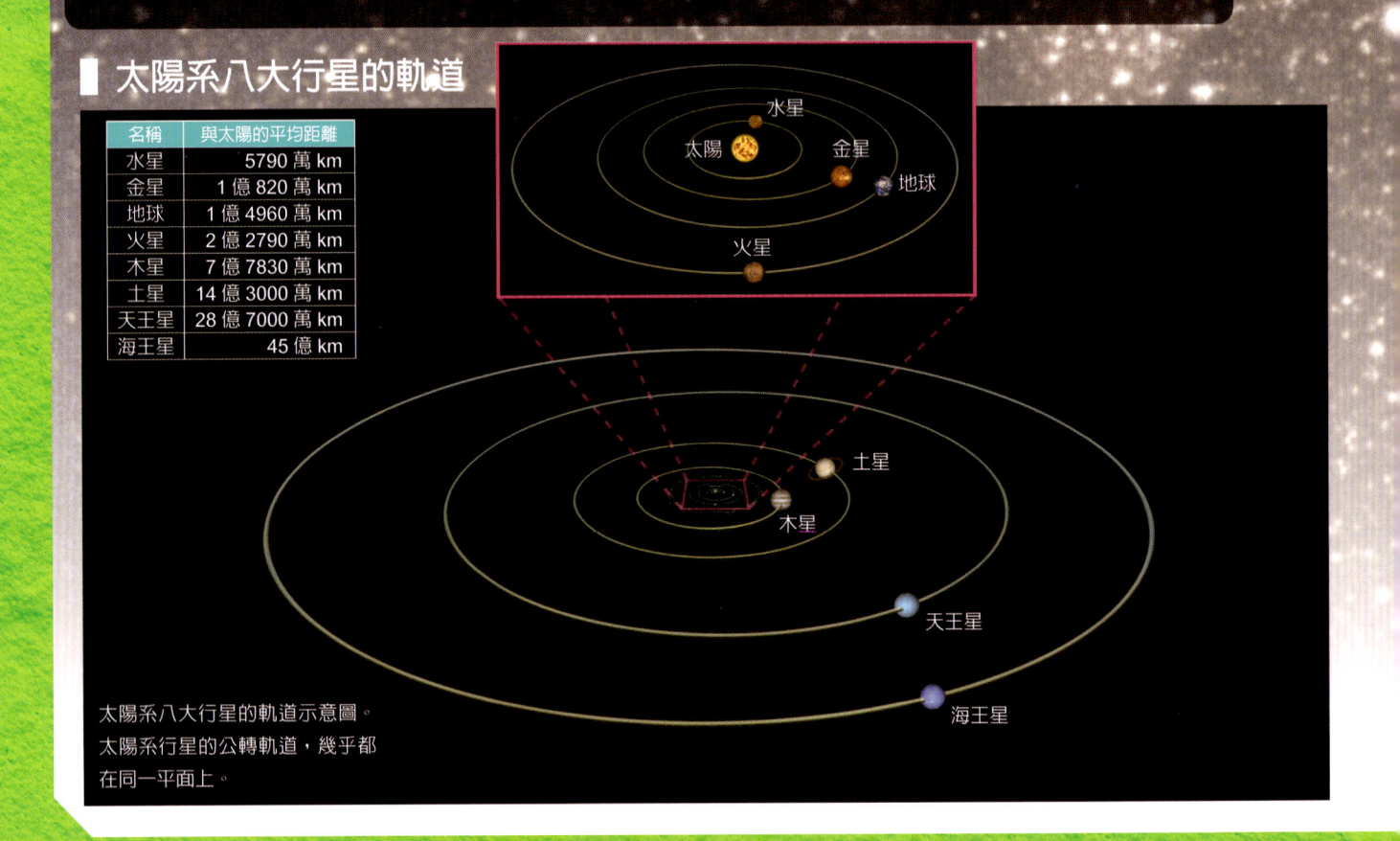

■太陽系八大行星的軌道

名稱	與太陽的平均距離
水星	5790 萬 km
金星	1 億 820 萬 km
地球	1 億 4960 萬 km
火星	2 億 2790 萬 km
木星	7 億 7830 萬 km
土星	14 億 3000 萬 km
天王星	28 億 7000 萬 km
海王星	45 億 km

太陽系八大行星的軌道示意圖。太陽系行星的公轉軌道,幾乎都在同一平面上。

類地行星（岩石行星）

由地核、地函、地殼、大氣層所構成。高密度的鐵和鎳等金屬匯聚在中央形成地核，四周是矽酸鹽等岩石成分包圍。特徵是體積小但密度高。

水星

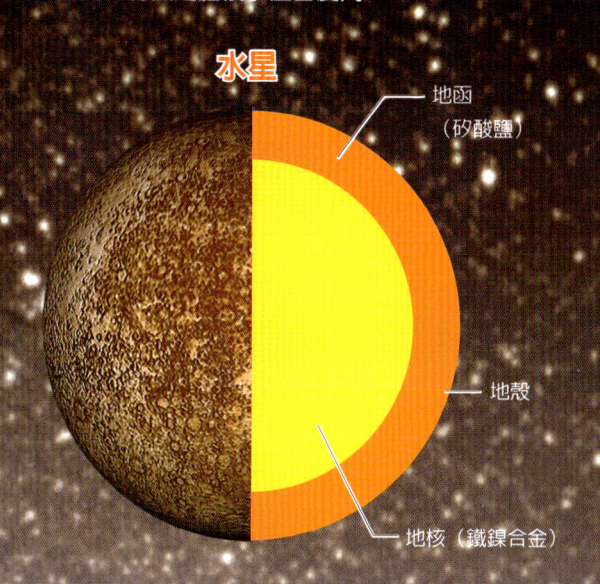

- 地函（矽酸鹽）
- 地殼
- 地核（鐵鎳合金）

八大行星中位置最靠近太陽、體積最小的行星。鐵鎳構成的地核占水星總質量的大約80%，不過水星的重力小，密度約每立方公分 5.43 公克，體積比地球小。

金星

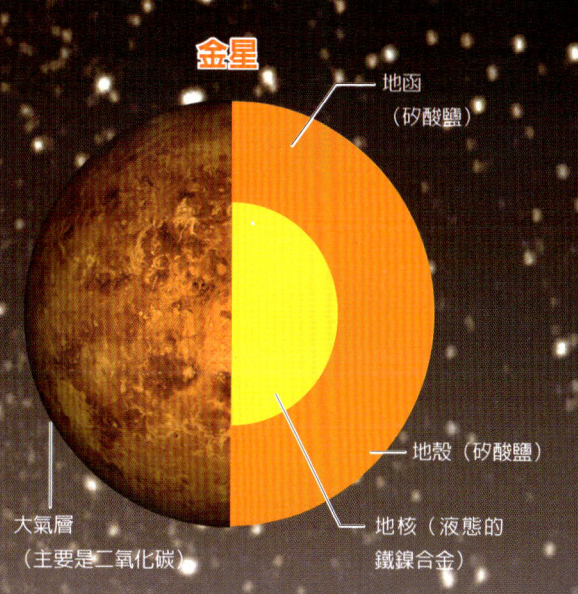

- 地函（矽酸鹽）
- 地殼（矽酸鹽）
- 地核（液態的鐵鎳合金）
- 大氣層（主要是二氧化碳）

大小幾乎與地球差不多，但大氣的量多，而且幾乎都是二氧化碳，所以氣溫高達 464℃，是一顆火熱滾燙的行星，而且可能不久前都還有火山活動。密度約每立方公分 5.24 公克。

地球

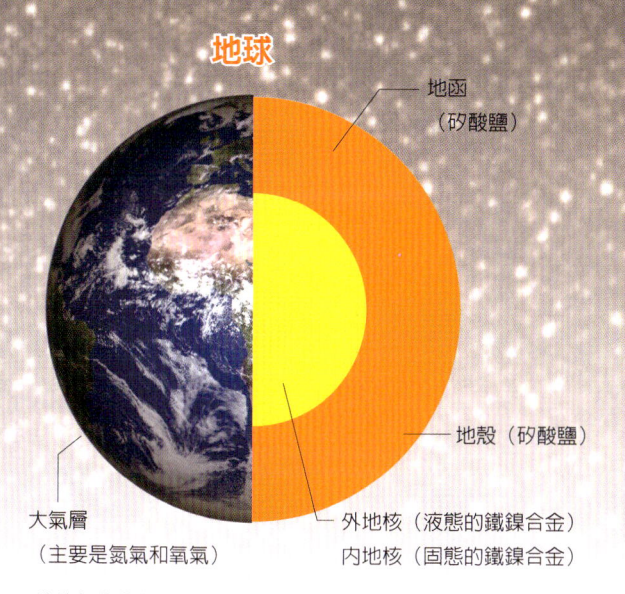

- 地函（矽酸鹽）
- 地殼（矽酸鹽）
- 外地核（液態的鐵鎳合金）
- 內地核（固態的鐵鎳合金）
- 大氣層（主要是氮氣和氧氣）

地核部分分為固體的內地核和液體的外地核，外地核的流動製造磁場。地球內部有地函對流，地表板塊運動引起地殼變動和火山活動。密度約每立方公分 5.52 公克。

火星

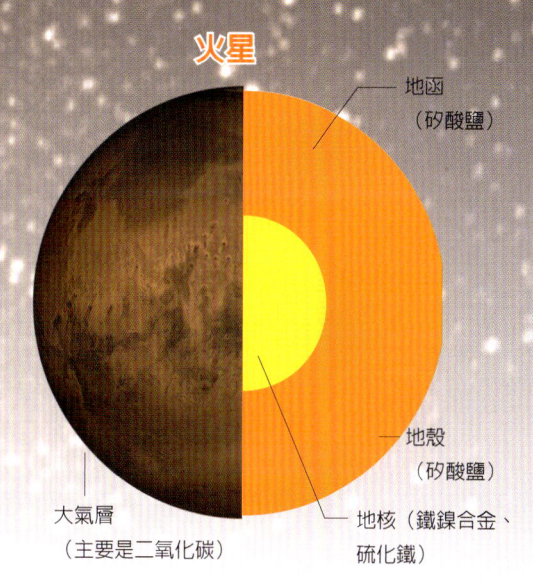

- 地函（矽酸鹽）
- 地殼（矽酸鹽）
- 地核（鐵鎳合金、硫化鐵）
- 大氣層（主要是二氧化碳）

大小幾乎只有地球的一半，不過組成成分、自轉軸的傾斜度、自轉週期等，與地球相似的地方很多。只是大氣層太薄，溫差和氣候的變動都比地球劇烈。有說法認為火星是原始行星。密度約每立方公分 3.93 公克。

本頁的行星插圖，並未按照實際比例縮放。

① 太陽系的起源

COLUMN 太陽系的行星介紹

類木行星（氣態巨行星）

太陽系的行星中，大小與重量尤為突出的木星和土星，被分在「氣態巨行星」這類。調查組成成分就會發現，它們都有岩石和冰形成的地核，外圍圍繞著液態氫和液態氦。這些元素起先是原始太陽附近的氣體，後來被行星抓住。但因為類木行星的重量很輕，只有太陽的約 100 分之 1，因此無法成為會自主發光的恆星。

地核（岩石、冰）
液態金屬氫（內含氦）
液態氫的氫分子（內含氦氣）

木星

太陽系最大的行星，重量是地球的 318 倍，密度約每立方公分 1.33 公克。在氣體行星木星上，沒有可以著陸的陸地。表面可見的橫條紋，是由高空雲和低空雲交織而成。

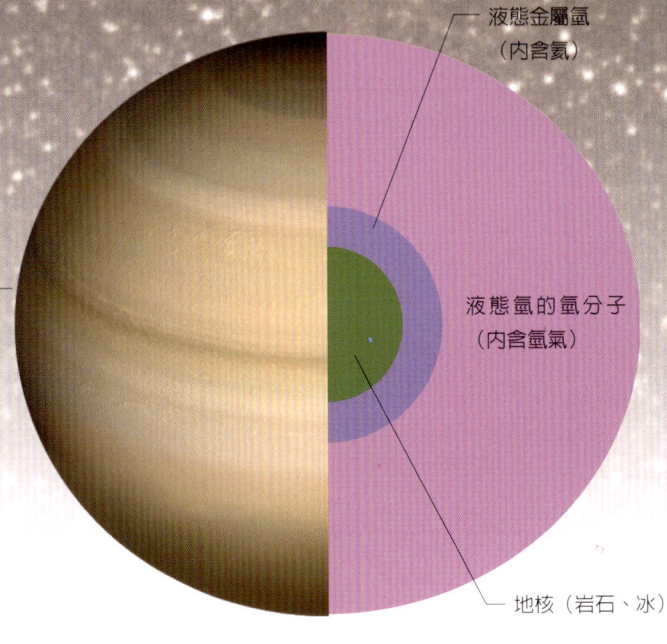

大氣層

液態金屬氫（內含氦）
大氣層
液態氫的氫分子（內含氦氣）

土星

密度約每立方公分 0.69 公克。內部構造與木星十分相似，表面也有與木星相同的橫條紋。一提到土星，最有名的就是大大的土星環，不過根據航海家號探測器等的觀測得知，土星環實際上是由冰粒構成。

地核（岩石、冰）

類海行星（冰巨行星）

天王星和海王星的表面有一層厚厚的氫、氦、甲烷等氣體覆蓋，因此有段時期被分類在「類木行星」，不過因為兩類行星的大小差異，以及冰的成分占大半，所以它們更多時候被分類為冰巨行星。這類行星的公轉軌道在太陽系最外側，陽光幾乎照不到。直到 1980 年代後期，航海家 2 號探測器靠近之前，我們原本都不清楚它們的詳細情況。

❶ 太陽系的起源

地函（氨、水、甲烷混合的冰）
地核（岩石、冰）
大氣層（含有氦、甲烷的氫氣）

天王星
密度約每立方公分 1.27 公克。在岩石和冰組成的地核外圍，是氨、水、甲烷的冰構成的地函。表面有以氫、氦為主要成分的大氣層，不過因為摻有甲烷，所以呈現藍綠色。

地函（氨、水、甲烷混合的冰）

海王星
太陽系八大行星之中，位在最外側，繞太陽公轉一圈約需耗時 165 年。表面看起來呈現藍色，那是因為厚厚的大氣層內含有甲烷。行星的內部構造與天王星幾乎相同，不過海王星的地核較大，所以密度也較大，每立方公分約 1.64 公克。

地核（岩石、冰）

大氣層（含有氦、甲烷的氫氣）

本頁的行星插圖，並未按照實際比例縮放。

57

第 1 章 地球形成期

02 原始地球與大碰撞說

原始行星彼此互相劇烈碰撞

太陽系成立之初，微行星彼此互相反覆碰撞，最後在太陽系的太陽附近形成約 20 顆火星大小的原始行星。接著進入太陽系成立後期，這些原始行星相互反覆劇烈碰撞（大碰撞），最後形成行星。原始地球也是重複約 10 次的大碰撞，才成長為現在的大小。

原始地球
最後一次大碰撞時，地球的大小約是現在的 90%，地表很可能已經有海洋覆蓋。

地球形成期

❷ 原始地球與大碰撞說

四處飛散的碎片
劇烈碰撞使得原始地球四周散落著蒸發的岩石蒸氣，以及岩石碎片，科學家認為當中大部分應是再度落回原始地球上。

02 原始地球與大碰撞說

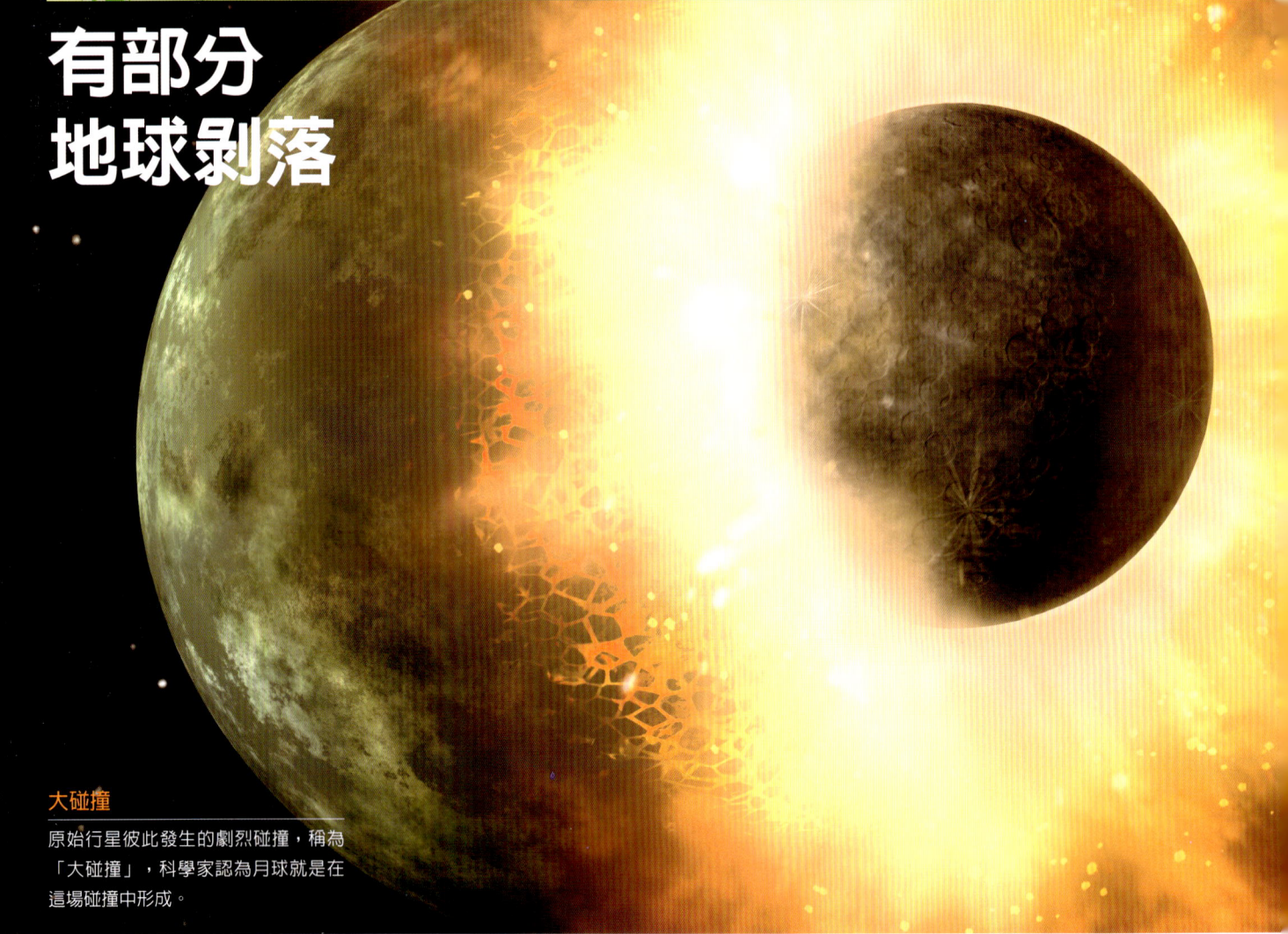

有部分地球剝落

大碰撞
原始行星彼此發生的劇烈碰撞,稱為「大碰撞」,科學家認為月球就是在這場碰撞中形成。

■ **在驚人的碰撞中,月球誕生**

原始地球是經由微行星的反覆碰撞而成長。

最近的研究指出,地球形成的後期,是火星大小的原始行星反覆互撞,最終形成地球。這場互撞稱為「大碰撞」。

有說法認為,有部分原始地球的地函物質,因為大碰撞而剝落,散落四周,散落物質的大多數又因為地球重力,再次匯集於地球,在地球四周凝聚成一個天體。據說這就是月球的由來。

這項說法的證據就在月球的內部構造。經調查月球內部後發現,相當於地核的部分,約占總質量2%;若它與地球同樣是歷經大碰撞後從微行星逐漸變大,那麼地核就算占總質量的30%也很合理。由於「月球的地核幾乎不含金屬鐵」,這也成為大碰撞說的根據之一。

剛經歷完劇烈碰撞的地球,地表覆蓋著熔化的岩石和汽化的岩石蒸氣,是一整片濃稠的岩漿海。而後岩石蒸氣凝結,在地表降下熔岩雨後,由水蒸氣和二氧化碳組成的大氣層籠罩,接下來地表在幾百萬年間都是岩漿海的狀態。

岩漿海裡的金屬成分,由於重力作用,沉降到地球深處,在地球中心形成地核。

第 1 章 地球形成期

②原始地球與大碰撞說

月球的形成過程

可視化：武田隆顯　模擬：Robin M. Canup (Southwest Research Institute)（大碰撞）、武田隆顯（月球凝聚）、國立天文臺四維數位宇宙計畫

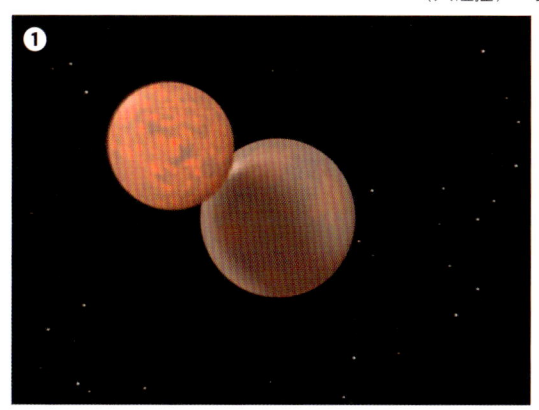

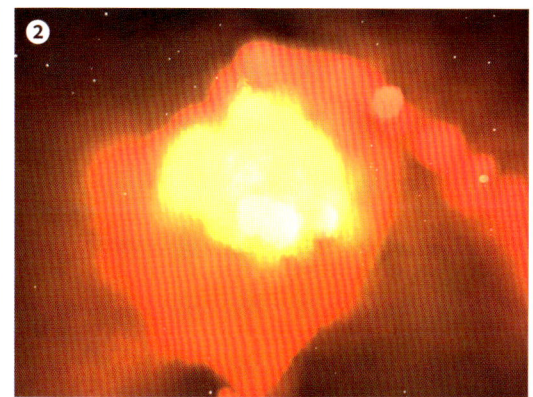

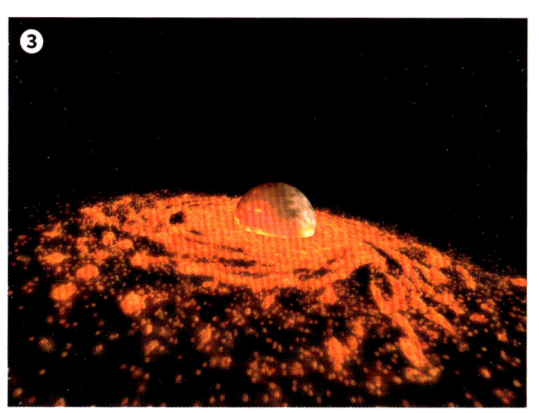

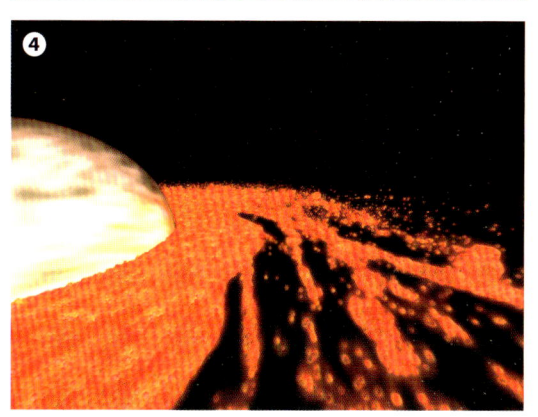

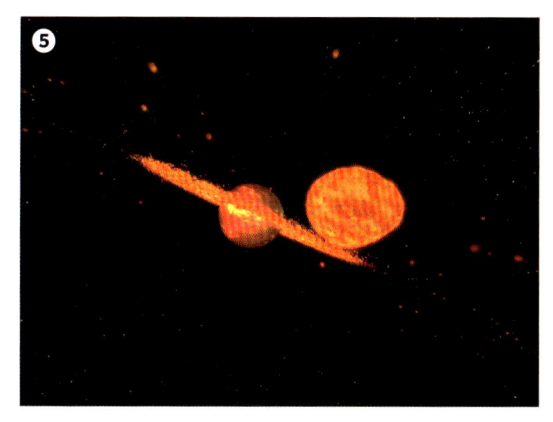

①地球在反覆的劇烈碰撞中成長。②在偏離中心的地方碰撞，碰撞天體的一部分形成在地球四周繞行的圓盤。③圓盤冷卻後變成熔岩，藉由自己的重力凝聚形成無數塊狀物。④在地球旁邊（洛希極限的範圍內）會受到潮汐力干擾，而無法凝聚成團，塊狀物要在某段距離以外的軌道上，才能成長。
⑤大約 1 個月過後，剩下一個大的塊狀物，那就是月球。

Topics

何謂「洛希極限」？

洛希極限是指行星或衛星在維持自身形狀的前提下，雙方引力將彼此拉近的最小距離。因大碰撞而四處散落的物質，只要在地球半徑約 3 倍的範圍內，就會受到重力影響而無法凝聚變大，只會掉落在地球表面。一般認為，在洛希極限外側凝聚變大的東西，就是現在的月球。

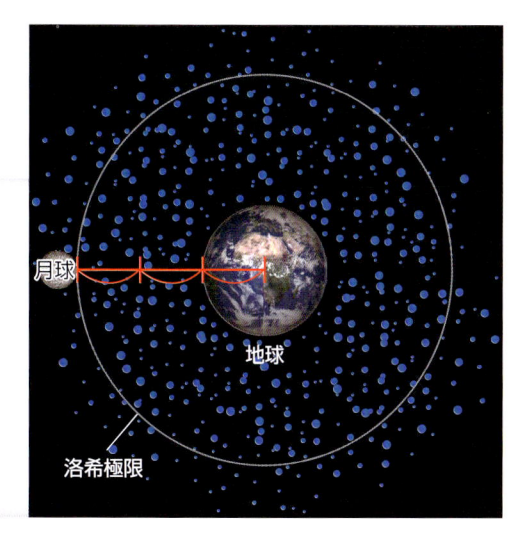

61

02 原始地球與大碰撞說

大氣與海洋來自何方？

■**大氣層是「脫氣」後形成**

原始地球是在由氫和氦組成的原始太陽系的圓盤氣體中成長。因此，原始地球的大氣層主要成分也是氫和氦，與現在的地球截然不同。由此可知，氫氦成分的大氣層，應該是在某個階段不見了。那麼，地球的大氣層，是在什麼時候、如何誕生的呢？

科學家認為地球的大氣層，是地球的材料物質「微行星」吸收的氣體成分，經過「脫氣（degassing）」後形成。

首先是大碰撞的衝擊，導致原始地球原本擁有的大氣散失在宇宙中。接著，原始地球又因為大碰撞，發生大規模的蒸發、熔化，地表變成一整片岩漿海覆蓋，原本熔解在岩漿裡的水蒸氣、二氧化碳、氮等揮發性成分（容易變成氣體的成分）釋放到大氣層中，也就是揮發性成分從地球內部「脫氣」。脫氣之後，大氣成分變得與原本完全不一樣，原始大氣開始逐步變成地球現在的大氣層。

初始以氫、氦為主的大氣，稱為「初級原始大氣」，脫氣後形成的大氣稱為「次級原始大氣」。

■**集中在地球史初期發生的「脫氣」現象**

初期大規模脫氣說

有說法主張超過80％的脫氣，發生於包括地球形成期在內的地球史初期那數億年前間。現在存在於地表的水和二氧化碳，很可能是在地球形成過程中出現的。

大氣和海洋含有的氣體量

46億年前　　　　　年代　　　　　現在

第 1 章 地球形成期

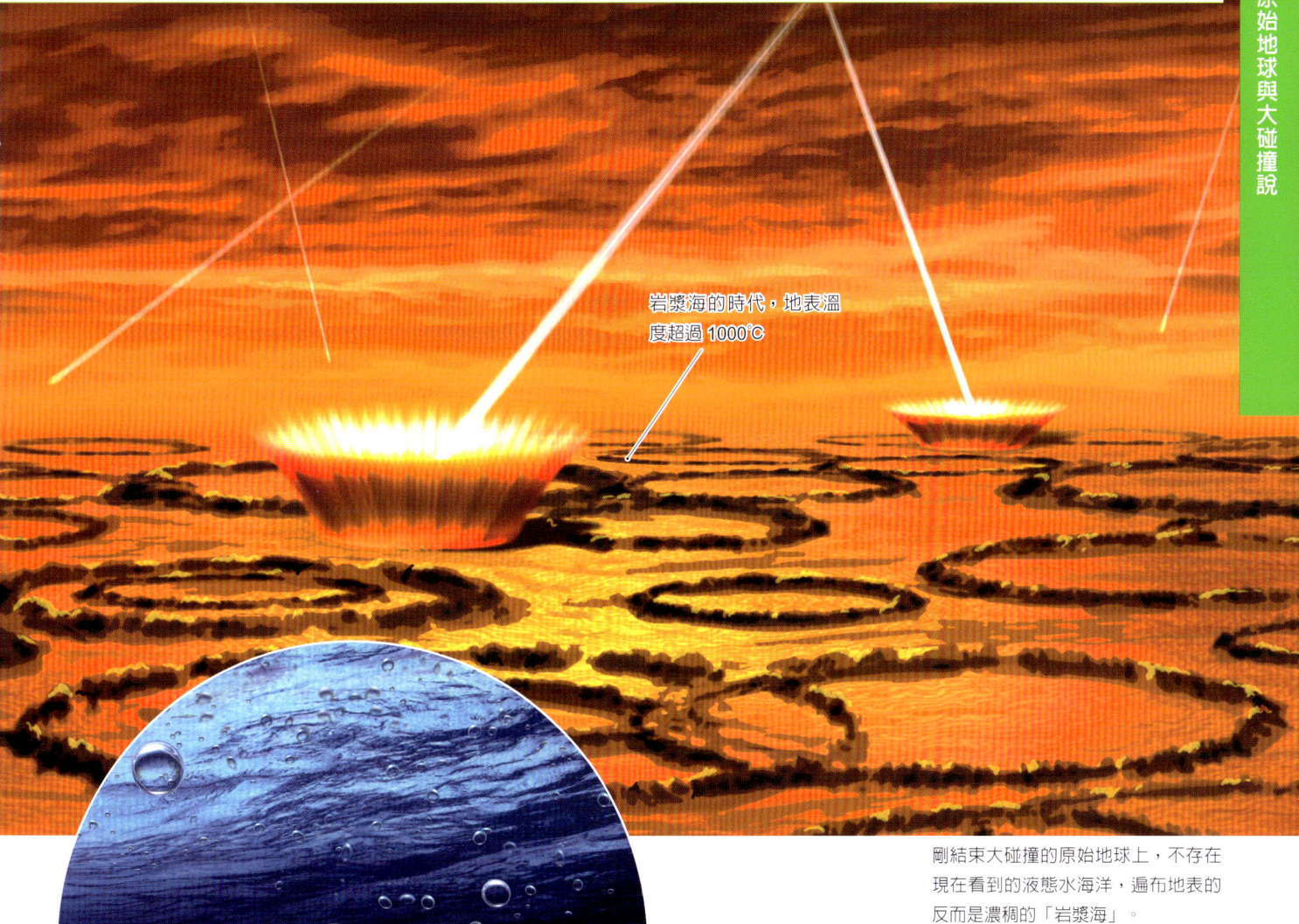

❷ 原始地球與大碰撞說

岩漿海的時代，地表溫度超過 1000°C

剛結束大碰撞的原始地球上，不存在現在看到的液態水海洋，遍布地表的反而是濃稠的「岩漿海」。

■從岩漿到海洋

大碰撞造成地表大規模熔融，遍布著岩漿海。岩漿海釋放出水蒸氣與二氧化碳，成為覆蓋大地的大氣。但是，等到地球整體漸漸降溫，大氣中的水蒸氣最終凝結成水，變成雨降落在地表。

岩漿海逐漸冷卻，其表面因為雨水急速冷卻而變硬，形成原始地殼。數百年間，與現在海水等量（約 13 億 7000km³）的雨水持續下個不停，逐漸在地表累積成汪洋。地表上有了海之後，地殼的物質，以及部分大氣中的二氧化碳溶解在海水裡，大幅改變了大氣與海水的組成、氣溫等。

就這樣，地球上有了大氣與海洋，做好了生命誕生的準備。

63

COLUMN

地球的兄弟星「月球」

繞行地球的「月球」是地球唯一的衛星,也會帶給地球各種影響,如:潮汐現象等。這裡除了月球帶來的影響外,也將介紹月球的誕生,以及人類與月球的關係史。

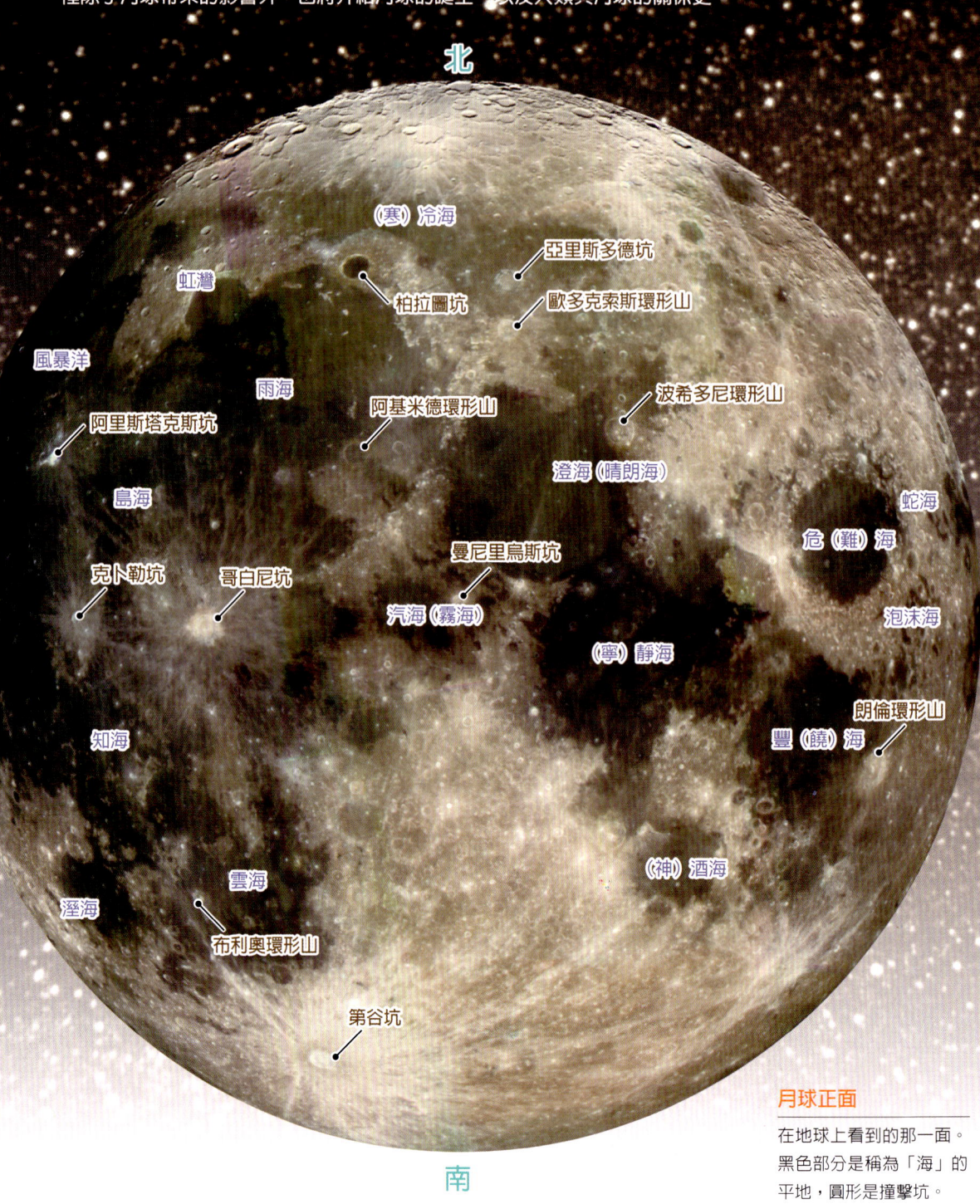

北

(寒)冷海
虹灣
亞里斯多德坑
柏拉圖坑
歐多克索斯環形山
風暴洋
雨海
波希多尼環形山
阿基米德環形山
阿里斯塔克斯坑
澄海(晴朗海)
島海
蛇海
曼尼里烏斯坑
危(難)海
克卜勒坑
哥白尼坑
泡沫海
汽海(霧海)
(寧)靜海
朗倫環形山
知海
豐(饒)海
(神)酒海
雲海
溼海
布利奧環形山
第谷坑

月球正面

在地球上看到的那一面。黑色部分是稱為「海」的平地,圓形是撞擊坑。

南

月球背面
幾乎整區都是撞擊坑,幾乎沒有海。

的衛星來看,母行星與衛星的直徑比幾乎都在十幾分之一以下,但是月球與地球的比例卻約為四分之一。放眼太陽系,沒有哪個衛星與母行星的相對比例有這麼大。至於月球為什麼如此大呢?唯一能夠解釋的說法只有「大碰撞說」,也就是原始地球遭受劇烈碰撞後,部分地函脫落成為月球。

再來是月球正面和背面的地形為何截然不同,這點也找不到明確的答案。

月球正面有撞擊坑等,地形變化豐富。在月球正面的明亮地形稱為「高地」,這裡有很多撞擊坑;黑色陰影的部分稱為「海」,是少有撞擊坑的平坦地形。反觀月球的背面則有較多明亮的部分和撞擊坑,科學家認為這是因為月球背面沒有熔岩噴出。但為何會產生這種差別,目前仍沒有確定的說法。

■ 尚未解開的月球之謎

月球是充滿謎團的天體,截至目前為止關於月球誕生的經過,已經有不少人提出各種說法。以前主要有三個學說,不過現在那些學說都已經遭到推翻。目前最有利的學說,是前面介紹過的「大碰撞說」。

此外,相較於太陽系的其他衛星,月球的大小很明顯也是特例。一般來說,以木星和土星等

▍過去出現過的各種主張

關於月球的起源,過去曾有三個學說,不過這些都無法合理解釋月球的特徵,因此現在幾乎已經被推翻。

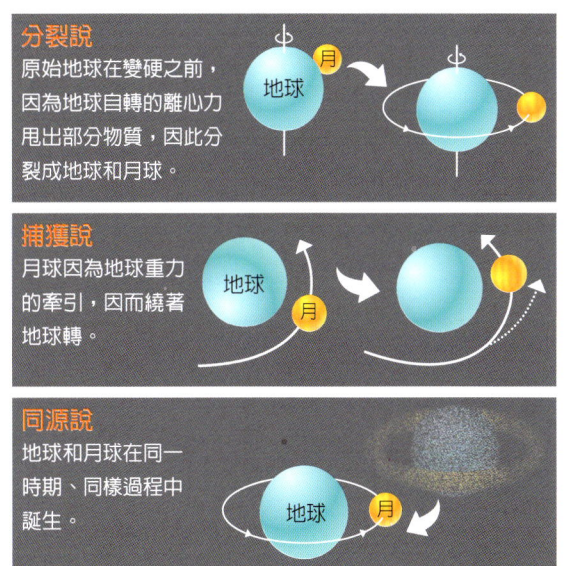

大碰撞說
原始地球成形時,火星大小的天體發生碰撞,產生了月球。這是目前最有力的學說。

火星大小的天體

分裂說
原始地球在變硬之前,因為地球自轉的離心力甩出部分物質,因此分裂成地球和月球。

捕獲說
月球因為地球重力的牽引,因而繞著地球轉。

同源說
地球和月球在同一時期、同樣過程中誕生。

COLUMN　地球的兄弟星「月球」

■逐漸遠離的月球

　　月球正在以每年 3.8 公分的速度逐漸遠離地球，其原因是潮水漲落，換句話說就是「潮汐」。地球上的海水受到月球和太陽的重力影響，多集中在面對月球的一側和背對月球的一側，其他方向的海水變少，也因此同一地點會有兩次潮起潮落。潮汐力使得地球本身稍微變成橄欖球形，而且相當於球尖的位置總是比月球的前進方向前面一點（亦即地球的自轉方向總是比月球的公轉方向稍快一些），因此地球會拉扯著月球，使其加速前進，導致月球的軌道逐漸遠離地球。但是月球也並非持續在遠離，科學家認為，等到月球軌道來到比現在大 40% 左右的位置時，潮汐力、月球和太陽的重力就能取得平衡，停留在這個位置上。

　　目前，在地球上可以觀察到月球遮住太陽的日食，但隨著月球逐漸遠離，我們看到的月球也會變小，到時將無法完全遮住太陽，也無法觀測到「日全食」，只能看到「日偏食」或「日環食」。

　　此外，科學家認為地球剛誕生時的自轉速度比現在更快，但由於潮汐力的影響而變形，並拉扯著月亮使其加速，也就拖慢了地球的自轉速度，變成現在的 24 小時轉一圈。一項研究指出，地球自轉一圈耗費的時間在 100 年間延長了 2 毫秒，照這樣繼續下去的話，5 萬年之後延長 1 秒，1 億 8000 萬年後延長 1 小時，換句話說到時候地球的 1 天就變成 25 小時了。

　　不過，這種自轉速度變化的預測，終究只是參考。

月亮會逐漸遠離地球，最終地球上將只能看到日環食。不過，這也是很久以後的事，人類暫時還是能夠看到日全食。

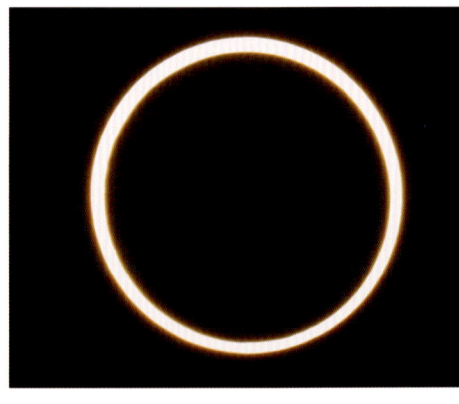

以前在地球上看到的月亮說不定是這樣（地表參考現在的月球狀態）。過去月亮看起來很大，或許有現在的數倍，甚至更多。

■ 地球與月球的距離

月球誕生時，就在地球旁邊，但地球因為潮汐力而變形，而且經常加快月球的公轉速度，因此月球的軌道逐漸遠離地球，移動到現在距離地球約 38 萬公里的位置（圖中的尺寸和距離並非按照比例尺縮小）。

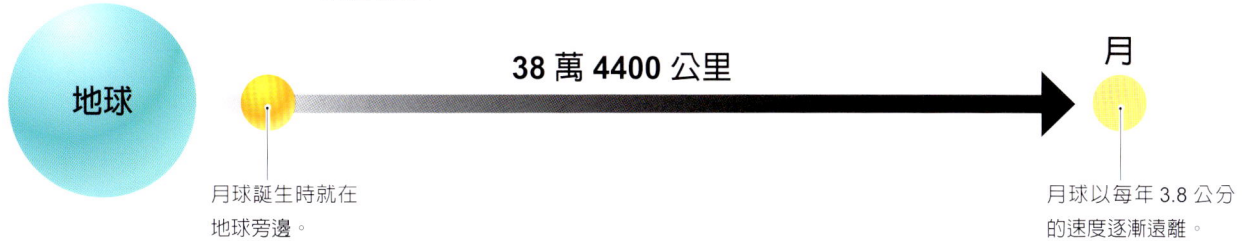

地球　　　　　　　**38 萬 4400 公里**　　　　　　　月

月球誕生時就在地球旁邊。

月球以每年 3.8 公分的速度逐漸遠離。

■ 何謂潮汐力？

海面以半天為週期或高或低，這種現象稱為「潮汐」，發生的原因是「潮汐力」。舉例來說，面向月球的海面受到月球引力拉扯而上升，背對月球那一側受到月球引力的影響較少，地球離心力的影響較大，因此海面也是上升。

地球公轉的離心力獲勝

實際的潮位

地球

月球引力獲勝

月　　太陽

滿月這天是滿潮，水位最高

滿月這天，太陽、月球、地球排成一直線，所以月球引力和太陽引力疊加，拉扯海面的力量達到最大，水位也會上升到最高。新月的日子也是一樣。

❷ 原始地球與大碰撞說

67

COLUMN　地球的兄弟星「月球」

■多虧月球，地球才得以穩定

如果沒有月亮，現在的地球可能情況大不相同。

地球的自轉軸相對於公轉軌道面的垂直方向，傾斜了約23.4度。以陀螺為例，中心軸傾斜轉動時，陀螺的頭部會大幅度甩動，這種現象稱為「章動」。地球也同樣是一邊「章動」一邊自轉，同時又受到太陽系其他天體的重力影響，加大了自轉軸的傾斜度。目前已知火星等會受到木星等的重力影響，大幅改變自轉軸的傾斜度。

然而地球受到的影響卻極小，這一切的關鍵就在於月球。

地球附近有月球這顆大衛星在，所以能夠將其他天體的重力影響抑制到最小。如果地球的自轉軸傾斜度發生巨大變化，地球上的氣候變化將會比現在更劇烈。若自轉軸的傾斜度變小，高緯度地區將變得更加寒冷；反之若傾斜度變大，則赤道附近將會變得比極地更嚴寒。這樣的氣候變化一旦反覆發生，生物或許無法像現在這樣欣欣向榮。

換言之，多虧有月球穩定了地球的自轉軸傾斜度，地球才得以擁有穩定的氣候。

▎23.4度的傾斜是關鍵

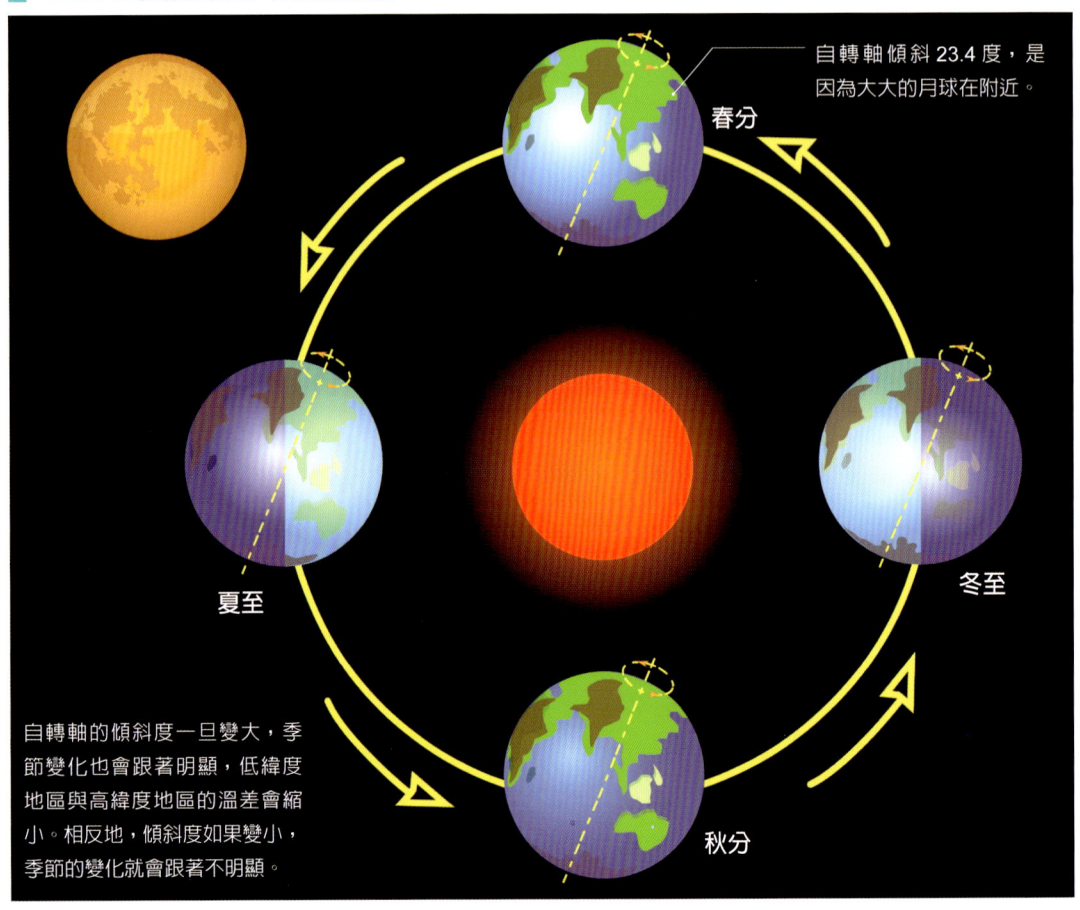

自轉軸傾斜23.4度，是因為大大的月球在附近。

春分　夏至　冬至　秋分

自轉軸的傾斜度一旦變大，季節變化也會跟著明顯，低緯度地區與高緯度地區的溫差會縮小。相反地，傾斜度如果變小，季節的變化就會跟著不明顯。

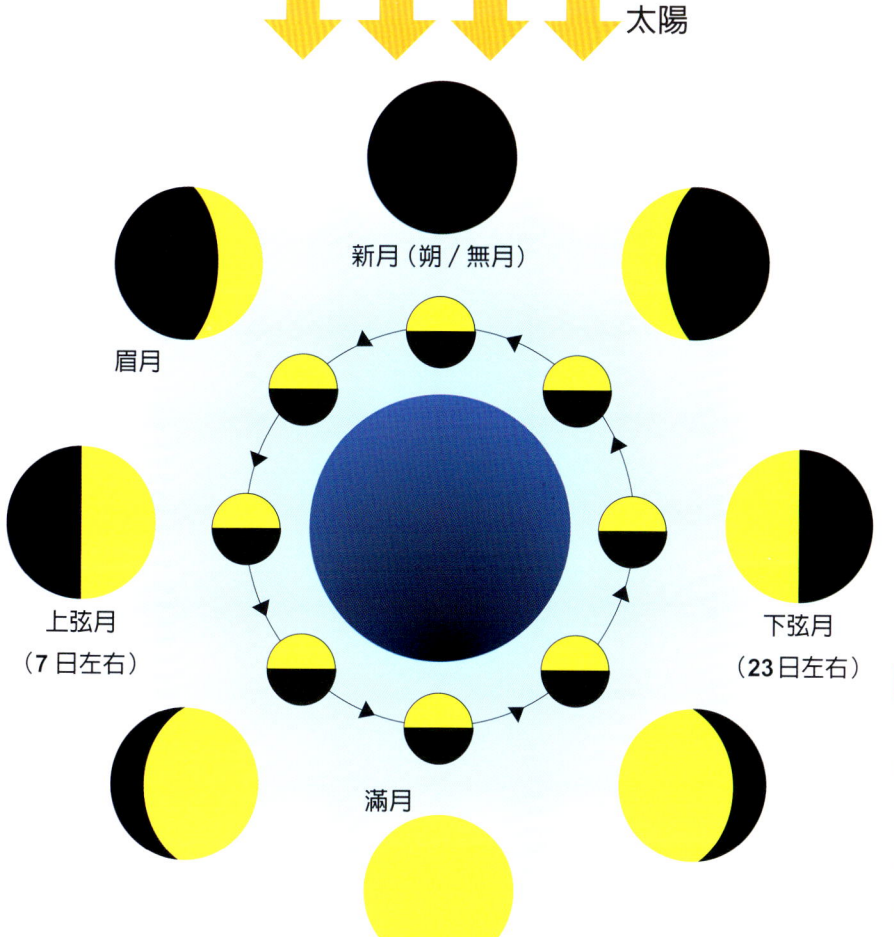

月相盈虧

地球的衛星「月球」在地球四周繞行，太陽、月球、地球的位置關係因此出現變化，地球上看到的月亮形狀（太陽光照射到的部分與未照到部分的比例）也隨之改變，這就是月相盈虧。

圖中標示：太陽、新月（朔／無月）、眉月、上弦月（7日左右）、下弦月（23日左右）、滿月

Topics ①

曾經有兩個月亮？

關於月亮的誕生，目前最有力的說法是「大碰撞說」，不過過去普遍認為，是火星大小的原始行星撞擊地球後，一顆月球成形。然而在2011年8月，科學家發表「當時可能形成了兩顆月球」的主張。

提出這項理論的美國研究團隊進行數值模擬，結果發現，如果大碰撞發生時，除了原本的月球外，可能還形成了另一顆直徑約1000km的月球。這兩顆月球繞著地球運行數千萬年，後來卻逐漸靠近，最後合而為一。月球的正面與背面相差極大，如果是由兩顆月球合體構成的話，似乎也就說得通了。

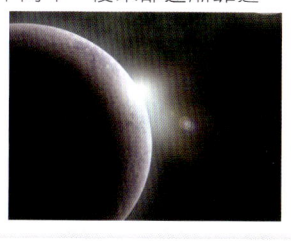

Topics ②

一起去參觀「月岩」！

日本東京上野的國立科學博物館，利用各式各樣的展品，介紹地球與生命橫跨46億年的歷史。「地球館」的地下三樓可看到來自月球的隕石，以及「月岩」。

1972年阿波羅17號採集的「月岩」。

國立科學博物館
地址：東京都台東區上野公園7-20
洽詢：Hello Dial 客服公司（050-5541-8600）

② 原始地球與大碰撞說

COLUMN　地球的兄弟星「月球」

美國發射阿波羅 11 號,達成人類首次登上月球表面。

阿波羅 11 號進行艙外活動所拍下的足跡。

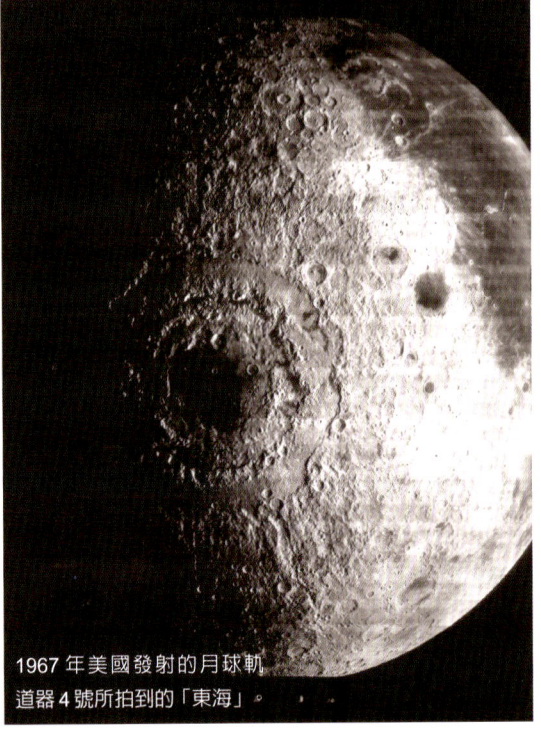

1967 年美國發射的月球軌道器 4 號所拍到的「東海」。

■月球探測史

自從 1609 年伽利略用自己製作的望遠鏡觀察月球表面以來,人類便開始以科學的角度探索月球。

20 世紀中葉開發了火箭之後,也開始使用探測器觀測月球。當時的蘇聯於 1959 年 10 月發射「月球 3 號」探測器,首次成功拍攝到月球的背面,揭開了月球正面與背面截然不同的事實。

到了 1960 年代,開始載人上太空,啟動送人類登陸月球的「阿波羅計畫」。儘管 1967 年阿波羅 1 號發射失敗,但計畫仍持續進行著,直到 1968 年的阿波羅 8 號終於成功載人進行首次繞月飛行。緊接著 1969 年 7 月發射的阿波羅 11 號成功降落在月球表面,尼爾·阿姆斯壯和巴茲·

艾德林成為第一批踏上月球的人類,並在月球表面停留了約 2 個小時。

之後又陸續發射至阿波羅 17 號,共有 6 次成功登陸月球。但隨著阿波羅計畫結束,人類逐漸不再關注月球,在蘇聯於 1976 年發射「月球 24 號」無人探測器後,月球探測計畫成為絕響。

然而進入 21 世紀後,人們再次將目光投向月球。隨著國際太空站的計畫推展,建設月球基地的構想也在逐步成形。2003 年歐洲發射了月球探測器「Smart-1」。此後,美國、中國等也相繼發射了用於月球探測的衛星。

直到距離阿波羅計畫半個世紀後,以美國為首的「阿提米絲計畫」啟動。這項載人登月的國際計畫是由美國 NASA 主導,日本與歐洲多國也參與其中。2022 年 11 月,新型火箭搭載獵戶座太空船成功發射。以此為開端,各項研究目前正在進行中,計畫在 2025 年左右登陸月球,實現 2030 年建設月球基地、實現載人探測火星的目標。

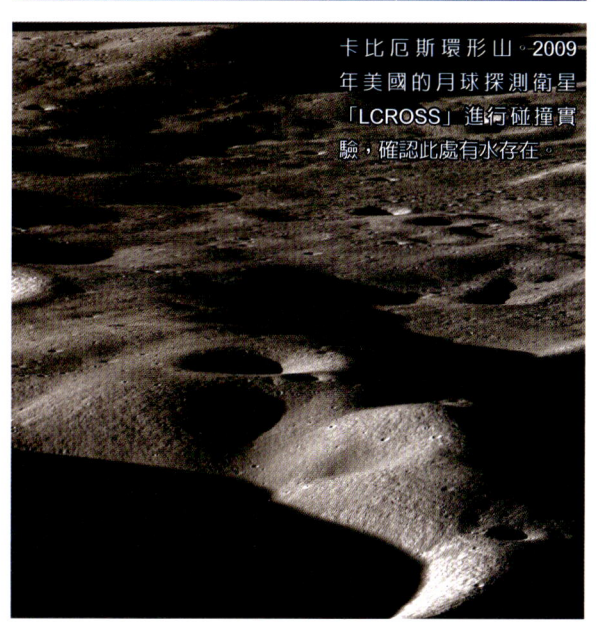

美國發射的月球探測衛星「LCROSS」。任務目標是觀測碰撞發出的閃光和噴出物質,檢測月球表面物質,期待找到水。

卡比厄斯環形山。2009 年美國的月球探測衛星「LCROSS」進行碰撞實驗,確認此處有水存在。

獵戶座太空船以無人狀態發射,完成為期 25 天繞月飛行後便返回地球。今後計畫將載著太空人進行飛行實驗。

❷ 原始地球與大碰撞說

第 2 章 冥古宙～太古宙

03 地球形成後仍持續發生的小天體碰撞

地球形成後期「重轟炸期」——這段時期發生什麼事？

到了地球形成後的冥古宙，小天體碰撞仍然持續了數億年，尤其是太古宙早期，也就是約 39 億年前達到高峰，天體碰撞突然之間變得更加頻繁。

碰撞月球表面的小天體
小天體碰撞的不是只有地球，也有其他行星，證據就是在月球表面留下的撞擊坑。

地球形成後也仍持續發生小天體碰撞的想像圖

冥古宙	太古宙	元古宙	顯生宙	≪Chronological table
			古生代　　　中生代　新生代	

❸ 地球形成後仍持續發生的小天體碰撞

不穩定的地表
科學家認為，當時覆蓋地球表面的地殼遠比現在單薄，因此被小天體撞到，就會噴出岩漿。

73

03 地球形成後仍持續發生的小天體碰撞

神祕的冥古宙

■ 地殼與海洋已經存在

據信，在地球形成之後，小天體的大碰撞仍然持續了一段時間，卻幾乎沒有留下地球誕生初期的物質。從地球的歷史來看，開頭的幾億年間，可稱得上是謎團重重的黑暗時代，因此，地球誕生後的約 6 億年期間，稱為「冥古宙（Hadean Eon）」，源自於希臘神話的冥王黑帝斯（Hades）。

這段時期的地殼仍然相當薄弱，地函可能也尚未凝固，受到小天體頻繁地撞擊影響，岩漿或許不斷地從地殼破洞噴出，形成岩漿池等。部分地區可能也因為岩漿、水蒸氣與二氧化碳等的噴發，導致地形與大氣層反覆發生變化。

目前發現地球最古老的岩石，是加拿大西北部阿卡斯塔（Acasta）地區（p.78）找到的片麻岩，約在 40 億年前形成。比這更早之前的地質紀錄，因為激烈的小天體碰撞，所以幾乎沒有留下。

矽酸鹽礦物「鋯石」的主要元素為矽酸鋯。因不易風化，所以常在火成岩、沉積岩中發現。內含用來檢測岩石和礦物年代的放射性元素「鈾」。

阿卡斯塔片麻岩

阿卡斯塔片麻岩是花崗岩經過高溫高壓後，變形而成的變質岩。

❸ 地球形成後仍持續發生的小天體碰撞

科學家認為冥古宙早期，地球內部或許存在岩漿海，所以局部地區會噴出岩漿，或引起劇烈的海底熱泉對流。

在 p.62～63 也介紹過，大碰撞發生後不久，岩漿海冷卻形成地殼，地球表面被海洋覆蓋。合理推測從大碰撞到海洋形成，不過耗費了短短的數百萬年。

支持這項推論的證據是澳洲西部傑克丘（p.78）發現 44 億年前的鋯石晶體。鋯石是花崗岩所含有的礦物，而花崗岩構成了大陸地殼。由於花崗岩的生成需要水，這也表示地球誕生後不久，就已經有海洋存在。換言之，這意味著地球剛形成時，就已經有花崗岩的大陸地殼。儘管如此，冥古宙的地球環境仍有許多未解之謎。

03 地球形成後仍持續發生的小天體碰撞

■碰撞的關鍵在月球

地球上留下的冥古宙痕跡極少，不過線索都藏在地球旁邊的月球上。

月球是在約 46 億年前與地球同時誕生，從那時起便一直繞著地球轉，但與地球不同的是，月球上沒有大氣層與海洋，因此岩石不會被風化，月球表面如實記錄著過去發生的事件。尤其是小天體碰撞月球留下的撞擊坑，當我們調查月球表面的撞擊坑，就會發現年代愈古老的地區，撞擊坑的密度愈高。由此可知，月球誕生初期曾有無數的小天體碰撞，久而久之，碰撞次數逐漸減少，留下今日所見的樣貌。

地球與月球的距離極近，而且地球的質量是月球的 100 倍，地球引力必然會吸引遠比月球更多的小天體靠近。

小天體的碰撞頻率自地球形成以來逐漸減少，不過有一種說法認為，距今約 39 億年前，曾發生過碰撞頻率突然增加的事件（稱為「重轟炸期」或「大災變（Cataclysm）」）。雖然尚不清楚事件發生的原因，但有一種說法認為，在地球形成約 6～7 億年後，木星繞完太陽兩圈時，土星正好繞完一圈，所以導致整個太陽系的重力失衡，大量的小天體因此掉落到太陽附近，其中一部分墜落到地球上。

關於地球形成後期「重轟炸期」的主張，目前仍在持續研究，不過冥古宙的確是一個頻繁發生天體劇烈碰撞的時代，這點應該無庸置疑。

天體撞月球

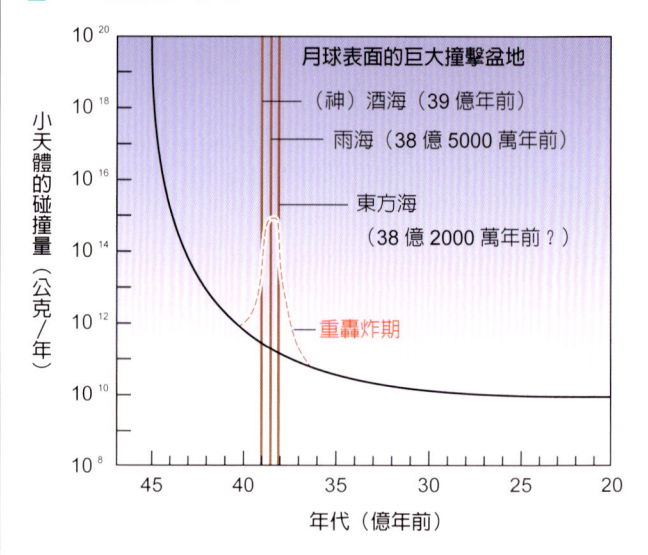

月球表面的巨大撞擊盆地
- （神）酒海（39 億年前）
- 雨海（38 億 5000 萬年前）
- 東方海（38 億 2000 萬年前？）
- 重轟炸期

縱軸：小天體的碰撞量（公克／年）
橫軸：年代（億年前）

實線是天體碰撞月球的頻率推測，虛線則是大災變發生的推測曲線。由月球表面留下的撞擊坑可知，月球早期曾經連續遭受天體的猛烈撞擊，推測地球可能承受了更密集的碰撞。

月岩

阿波羅 15 號帶回地球的月球石頭，也稱為「起源石（Genesis Rock）」。經過分析已知，這塊石頭是太陽系形成初期的產物。

COLUMN 觀察撞擊坑了解天體碰撞

什麼是「撞擊坑年代學」？

　　太陽系的碰撞天體大小，從微米尺寸的微塵，到直徑數公里的巨大隕石，範圍極廣，不過一般認為，愈大的天體，碰撞次數就愈少。碰撞雖是隨機發生，但若能掌握其頻率，應該就能推算出在一定時間內大約發生過多少次碰撞。「撞擊坑年代學（或月球地質年代學）」分析，正是透過計算天體表面某面積範圍內包含的撞擊坑大小與數量，也就是撞擊坑的數密度（符號：n 或 ρN），藉此查出該地區的形成年代。值得一提的是，因為我們可以檢測月岩的年代，所以月球是唯一一個算出撞擊坑的數密度，就能夠知道絕對年代的天體。

　　留在地球上的撞擊坑中，最著名的莫過於位於美國亞利桑那州的「巴林傑隕石坑」。世界各地雖然仍有大大小小各式各樣的撞擊坑遺留，但多半蒙受風吹雨打的風化作用侵蝕，因此很難深入調查。

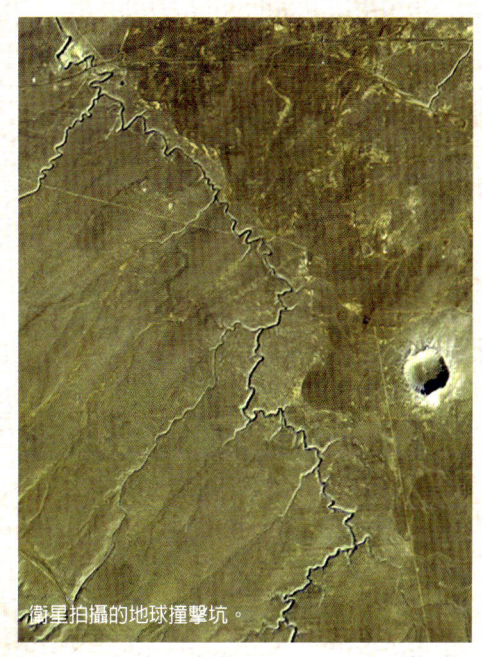

衛星拍攝的地球撞擊坑。

巴林傑隕石坑的直徑約 1km，深度達 170m。

第 2 章 冥古宙～太古宙

❸ 地球形成後仍持續發生的小天體碰撞

COLUMN

大陸地殼與海洋地殼

■逐漸形成的大陸地殼

在「大碰撞」不久後，原本熔融的地表逐漸冷卻，同時由水蒸氣構成的大氣層也逐漸冷卻，最後凝結成雨水降落至地表。根據推測，此時的雨水溫度高達200℃，而且是pH1以下的強酸，強酸雨降落碰到原始地殼的岩石，瞬間發生反應，溶出鈉離子、錳離子、鈣離子、鉀離子、鐵離子等，因此中和了海水的酸鹼度。

後來地球仍持續遭受小天體的重轟炸，大碰撞使得海水反覆地蒸發、降雨，持續再生。另一方面，構成大陸地殼的花崗岩也一點一點成形。

地球的地殼可分為大陸地殼與海洋地殼。含水的玄武岩（海洋地殼）是在板塊隱沒的同時熔解，形成花崗岩（大陸地殼）。

目前發現的最古老大陸地殼碎片，是形成於44億年前的「阿卡斯塔片麻岩」（p.74），不過發現「鋯石」，也證實了44～40億年前的冥古宙時期已經有花崗岩，當時可能已經出現小塊的大陸。只是廣大的大陸地殼，則要到更久之後才出現。

大陸地殼的形成年代

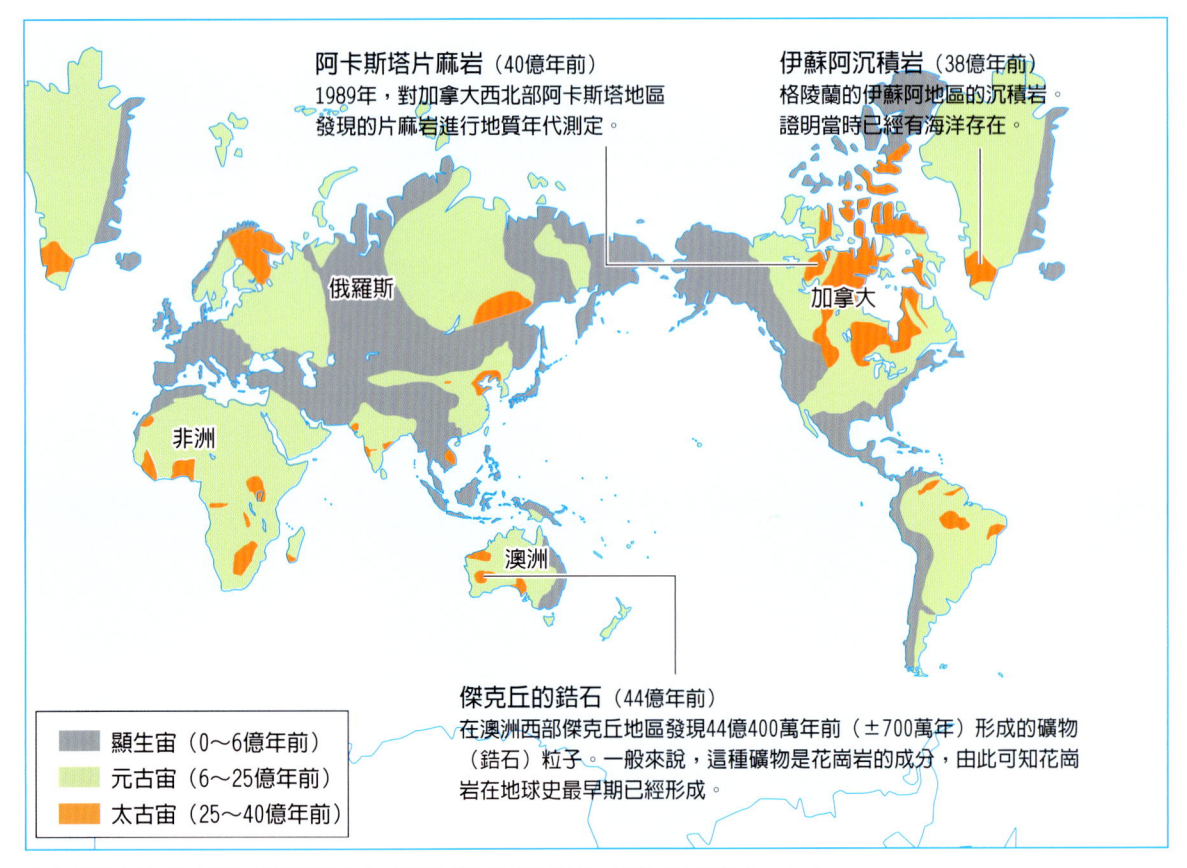

阿卡斯塔片麻岩（40億年前）
1989年，對加拿大西北部阿卡斯塔地區發現的片麻岩進行地質年代測定。

伊蘇阿沉積岩（38億年前）
格陵蘭的伊蘇阿地區的沉積岩。證明當時已經有海洋存在。

傑克丘的鋯石（44億年前）
在澳洲西部傑克丘地區發現44億400萬年前（±700萬年）形成的礦物（鋯石）粒子。一般來說，這種礦物是花崗岩的成分，由此可知花崗岩在地球史最早期已經形成。

圖例：
- 顯生宙（0～6億年前）
- 元古宙（6～25億年前）
- 太古宙（25～40億年前）

太古宙與元古宙的大陸地殼現在很穩定，幾乎沒有發生地殼變動，稱為「克拉通（craton）」，意思是「古老而穩定的陸塊」，或稱「古陸」。

大陸地殼

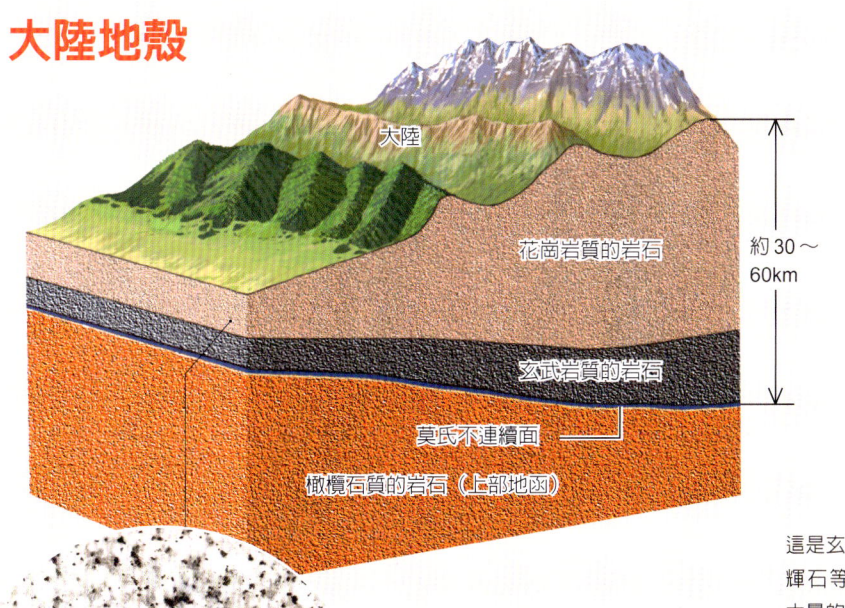

構成大陸的地殼，上層岩石是花崗岩，下層是玄武岩，平均厚度是35km，不過最薄的地方是30km，最厚的地方甚至超過60km。

約30～60km

大陸
花崗岩質的岩石
玄武岩質的岩石
莫氏不連續面
橄欖石質的岩石（上部地函）

這是花崗岩。大陸地殼的大多數岩石，幾乎都是與這個花崗岩相同的構造。

這是玄武岩。內有橄欖石、輝石等的黑色岩石，含有大量的鐵和錳。

海洋地殼

海洋
玄武岩質的岩石
約7km
莫氏不連續面
橄欖石質的岩石（上部地函）

這是海洋地區的地殼，主要由玄武岩質的岩石構成，在中洋脊產生之後朝兩側移動。比大陸地殼薄。

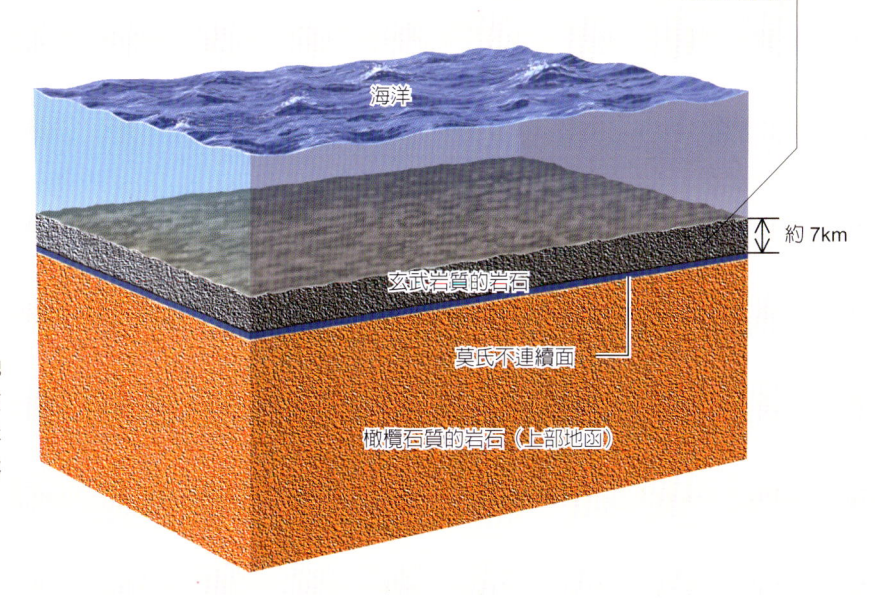

❸ 地球形成後仍持續發生的小天體碰撞

第 2 章 冥古宙～太古宙

04 生命誕生

在原始海洋中誕生的生命「種子」

也有人主張，生命曾在小天體的轟炸下，歷經多次的誕生與滅絕。
就讓我們一起來看看生命誕生之謎吧！

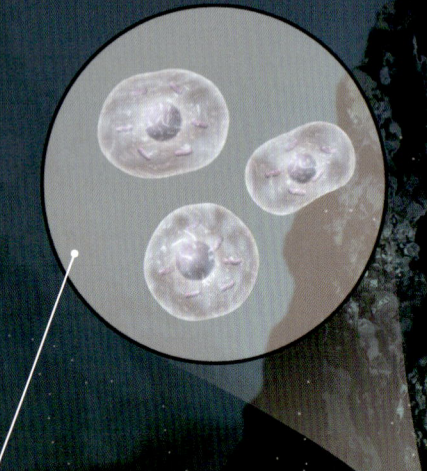

最古老的生命
原始生命的想像圖。有人認為，生命的起源是溶解在海中的各種成分發生化學反應形成的物質。

| 冥古宙 | 太古宙 | 元古宙 | 顯生宙 | ≪Chronological table |

| 古生代 | 中生代 | 新生代 |

❹ 生命誕生

熱泉噴發
有可能是噴出的熱泉與海中物質發生化學反應，現在的地球海底，也能看到這個畫面。

地底岩漿
被岩漿加熱的熱泉裡，溶解著各種化學成分。

81

04 生命誕生

來自海中的生命

■ **生命是從熱泉噴出孔誕生的？**

地表的海洋裡溶解著包括礦物質在內的各種物質。原始海洋的溫度比現在更高。海裡出現了胺基酸、核酸（DNA、RNA）等生命所需的材料。這些材料匯聚在一起後，最早的生命便因此誕生。

地球上出現生命的時期，據說是在約 40 億年前，不過確切的時間不清楚，也不能排除生命或許出現得更早，只是目前尚未找到證據證明。

原始地球的大氣層中沒有氧分子，因此最古老的生命應該是無需氧氣的厭氧生物。現在深海底也仍然棲息著與最古老生命一樣不需要氧氣的生物。在養分不多的深海底，鮮少能見到生物的蹤影，唯獨在熱泉噴出孔——也就是經地底岩漿加熱後噴出熱水的地方附近，聚集的生物數量卻十分驚人。由於熱泉噴出孔附近是陽光照不到的黑暗世界，因此聚集在此處的生物並不進行光合作用，而是利用熱泉噴出孔湧出的硫化氫、甲烷等物質的化學反應能量來生存。

科學家認為，地球最古老生命誕生的環境，很可能就是這些熱泉噴出孔。生活在其附近的生物，或許仍保有地球早期生命的特徵。

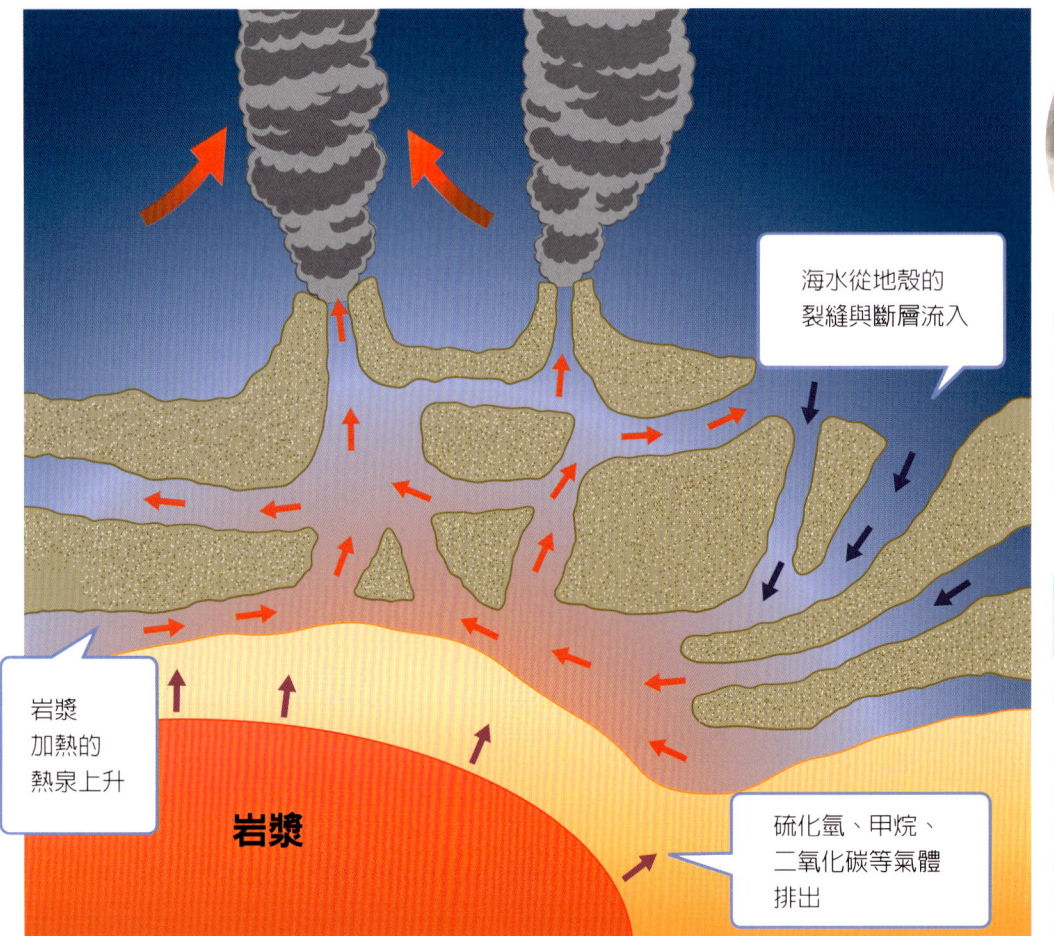

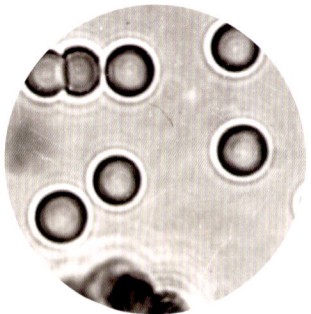

這是類蛋白微粒（Proteinoid Microsphere）。胺基酸加熱後產生的類蛋白物質溶於水中，就會形成類似細胞的結構。生命的誕生或許正與此種構造體有關。（照片拍攝：原田馨博士）

熱泉噴出孔的構造

自從 1977 年在加拉巴哥群島（又稱科隆群島）近海找到第一處後，後來也陸續在世界各地的海底發現熱泉噴出孔。這些海底熱泉噴出孔具有熱能，以及構成有機物的各種成分，因此被認為極有可能是生命誕生的場所。

海水從地殼的裂縫與斷層流入

岩漿加熱的熱泉上升

岩漿

硫化氫、甲烷、二氧化碳等氣體排出

第 2 章 冥古宙～太古宙

❹ 生命誕生

■ 米勒重現「太古濃湯」實驗

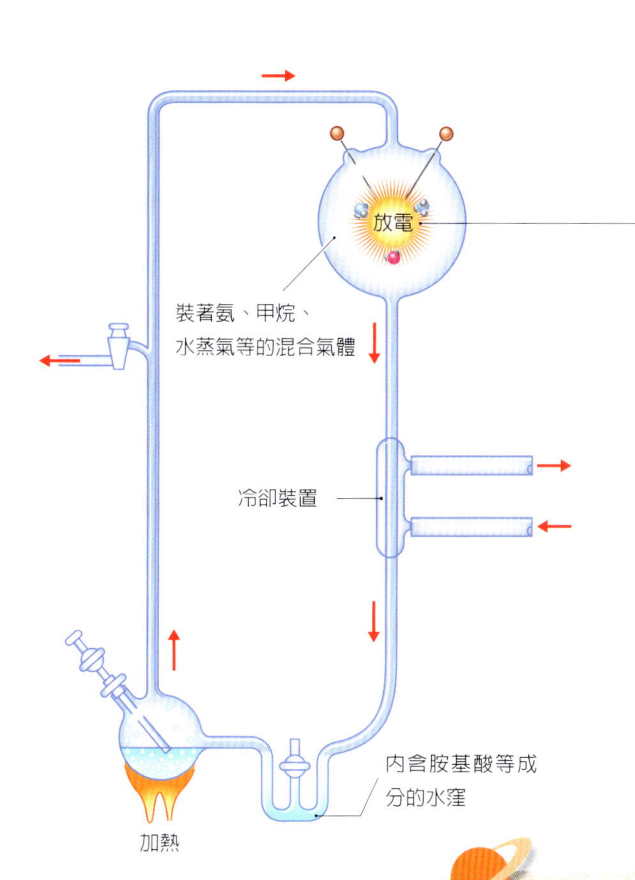

裝著氨、甲烷、水蒸氣等的混合氣體

放電

冷卻裝置

內含胺基酸等成分的水窪

加熱

米勒在燒瓶中重現原始地球的大氣，反覆模擬閃電的放電。

生命要誕生，必須具備水、能量和有機物這三大要素。儘管我們已知剛形成的地球上有水與能量，但第三項的有機物究竟從何而來，目前仍不清楚。因此美國化學家史丹利·米勒（Stanley Miller）主張有機物可以在地球表面合成出來。

於是，1953 年，米勒在燒瓶裡裝滿當時認為是初期大氣成分的甲烷、氨與水蒸氣等，並反覆放電，證明了可以產生胺基酸。這顯示只要利用當時地球上頻繁發生的閃電能量，就能在大氣中生成有機物。不過，現在的科學家認為，早期大氣的主要成分應是二氧化碳、一氧化碳與氮氣，與米勒實驗當時的推測不同，因此這項實驗並不等同於重現將有機物帶到地球上的過程，但它仍是一項有價值的實驗，因為它證明了有機物的產生其實相對容易。

住在海底熱泉噴出孔的生物們

這是加拿大胡安·德·富卡海峽的海底。噴出的熱泉中含有硫化鐵等礦物，看起來呈黑色，所以稱為「黑煙囪」（照片上方）。紅色物體（照片下方）是名為「管狀蠕蟲」的生物，會從體內共生的細菌獲取養分。

University of Washington; NOAA/OAR/OER

COLUMN
會產生氧的光合作用與不產生氧的光合作用

地球上誕生的生命，根據不同環境，有著各式各樣的種類存在。在陽光無法到達的深海裡，出現了透過化學合成產生能量的生命；相反地，在淺海區誕生的則是利用陽光進行光合作用的生命。既然太陽給予大量的陽光，生命們自然沒道理錯過這個能量來源。不過，即使同樣稱為光合作用，當時的生命也不見得會像現在的生物那樣產生氧氣。

光合作用原本就是將光能，轉換成生物可利用的化學能量的過程。最初的生命行光合作用純粹只是為了獲得能量，不會產生氧，經過數億年乃至數十億年的時光，才終於出現現在這種會產生氧的光合作用生物。

83

第 3 章 元古宙

05 大氧化事件* 與全球凍結

發生於元古宙的環境改變

元古宙指的是距今約 25 億年前～5 億 4200 萬年前，當時發生了各種歷史事件。元古宙的前期與後期，氧大量增加，大幅改變了地球環境。接著在約 23 億年前、7 億年前、6 億 5000 萬年前，地球迎來史上最大的冰河期。

全球凍結
是指冰覆蓋了整個地球的狀態。科學家認為分別發生在約 23 億年前、7 億年前、6 億 5000 萬年前。

* 譯注：又稱為氧氣災變、氧氣浩劫、氧氣危機、氧氣革命。

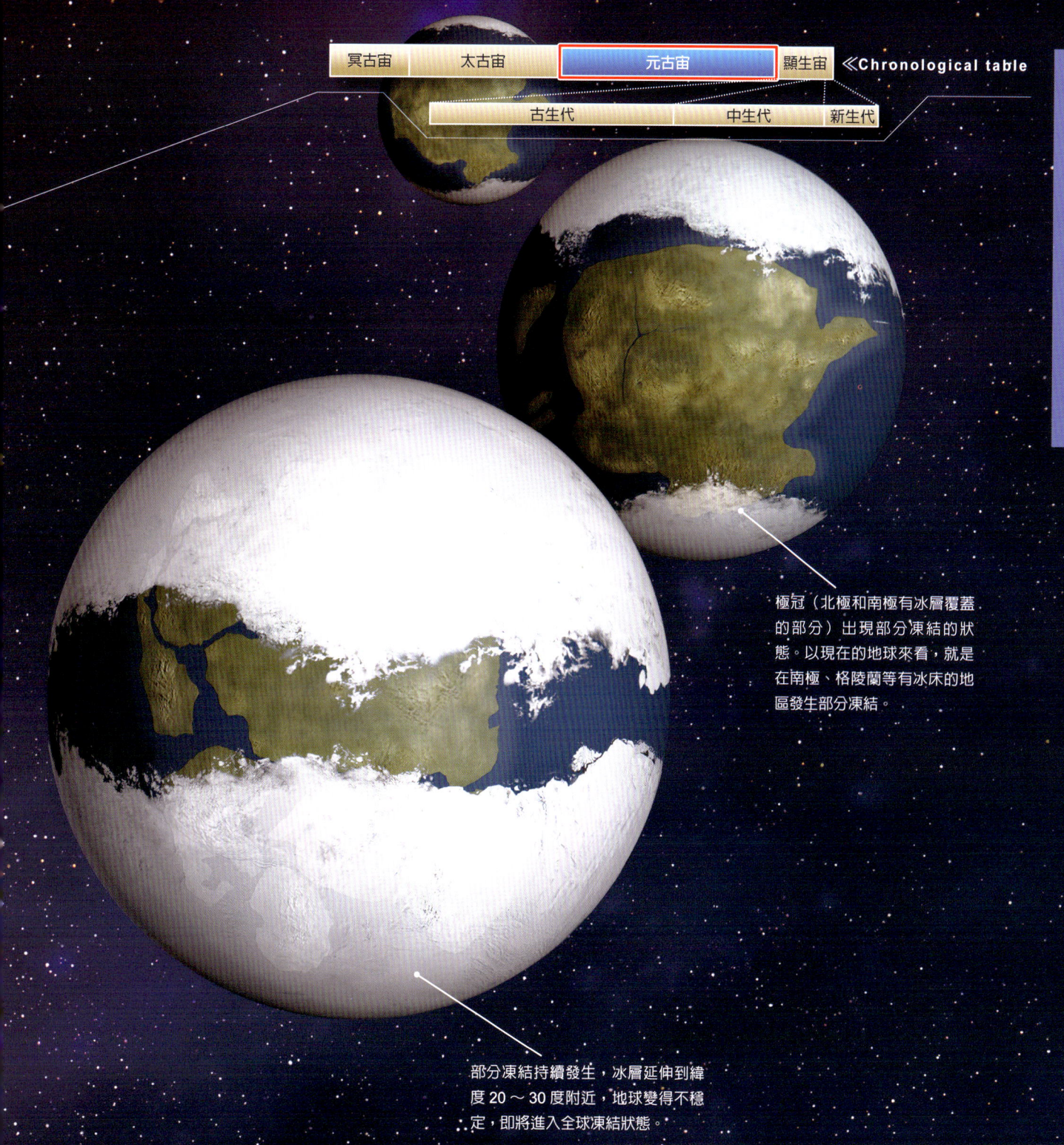

冥古宙	太古宙	元古宙	顯生宙	≪ Chronological table
		古生代	中生代	新生代

⑤ 大氧化事件與全球凍結

極冠（北極和南極有冰層覆蓋的部分）出現部分凍結的狀態。以現在的地球來看，就是在南極、格陵蘭等有冰床的地區發生部分凍結。

部分凍結持續發生，冰層延伸到緯度 20～30 度附近，地球變得不穩定，即將進入全球凍結狀態。

85

05 大氧化事件與全球凍結

大氣中的氧急速增加

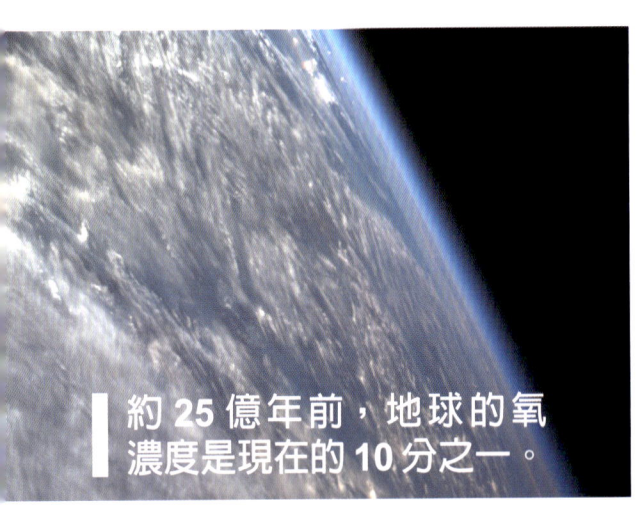

■氧是有害的物質？

我們要能生存，就不能少了氧，也因此人類一直認為所有生命都離不開氧。不過，就像釘子等鐵製品，隨意放在空氣中會生鏽一樣，氧很容易與周圍的物質產生反應，也會讓所有物質氧化。尤其在生物的細胞內，氧分子會產生更容易起反應的活性氧，造成細胞毀損。因此，需要氧的生物，必須具備能分解這些有害活性氧的酵素。

地球誕生後的數億年間，海裡還有大量的「厭氧生物」，它們不僅不需要氧，碰到氧反而會死。

此外，過去也曾有一段時期，海洋深處的生物會透過化學合成取得能量，並不需要陽光；淺海區的生物則是透過光合作用取得能量，但兩者都不會產生氧。況且，光合作用分為兩種光系統，兩者利用的光波長不同，當

> 約 25 億年前，地球的氧濃度是現在的 10 分之一。

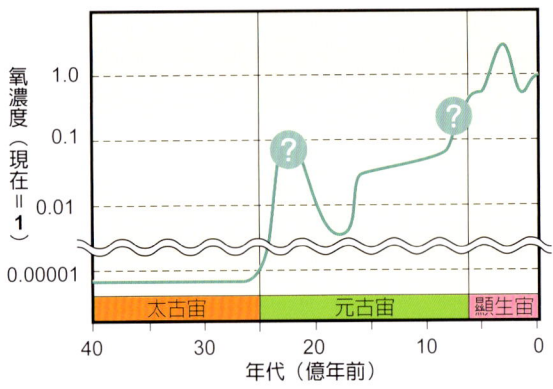

氧濃度的增加過程
這張圖表是把現在的氧濃度視為 1 時，從 40 億年前到現在的變化曲線。「？」部分表示不清楚詳細情況，不過可以確定的是，氧成為地球大氣的主要成分，是要到最近這幾億年。

光系統

光合作用
- 光反應
  - 光系統 I
  - 光系統 II

  合成 NADPH（※1）與 ATP（※2）的過程，亦即使用光能的光化學反應。

  植物利用葉綠素，有效率地分兩階段吸收光。兩個光系統吸收的光波長不同。

- 暗反應

  使用光反應中產生的 NADPH 和 ATP，把水和二氧化碳合成葡萄糖的過程。

藍綠菌
第一個同時具有光系統I和II的生物。照片中綠色的部分全都是藍綠菌。

※1 NADPH：菸鹼醯胺腺嘌呤二核苷酸磷酸（nicotinamide adenine dinucleotide phosphate），是光合作用中會用到的化合物。
※2 ATP：三磷酸腺苷（adenosine triphosphate）。生物會利用 ATP 經化學反應後產生的能量。

⑤ 大氧化事件與全球凍結

這是現存的疊層石（上方照片）。只能夠在澳洲的鯊魚灣等部分地區看到，目前也仍在持續緩慢成長中，是由好幾層的藍綠菌（藍菌類）屍骸與沉積物堆積形成（左側照片是疊層石的化石）。

時的光合作用生物只能採取兩種光系統的其中一種。

然而，某天卻出現了可同時具備這兩種光系統、製造氧的生物，就是「藍綠菌（Cyanobacteriota）」。這是第一個透過光合作用製造氧的生物，據說是出現在約35億年前，起因是澳洲西部一處約35億年前的地層中，發現了類似藍綠菌的化石。不過最近證實那個化石並非藍綠菌，因為該地層在35億年前是深海底，不是能夠進行光合作用的場所。

如果調查地球的大氣變化來看，大氣中的氧濃度開始上升，是在約24.5億年前，所以至少可以確定藍綠菌在此之前已經誕生，但若要精準鎖定其誕生的年代，還需要花點時間。

COLUMN
礦物告訴我們氧氣的歷史

氣體是無形的，也無法固定在某個地方，那我們又是如何得知幾十億年前的大氣狀態呢？因為大氣在大地上留下了痕跡。

由於氧具有讓周圍物質氧化的特性，所以地表的含鐵礦物被氧化，就會變成紅色的赤鐵礦（見照片）。世界各地均在約22億年前的地層中，找到赤鐵礦所在的紅土層。假如大氣中沒有氧氣，鐵就不會氧化，也就不會形成赤鐵礦。實際上在年代更早的地層中，就沒有看到紅土層。

反而是在早於24.5億年前的地層中，發現了遇氧就會分解的黃鐵礦、氧化鈾等礦物的沉積礦床。透過分析這些礦物留下的痕跡，可以推測出大氣中的氧濃度是從這個時期起逐漸增加。

87

05 大氧化事件與全球凍結
生物的主角換人

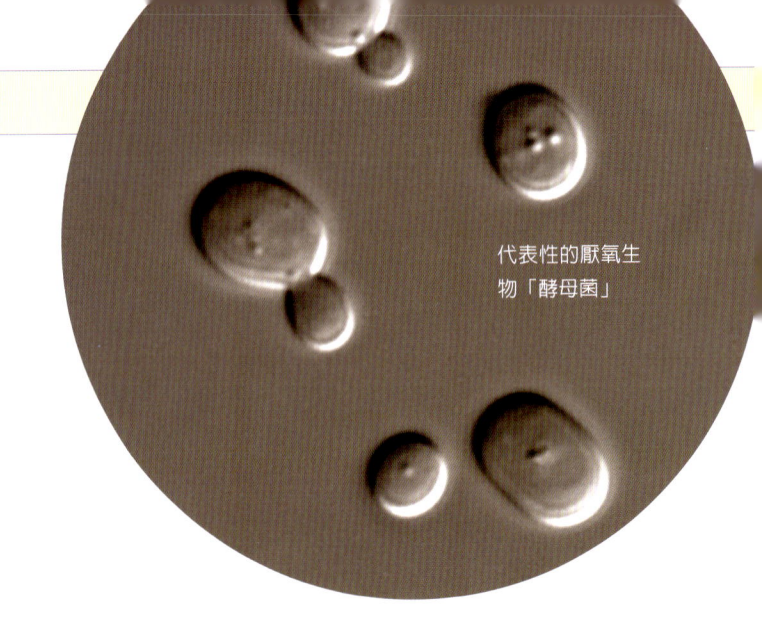

■ 逃走的厭氧生物

氧是很容易起反應的氣體，因此藍綠菌製造的氧累積在大氣層裡，造成甲烷分解，改變了大氣的組成。此外，氧濃度上升，也嚴重影響到地球上的生物。

原本在大氣中的氧濃度上升之前，地球上最活躍的是不需要氧的厭氧生物，但是它們無法生存於有氧的環境，於是躲進了氧不會進入的深海底和地底。

另一方面，在厭氧生物的生存空間瞬間縮小同時，善用氧的好氧生物出現。舉例來說，我們人類是利用氧進行有氧呼吸，把葡萄糖徹底分解成水和二氧化碳，再藉此獲得活動的能量。這種方式的效率，比起厭氧生物進行的產能活動（發酵）高出 19 倍。

現在大氣中的氧濃度是 1%，有氧呼吸若要奏效，氧濃度必須超越 1% 以上。地質學上有很多證據顯示大氣的氧濃度在約 22～20 億年前曾經急速上升，稱為「大氧

代表性的厭氧生物「酵母菌」

■ 地球上的生物分類（三域系統）

真細菌域
真細菌是指沒有細胞核的單細胞生物，包括大腸桿菌、枯草桿菌、藍綠菌等都屬於這一類。型態上來說，真細菌與古細菌都是劃分為原核生物，卻與古細菌隸屬不同的系統。

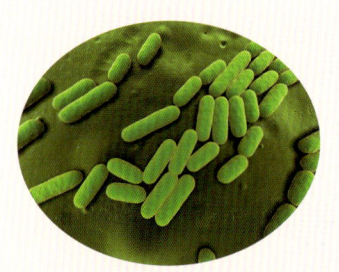

枯草桿菌喜歡氧，因此大範圍分布在空氣中、枯草、土壤等。納豆菌也是屬於一種枯草桿菌。

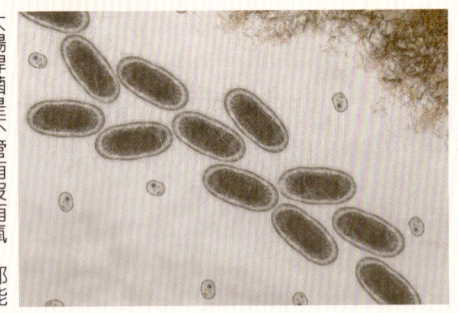

大腸桿菌是不管有沒有氧，都能夠繁殖的兼性厭氧菌。

古細菌域
經由核糖體 RNA（核糖體核糖核酸）等系統分析的結果顯示，其與真細菌域是不同系統的生物，因此獨立劃分出一個族群。能夠在近 100°C 高溫下生存的微生物「嗜熱酸細菌」，以及能夠在高鹽環境下生存的「嗜鹽菌」等皆屬此類。

真核生物域
包括我們人類在內的動物、植物、真菌類、原生生物均屬於這一類。真核生物的細胞具有可行有氧呼吸的「粒線體」，一般認為需要的氧濃度必須比目前的 1% 更高。

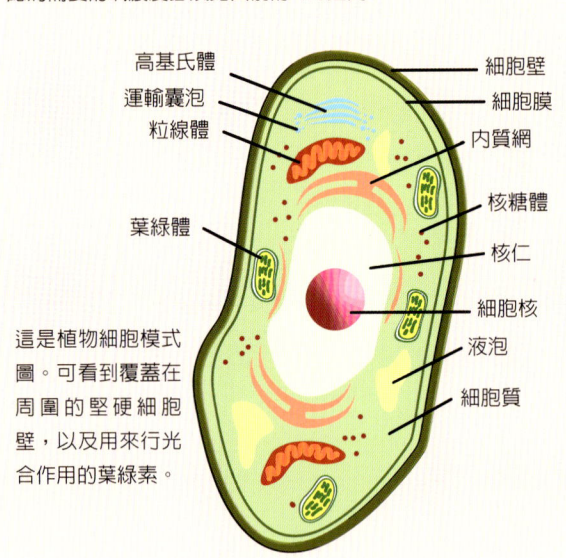

高基氏體／運輸囊泡／粒線體／葉綠體／細胞壁／細胞膜／內質網／核糖體／核仁／細胞核／液泡／細胞質

這是植物細胞模式圖。可看到覆蓋在周圍的堅硬細胞壁，以及用來行光合作用的葉綠素。

第 3 章 元古宙

化事件」。因為「大氧化事件」的發生，使得當時的氧濃度或許不止 1%，因此極有可能進行有氧呼吸的好氧生物，也是在這段時期出現。

隨著氧濃度增加，真核生物也出現。科學家認為真核生物的誕生是由古細菌與真細菌共生造成。真核生物的生物膜底下有各種胞器，追本溯源來看，這些很可能是藍綠菌、好氧菌等 α-變形菌。

■地球上的生物分為三域

現在，地球上的生物主要分為三域，第一域是包含大腸桿菌、枯草桿菌等的「真細菌域」。「真細菌」是細胞內沒有細胞核的原核生物，代謝系統相當多樣化。第二域是與真細菌不同系統的「古細菌域」，多半是棲息在特殊環境的微生物，如：甲烷菌、嗜鹽菌等。接著第三域是「真核生物域」。這類生物具有細胞核，人類也屬於此類。

若回溯生命的起源，應該就能夠找到這三域的共同始祖，而最近已有研究在地底礦山溫泉發現近似共同始祖的生物，也就是喜歡高溫的醋熱菌，它仍保有生物共同祖先可能具有的代謝系統。

■生物的分類系統

沒有細胞核的是「原核生物」，有細胞核的是「真核生物」，從基因上來看，古細菌比真細菌更接近真核生物。

人類，以及我們日常生活中隨處可見的動、植物，同樣屬於真核生物。

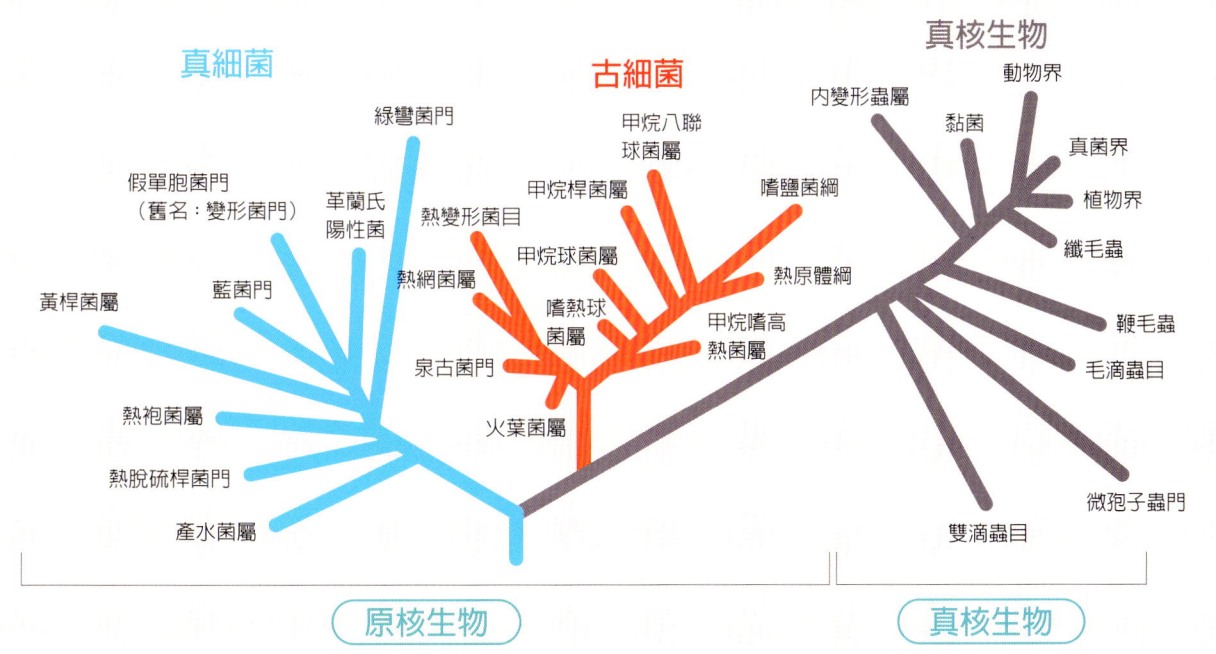

真細菌：綠彎菌門、假單胞菌門（舊名：變形菌門）、革蘭氏陽性菌、藍菌門、黃桿菌屬、熱袍菌屬、熱脫硫桿菌門、產水菌屬

古細菌：甲烷八聯球菌屬、甲烷桿菌屬、熱變形菌目、甲烷球菌屬、嗜鹽菌綱、熱網菌屬、嗜熱球菌屬、熱原體綱、甲烷嗜高熱菌屬、泉古菌門、火葉菌屬

真核生物：內變形蟲屬、黏菌、動物界、真菌界、植物界、纖毛蟲、鞭毛蟲、毛滴蟲目、微孢子蟲門、雙滴蟲目

（原核生物） （真核生物）

改編自 M.T. Madigan and J.M. Martinko, Brock Biology of Microorganisms

COLUMN

生命是什麼？

DNA 是去氧核糖核酸（Deoxyribonucleic acid）的簡稱，也是基因的主體，由去氧核醣、磷酸與鹼基（腺嘌呤、胸腺嘧啶、胞嘧啶、鳥嘌呤這 4 種）所構成，以「核苷酸」為單位的雙股螺旋構造。

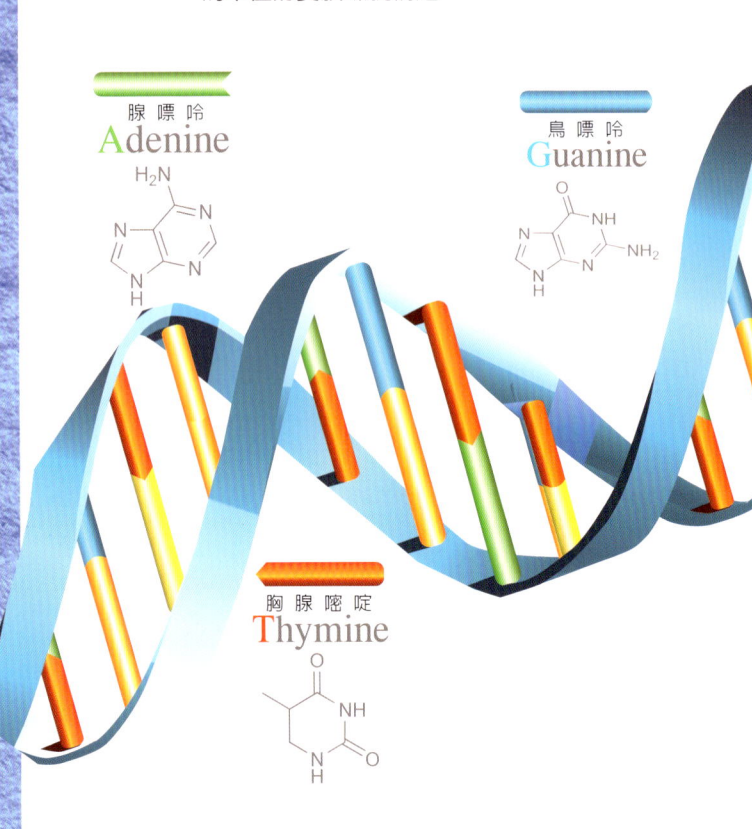

腺嘌呤 Adenine

鳥嘌呤 Guanine

胞嘧啶 Cytosine

胸腺嘧啶 Thymine

生命的定義

具備與外界分隔的界線
細胞有細胞膜包裹，與外界分隔著。也可以說，細胞是構成生物的基本單位。

代謝
從外界攝取物質與能量，透過化學反應產生新的能量，藉此維持生命。

自我複製
生物利用細胞分裂，將自身的遺傳資訊傳遞給後代。

演化
生物雖然在短期內只會複製出與自己相同的個體，但長期來看，會隨著地球環境的變化產生各種演化（變異）。

RNA 世界

　　生命和其他物質一樣，是由原子所構成。原子彼此結合，形成具有特定功能的分子，這些分子又聚集在一起，就成為物質。然而，生命與物質的最大差別，在於生命具備與外界分隔的界線、代謝、以及自我複製等功能，並能藉著突變演化。所謂的代謝是指，從外界吸收物質與能量，並透過化學反應維持生命的行為；而自我複製，則是將自身的遺傳資訊傳遞給後代，製造出與自己相同個體的能力。在生命體內，代謝的任務是由蛋白質負責，自我複製的功能則由 DNA 承擔。DNA 中記載著我們的設計圖，蛋白質便是根據這張設計圖製造出來。

　　然而，在思考生命起源的時候，卻會出現一個悖論。需要有 DNA 才能製造蛋白質，但從 DNA 製造蛋白質時，又需要觸媒反應的酵素（也就是蛋白質），那麼究竟是何者先出現的呢？這個謎團，在人們發現 RNA（核糖核酸）不僅能像 DNA 一樣承載遺傳資訊，還可能和蛋白質一樣具

有觸媒作用時，就已經有了可能的答案。

有人認為，RNA 的誕生，或許早於 DNA 和蛋白質，這就是所謂的「RNA 世界假說」。根據這個假說，起先是 RNA 增加自己的分身，過程中逐漸發展出能製造 DNA 和蛋白質的機制，最終演化成今日的生命。

這個假說能夠合理解釋生命的起源，因此被認為是具有說服力的理論。

■生命是從哪裡來的

在米勒進行「太古濃湯」實驗的那個年代，人們普遍相信形成生命所需的有機物，是在地球的大氣中生成，但最近也有人提出一種假說，認為生命的起源或許是來自宇宙，證據就是，來自宇宙的隕石上發現了胺基酸等有機物。實際上目前也已經確認宇宙裡飄浮著大量的有機物。

宇宙空間中有個區域稱為「分子雲」，這裡的氣體與固體微粒密度很高。觀測結果顯示，分子雲也存在著有機物，分子雲中密度較高的區域受到重力作用收縮，就會產生天體。太陽誕生時，周圍也有許多含有有機物的塵埃，不過多數有機物可能會因為微行星碰撞或成長，而高溫分解殆盡。

也有看法認為，在太陽系邊陲有大量以冰構成的微行星（冰微行星），這些天體在地球形成後，以彗星的形式大量降落地球，因而將有機物從宇宙帶到地球上。

隕石中有生命的起源嗎？

默奇森隕石
這是墜落在澳洲維多利亞州默奇森村附近的隕石。隕石上檢測出地球上幾乎不存在的胺基酸。由此可知，這些成分並非是地球上的物質混入，而是隕石中原本就有。

隕石也有許多種類，其中含有碳元素的黑色隕石，稱為「碳質球粒隕石」。碳質球粒隕石具有與太陽類似的元素構造，可提供太陽系形成期的資訊，其中最具代表性的隕石之一，就是「默奇森隕石」。

這塊隕石於 1969 年墜落在澳洲默奇森村附近，經調查後發現可從中取得多種胺基酸；特別是在隕石內部，還發現大量的甘胺酸、丙胺酸等構成蛋白質的胺基酸。

此外，胺基酸可分為右旋與左旋，地球上幾乎不存在右旋胺基酸，但在默奇森隕石中，兩者幾乎是等量存在。所以隕石裡的胺基酸也可以證明，生命的起源來自宇宙。

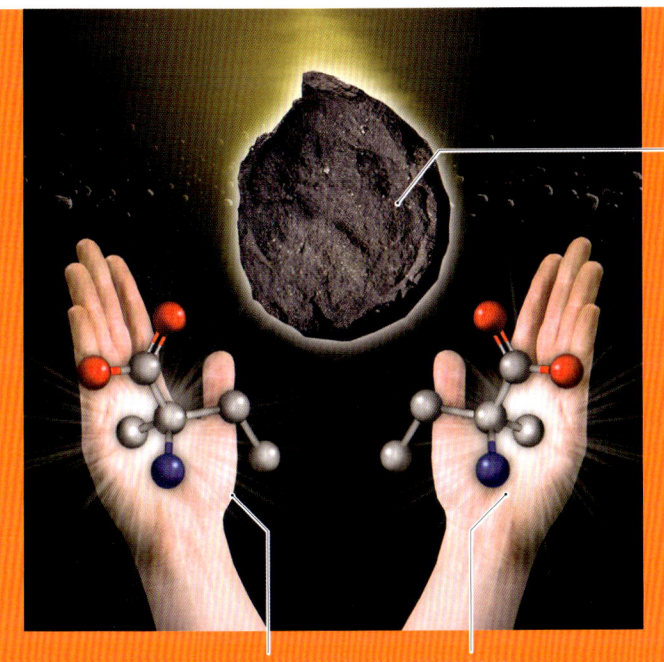

右旋胺基酸與左旋胺基酸
除了部分例外之外，大多數的胺基酸都可分為左旋（L-胺基酸）與右旋（D-胺基酸）。具有如同鏡像般完全對稱重疊的性質，是因為 1 個碳原子上連接 4 個不同的基團。地球上的生物在合成蛋白質時只使用左旋胺基酸，因此右旋胺基酸在地球上幾乎可以忽略不計。

05 大氧化事件與全球凍結

第一個超大陸誕生

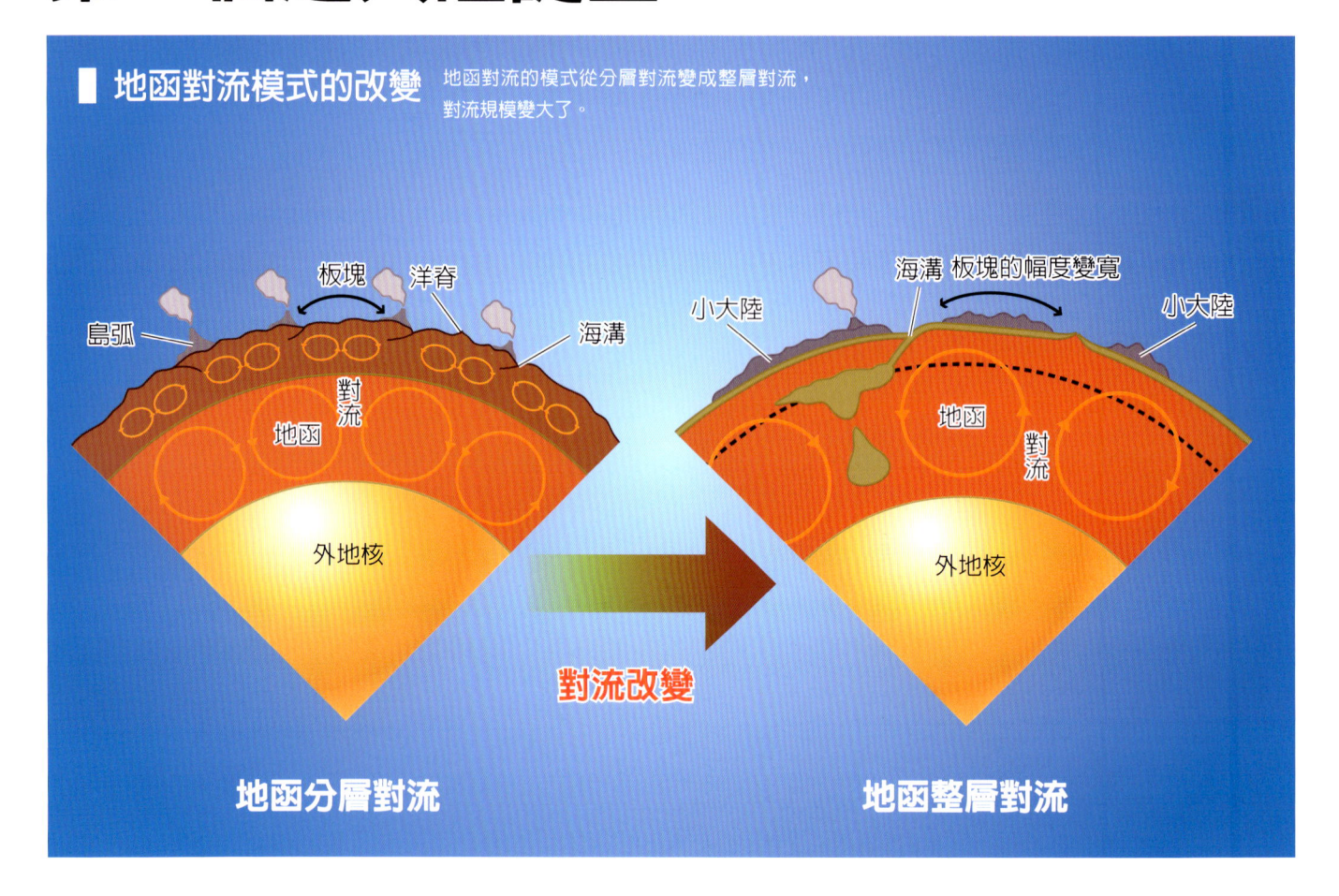

地函對流模式的改變 地函對流的模式從分層對流變成整層對流，對流規模變大了。

地函分層對流　→　對流改變　→　地函整層對流

（圖中標示：島弧、板塊、洋脊、海溝、對流、地函、外地核；小大陸、海溝 板塊的幅度變寬、小大陸、地函、對流、外地核）

■ 地函對流的變化

進入元古宙後，地殼也發生重大改變。在此之前，地表只有像小島般的陸地，後來大型大陸開始形成了。有科學家認為，這些大陸之所以得以誕生，是與地函對流（p.28）的改變有關。

這種說法主張，地函在地球史前半期的溫度很高，地函很可能是分為上下兩層對流。

而由於上部地函的對流規模較小，所以當時的板塊規模也較小，即使發生小規模的碰撞與合併，也難以在地球表面成長為大型大陸。

到了地球史的中期，隨著地函逐漸冷卻，整個地函可能上下易位，發生「地函倒轉（mantle overturn）」現象。

這導致原本分為兩層的地函對流合而為一，地表附近板塊規模也隨之擴大，進而開始形成「超大陸」。

地函對流是驅動地表附近板塊移動的原動力。冷卻變重的海洋板塊會沉入較輕的大陸下方，因此地函對流的下沉流通常形成於大陸的邊緣，其結果就是，原本分散在地表各處的大陸開始逐漸聚集在一起，形成「超大陸」。

目前已知最早的「超大陸」，是約19億年前出現的「妮娜大陸（Nena）」，它的面積比現在的北美大陸略大。

第 3 章 元古宙

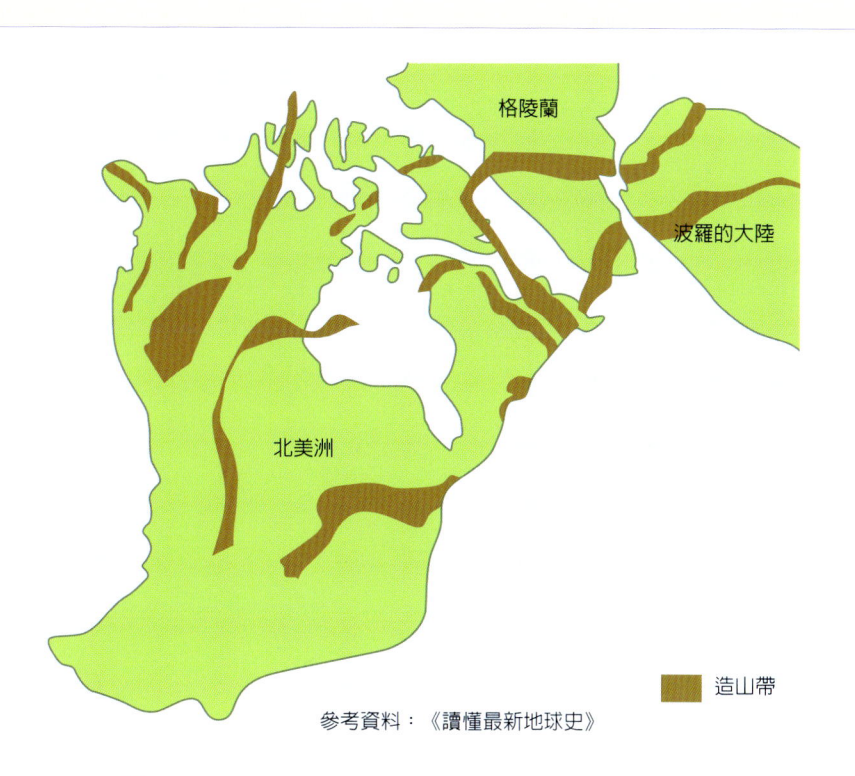

⑤ 大氧化事件與全球凍結

妮娜超大陸
地函改變了對流模式後，小大陸開始彼此相互碰撞，直到約 19 億年前，陸地匯聚在一處，形成比北美大陸略大的「妮娜超大陸」。

（圖中標示：格陵蘭、波羅的大陸、北美洲；造山帶；參考資料：《讀懂最新地球史》）

（右下圖：現在的北美大陸各國——格陵蘭、加拿大、美國、墨西哥）

COLUMN 威爾遜循環

妮娜超大陸誕生後，超大陸經歷了分裂與聚合的反覆循環。加拿大地球物理學家威爾遜（John Tuzo Wilson）提出大陸有可能會離散又再度聚合，這個現象稱為「威爾遜循環（Wilson cycle）」。「威爾遜循環」的發生，是板塊隨著地函對流而移動的結果，約 3 億～4 億年為一個週期，超大陸會配合這個循環誕生或分裂。

1 大陸分裂開始
大陸底下的「熱柱」開始活躍時，就會導致大陸出現裂口。

2 大陸分裂
大陸大幅度斷裂，海水湧入大陸與大陸之間的裂縫，形成新的海洋。

3 海床擴大
熱柱活動的地方變成洋脊，新的海床擴大，新海洋的面積也因此愈來愈大。

4 隱沒帶形成
大陸地殼邊緣最終出現破壞，冷而重的海洋板塊開始沉入較輕的大陸板塊下方，形成隱沒帶。

5 海床縮小
隨著海洋板塊的產能逐漸降低，海床也逐漸縮小，於此同時，洋脊也沉入隱沒帶，海洋板塊的生產徹底停止，即使如此，海洋板塊仍在持續沉入隱沒帶，因此海洋面積逐漸縮小，大陸之間的距離也隨之變窄。

6 大陸碰撞
等到海洋完全消失，兩塊大陸相互碰撞，碰撞的壓力使大陸地殼隆起，形成巨大的山脈。

05 大氧化事件與全球凍結

決定地球氣候的關鍵

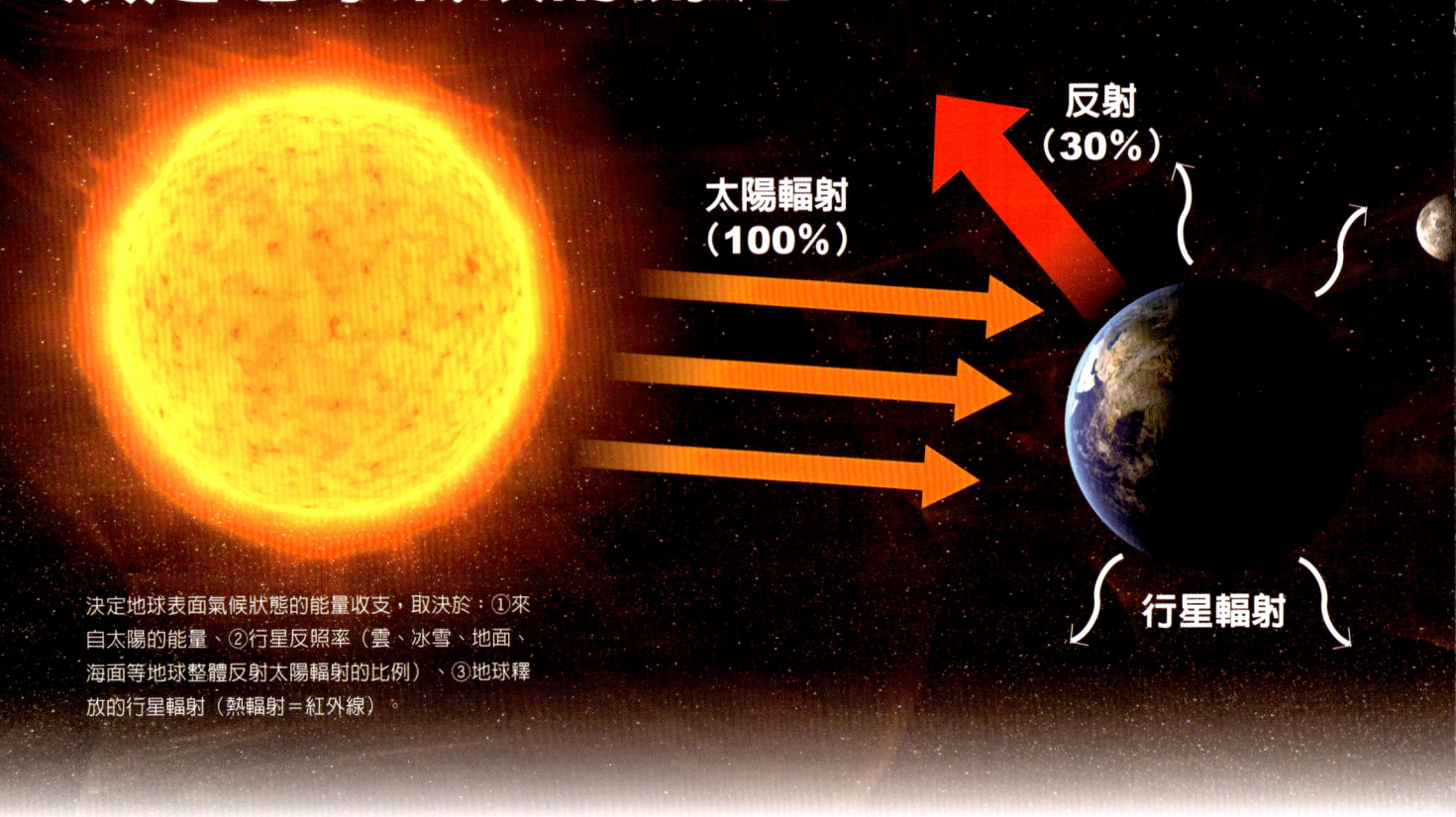

太陽輻射（100%）
反射（30%）
行星輻射

決定地球表面氣候狀態的能量收支，取決於：①來自太陽的能量、②行星反照率（雲、冰雪、地面、海面等地球整體反射太陽輻射的比例）、③地球釋放的行星輻射（熱輻射＝紅外線）。

■來自太陽的能量很重要

自地球誕生以來，地球內部的狀態、大氣與海洋的組成，以及氣候狀態等，都持續在改變。舉例來說，地球在剛誕生時，處於超高溫環境中，但隨著時間推移，氣溫逐漸下降，成為相對溫暖的穩定環境。

地球環境改變的主要因素，包括「來自太陽的能量」、「行星反照率」，以及「溫室效應」。

首先來看「來自太陽的能量」與「行星反照率」。地球的氣溫，是根據地球接收到的太陽輻射能量，以及地球釋放的熱輻射能量之間的平衡來決定。帶給地表溫暖的是太陽的輻射熱，這個量是每平方公尺約 1.4 千瓦。

不過，這些太陽能量並非全數都用來加熱地球表面。其中約有 30% 會被地表或雲層等反射出去，因此地表實際接收到只剩下 70% 的能量，至於這個反射太陽能量的比例，就稱為「行星反照率」。這個比例一旦改變，地球接收到的能量也會跟著改變，進而大幅影響到地球的氣候。

最後一個要素是「溫室效應」。來自太陽的輻射能會穿透大氣層，直接加熱地面，變暖的地面就會釋放紅外線。此時的紅外線原本會再次釋放到太空，中途卻被二氧化碳或甲烷等溫室效應氣體吸收。

溫室效應氣體雖然常給人破壞地球環境的印象，但從地球的歷史來看，它們一直扮演著維持地球溫暖氣候的重要角色。也就是說，正是因為有溫室效應氣體適度地吸收地面釋放的紅外線，地球的平均氣溫才能維持在約 15°C。如果地球上沒有溫室效應氣體，將會發生全球凍結，平均氣溫甚至會下降到零下 40°C，對生物來說將是巨大浩劫。

協助穩定氣候的「碳循環」

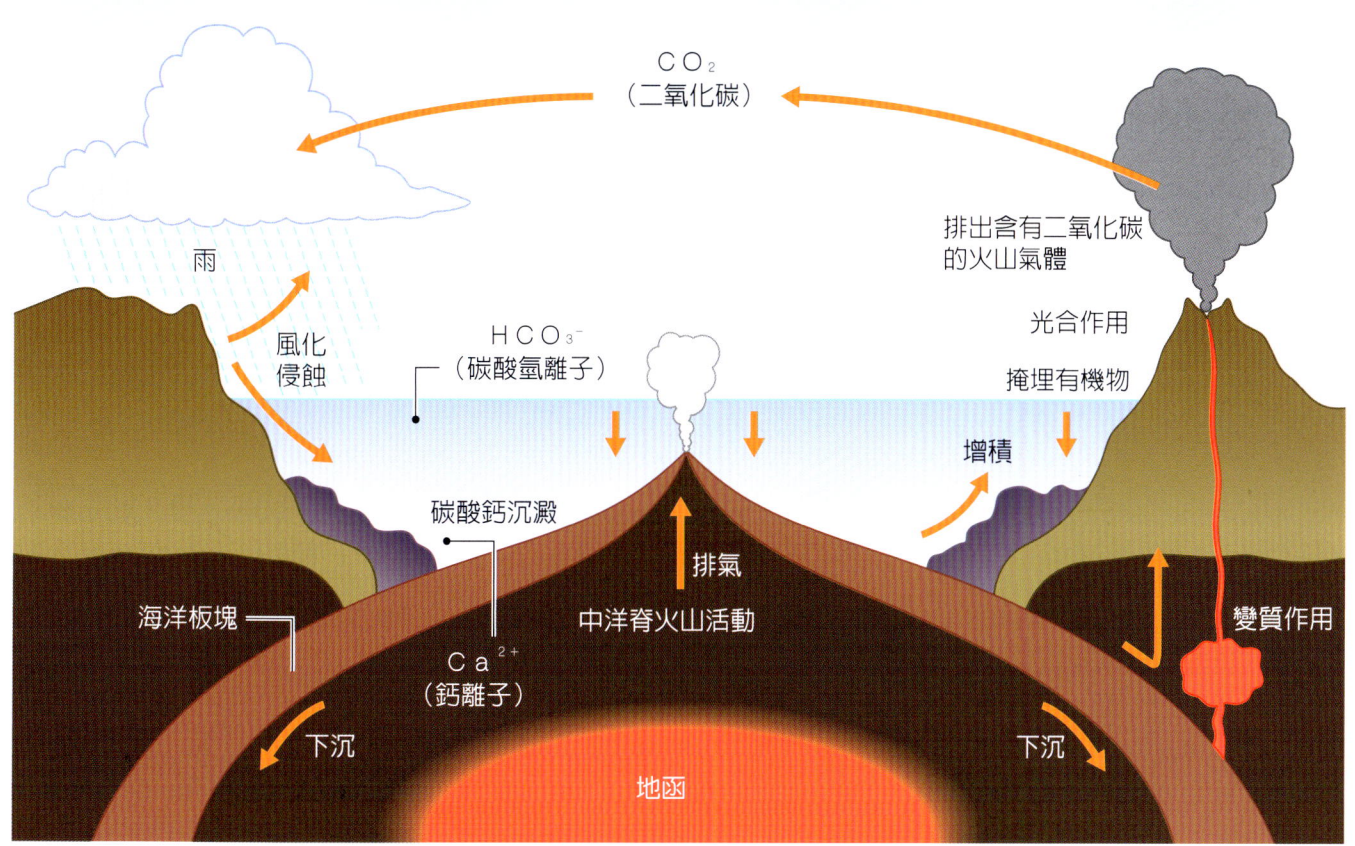

CO₂（二氧化碳）

雨

風化侵蝕

排出含有二氧化碳的火山氣體

光合作用

掩埋有機物

HCO₃⁻（碳酸氫離子）

碳酸鈣沉澱

增積

海洋板塊

排氣

中洋脊火山活動

變質作用

Ca²⁺（鈣離子）

下沉

下沉

地函

長遠來看，大氣中的二氧化碳是由火山活動提供，二氧化碳溶解在雨水等成為碳酸，降落地面侵蝕岩石，稱為「風化」。經過這樣的風化反應後，二氧化碳主要成為層積岩中的碳酸鹽礦物。此外，二氧化碳也成為生物行光合作用後，固定會製造的有機物。就像這樣，二氧化碳透過各種形式提供、消耗，這個系統稱為「碳循環」。※「增積」是指部分海底沉積物與大陸地殼結合的現象。

COLUMN 冰河時期是什麼？

綜觀整部地球史就會發現，溫暖氣候與寒冷氣候不斷地反覆交替出現在地球上。在寒冷氣候出現時，大陸冰河（冰床）會大面積的覆蓋陸地，於是地球進入冰河時期。

目前已知在高山的山頂附近會形成山岳冰河，至於大陸冰河，則是指冰河遍布整片大陸，不受到地形起伏影響的狀態。而且大陸冰河擴展的範圍愈大，其重量會造成地盤大幅下沉，因此影響到大氣，也改變了周圍地區的氣候。

現在的地球，由於南極大陸與格陵蘭仍有大陸冰河存在，因此在歸類上仍處於冰河時期（間冰期）。站在人類的角度來看，我們現在是生活在地球暖化持續加劇的溫暖氣候期，但從地球的歷史來看，這是屬於寒冷氣候期。

南極大陸在約 4300 萬年前的新生代前期發展出大陸冰河，地球進入冰河時期。到了約 260 萬年前的第四紀左右起，北半球也逐漸寒冷化，冰期與間冰期的反覆交替變得更加明顯。直到距今 1 萬年前，地球上仍有像猛瑪象這種如今已滅絕的大型動物存在。

第 3 章 元古宙

⑤ 大氧化事件與全球凍結

05 大氧化事件與全球凍結

為什麼會發生全球凍結？

■惡性循環引發的寒冷化

根據近年的研究發現，地球曾經發生過整個被冰封的超級寒冷事件，稱為「全球凍結」。

過去人們總以為不管有多麼寒冷，赤道地區應該也不會結凍，但科學家從分布在全球各地、約6億5000萬年前的地層中，發現了冰河作用形成的沉積物，而且其中一部分還是在赤道地區形成的，由赤道附近發現的冰河沉積物可以證實地球以前曾經被冰封，成為「雪球地球」。「雪球地球（全球凍結）」假說也因而受到關注。根據這項假說可以推測，地球過去可能曾多次經歷全球凍結的狀態。

能夠大幅影響地球氣溫的，是大氣中的二氧化碳濃度。當二氧化碳增加時，溫室效應也會增強，導致地球暖化；相反地，當二氧化碳減少時，溫室效應減弱，氣溫就會下降。

而且大氣中的二氧化碳濃度會經常變動，並非固定不變。一旦濃度下降，冰河面積就會擴大，恐怕將引發全球凍結。因為當冰河覆蓋地表時，就會反射太陽光，導致氣溫下降。

原本吸收陽光的地區被冰覆蓋之後，轉而變成反射陽光，這麼一來地球整體接收到的總熱量就會減少，於是氣溫更進一步下降，冰覆蓋的面積更加擴大。而當冰覆蓋的面積擴大時，行星反照率（反射太陽輻射的比例）也會進一步提升。

由此可推知，地球過去曾多次進入全球凍結狀態。一旦進入全球凍結，行星反照率可能會超過60%，地球從太陽獲得的能量變得極低，此時地球的平均氣溫將會降到零下40℃。

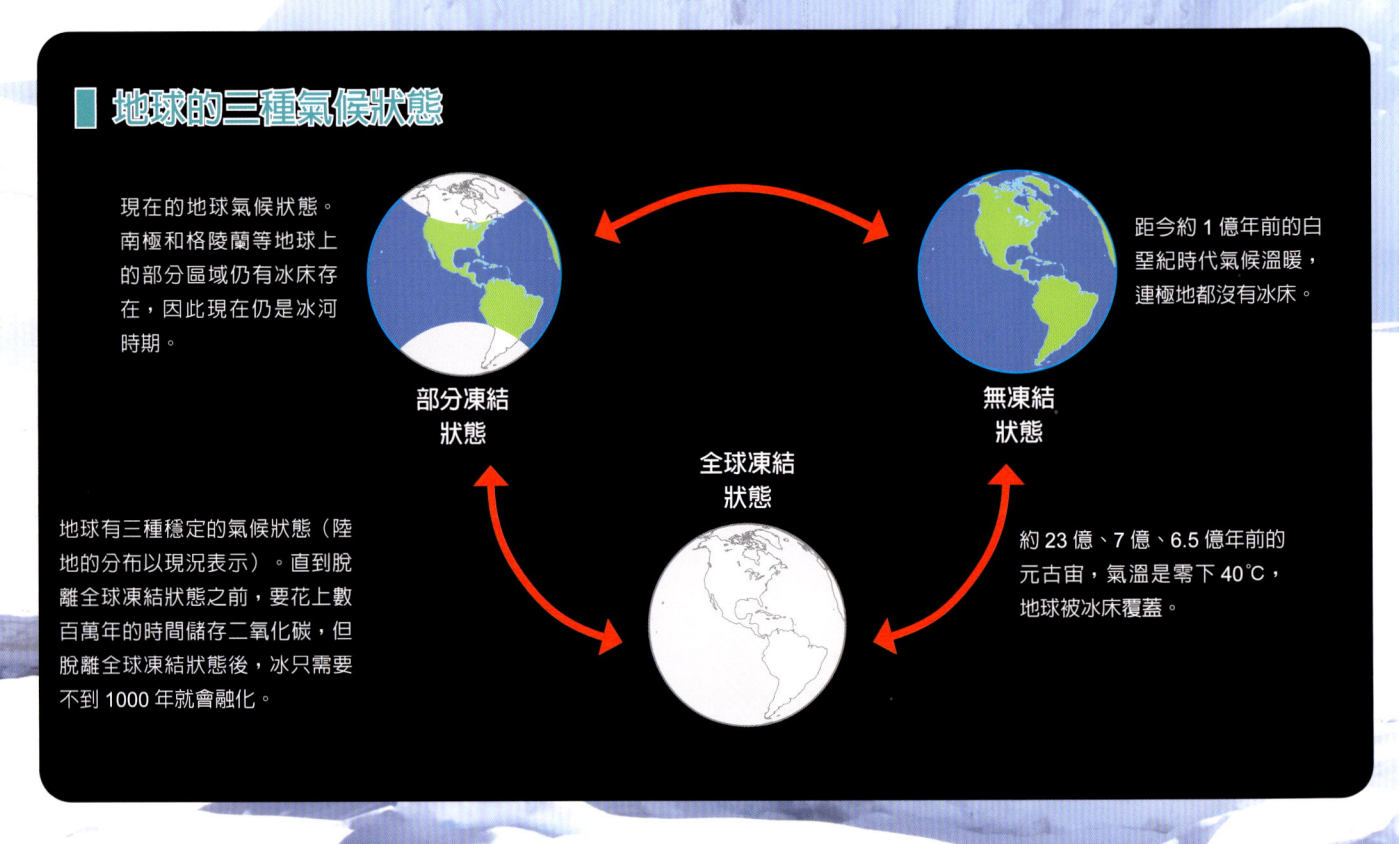

■地球的三種氣候狀態

現在的地球氣候狀態。南極和格陵蘭等地球上的部分區域仍有冰床存在，因此現在仍是冰河時期。

部分凍結狀態

全球凍結狀態

無凍結狀態

距今約1億年前的白堊紀時代氣候溫暖，連極地都沒有冰床。

約23億、7億、6.5億年前的元古宙，氣溫是零下40℃，地球被冰床覆蓋。

地球有三種穩定的氣候狀態（陸地的分布以現況表示）。直到脫離全球凍結狀態之前，要花上數百萬年的時間儲存二氧化碳，但脫離全球凍結狀態後，冰只需要不到1000年就會融化。

第 3 章 元古宙

⑤ 大氧化事件與全球凍結

三次全球凍結

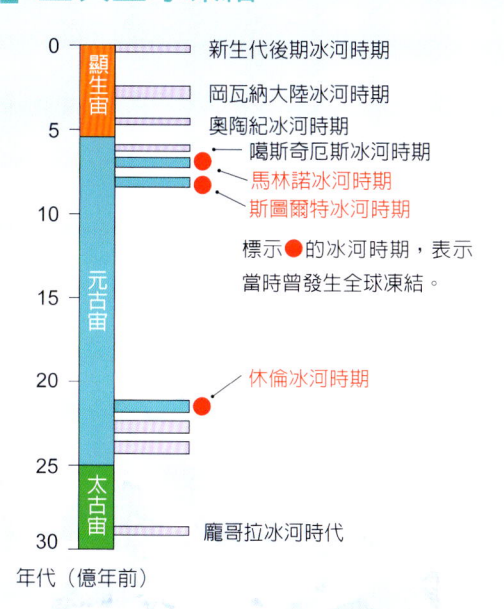

年代（億年前）

- 新生代後期冰河時期
- 岡瓦納大陸冰河時期
- 奧陶紀冰河時期
- 噶斯奇厄斯冰河時期
- 馬林諾冰河時期
- 斯圖爾特冰河時期

標示●的冰河時期，表示當時曾發生全球凍結。

- 休倫冰河時期
- 龐哥拉冰河時代

圖爾特冰河時期」、以及約23億年前的「休倫冰河時期」這三個時期，都有全球凍結的痕跡。換句話說，地球過去至少經歷過三次全球凍結。

一旦地球陷入全球凍結的狀態，生命活動就會全面停止，地表上也無法進行光合作用和風化作用。

那麼，為什麼地球每次陷入全球凍結後，又能夠脫離那種狀態呢？

解開這個謎團的關鍵，就在火山活動。即使地表完全凍結，地球內部也不會冷卻，火山活動仍會持續。

於是，火山噴發大量的二氧化碳到大氣中，引發溫室效應，使地球擺脫全球凍結的狀態。這一點可由堆疊在元古宙晚期冰河沉積物上面的碳酸鹽岩證實，因為這種岩石要在溫暖氣候下才會生成。

不過，科學家認為，為了讓地球的二氧化碳濃度提升到足以脫離全球凍結的程度，必須花費數百萬年的時間。

如何擺脫全球凍結？

更進一步對冰河沉積物進行詳細研究後發現，在約6億5000萬年前的「馬林諾冰河時期」、約7億年前的「斯

連赤道附近都出現的冰河沉積物

元古宙後期「馬林諾冰河時期」（約6億5000萬年前）的冰河沉積物分布圖。由此可知當時存在範圍直達赤道附近的大陸冰河。

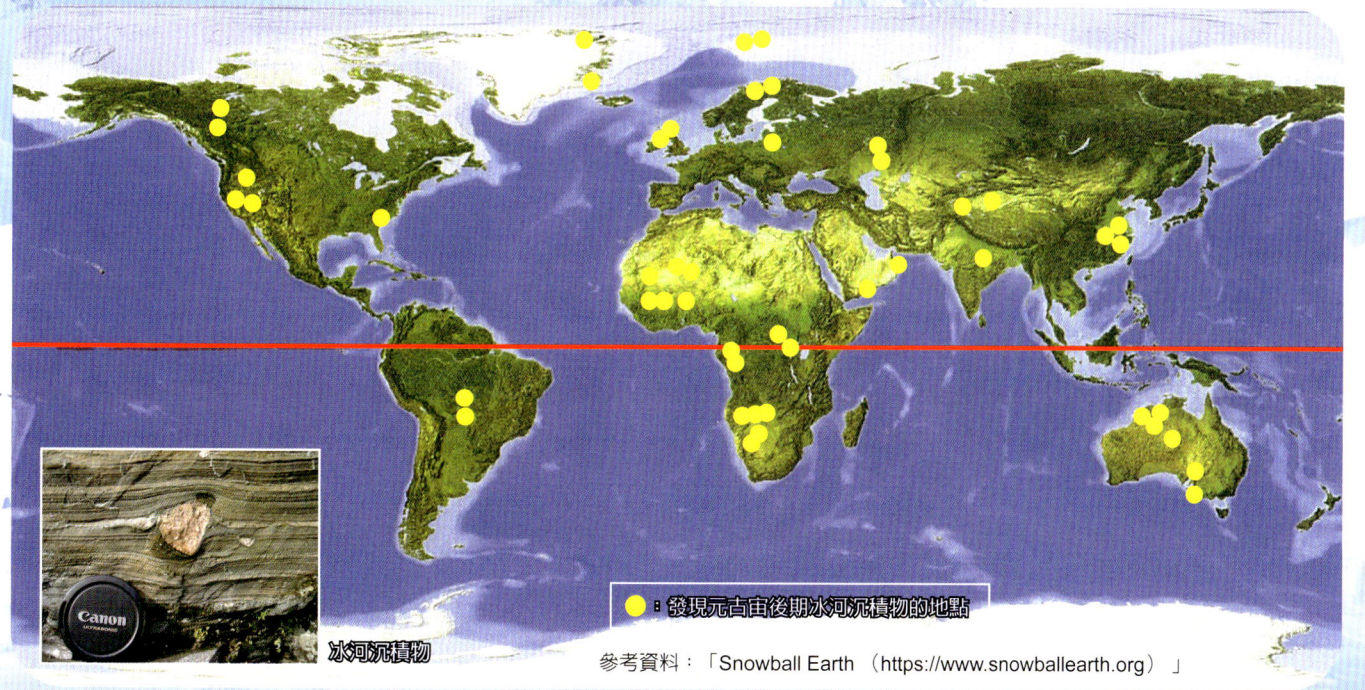

●：發現元古宙後期冰河沉積物的地點

冰河沉積物

參考資料：「Snowball Earth（https://www.snowballearth.org）」

97

05 大氧化事件與全球凍結

全球凍結中活下來的生命

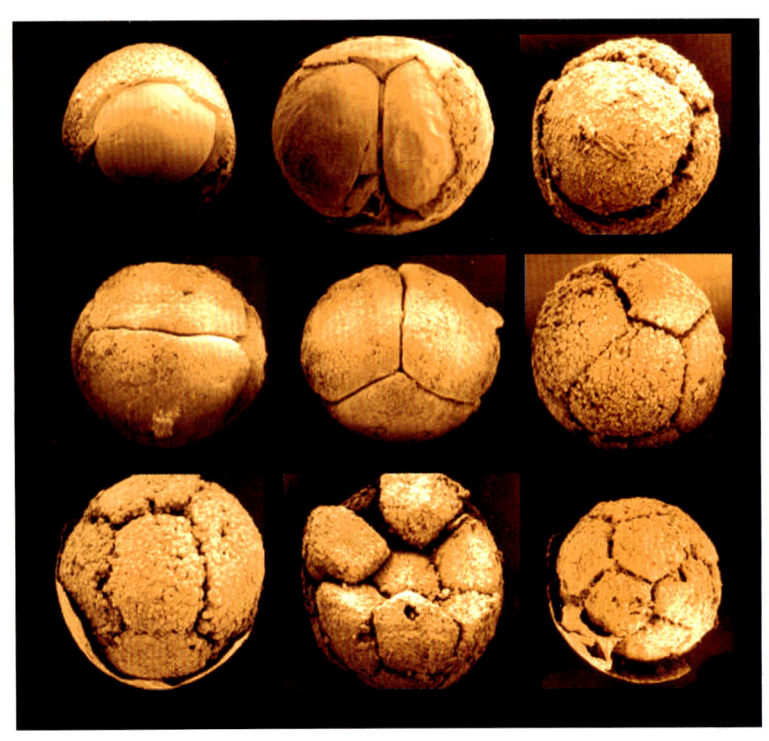

陡山沱層的胚胎化石

備受矚目的「陡山沱層的胚胎化石」出現，證明約 6 億年前地球上已經有多細胞動物出沒。這些化石是在中國貴州省的陡山沱層中發現，那是一種碳酸鹽厚厚堆積出來的地層。已知化石是細胞集合體階段的胚胎（多細胞動物受精後剛形成的卵細胞或幼體）。

圖片取自 Prof. Shuhai Xiao, Virginia Tech Univ 的網站

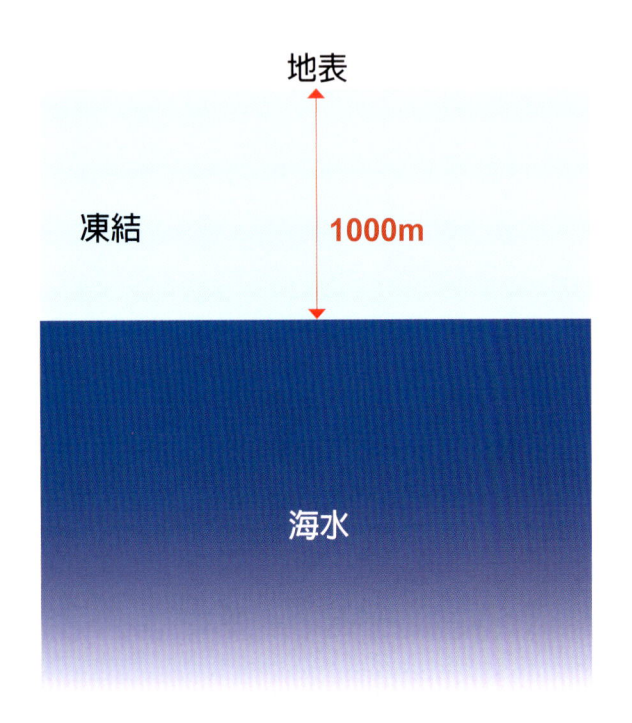

■ 有液態水存在？

在為期數百萬年的全球凍結期間，不只是大陸，連海洋也全面凍結，海洋與大氣之間的物質移動也隨之停止。這種全球凍結在元古宙初期與後期一共發生過三次，可以確定過程中必然有過大規模的生物滅絕。

地球表面結凍，也就意味著沒有液態水，畢竟生命無水難以生存，因此絕大多數的生命勢必會因此而消亡。不過，當時的生物還不具有堅硬的骨骼，難以留下化石，所以我們無法確切得知當時的滅絕規模。

然而，深海底與地底深處沒有凍結，棲息在這些區域的生命應該能夠成功躲過滅絕活下來，只是元古宙後期全球凍結的倖存生物，仍留有未解之謎，其中之一就是光合菌等真核生物，是如何度過全球凍結？

海洋表層 1000m 凍結後，就不會變得更厚。既然如此，科學家認為冰層底下應該存在液態水，有部分生物能夠在那裡生存。

第 3 章 元古宙

❺ 大氧化事件與全球凍結

光合作用少不了陽光,而陽光在海水中最遠可照射到的深度,頂多只到 100 公尺左右,但是全球凍結時期,據說海洋部分深達約 1000 公尺的範圍都結凍,也就是說,光合菌這種需要行光合作用的生物其棲息環境中,已經沒有液態水。沒有水,光合菌卻能夠倖存,我們目前並不清楚原因,不過可推測出,全球凍結時,地表某處或許存在液態水。

■全球凍結促成生物演化?

最神奇的是,全球凍結剛發生不久,生物就出現大幅度的演化。比方說,元古宙初期的全球凍結結束後,也就是大約 20 億年前,真核生物出現;元古宙後期發生的全球凍結結束後,也就是約 6 億年前時,多細胞動物登場。

真核生物和多細胞動物的出現,是生命史上極其重大的演化。為什麼這樣重大的演化,會發生在全球凍結之後?其中一個線索就是大氣中的氧濃度。

大氣的氧濃度在全球凍結結束後不久,迅速上升,時期正好符合。真核生物包括動物、植物、真菌和原生生物,需要的氧濃度必須超過目前的濃度,也就是 1% 以上,才能夠進行有氧呼吸與細胞膜合成。

此外,多細胞動物會利用氧,進行膠原蛋白合成,支撐龐大的身軀;也需要高濃度的氧,才能夠維持強大的運動能力。

換句話說,在全球凍結結束後,因某種緣故上升的大氣氧濃度,或許促成了生物的大規模演化。

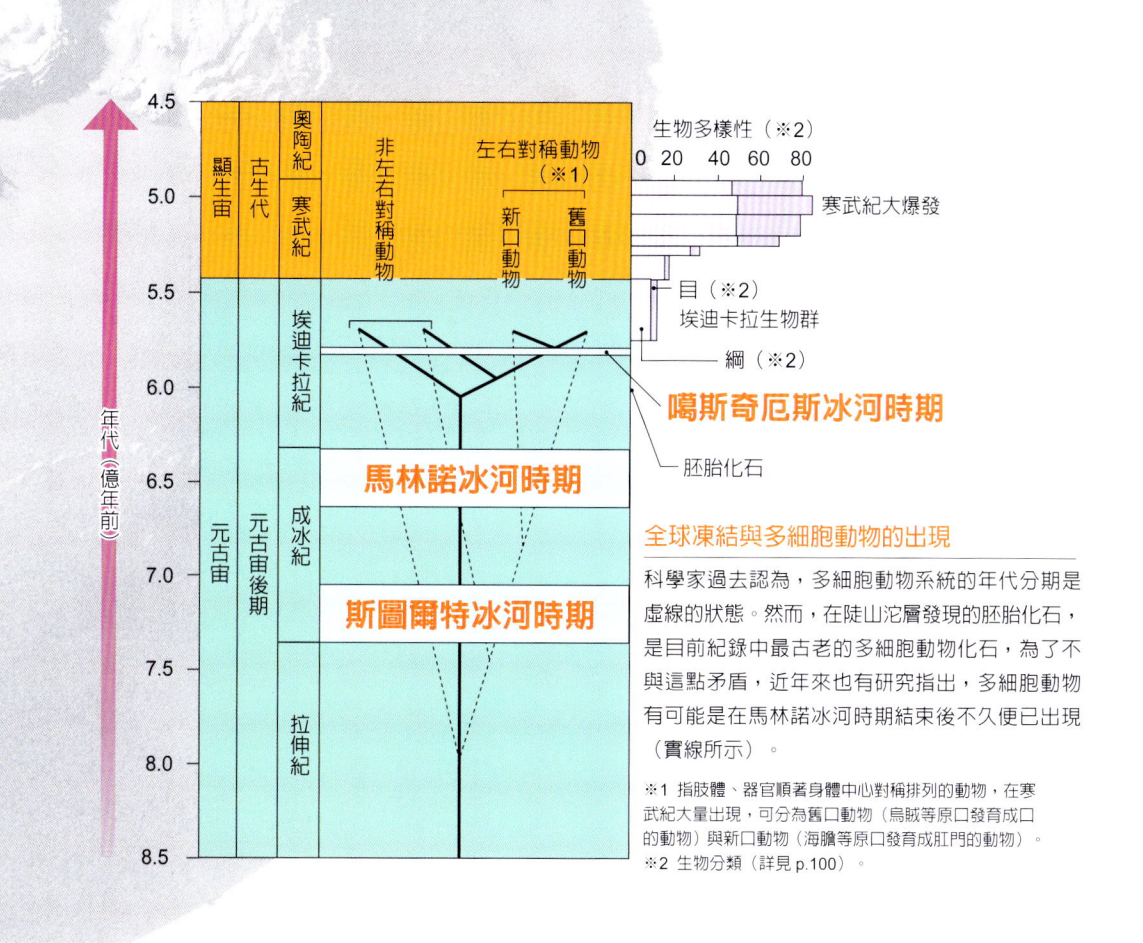

噶斯奇厄斯冰河時期

馬林諾冰河時期

斯圖爾特冰河時期

胚胎化石

全球凍結與多細胞動物的出現

科學家過去認為,多細胞動物系統的年代分期是虛線的狀態。然而,在陡山沱層發現的胚胎化石,是目前紀錄中最古老的多細胞動物化石,為了不與這點矛盾,近年來也有研究指出,多細胞動物有可能是在馬林諾冰河時期結束後不久便已出現(實線所示)。

※1 指肢體、器官順著身體中心對稱排列的動物,在寒武紀大量出現,可分為舊口動物(烏賊等原口發育成口的動物)與新口動物(海膽等原口發育成肛門的動物)。
※2 生物分類(詳見 p.100)。

99

05 大氧化事件與全球凍結

地球史上第一個大型動物誕生

狄更遜水母（*Dickinsonia*）全長約可達 100 公分左右，由於看不到消化器官、內部構造等，應該是以整個下半身吸收獵物。有說法認為，其與現生種生物沒有血緣關係，也有說法認為它是初期的環節動物（蚯蚓、螞蟥）。（※）

■ 現生種的生物分類

下圖是人類的生物階層分類。如圖所示，人類在生物學上能夠有系統的分類，如果需要更進一步細分，可以加上域、亞、種、下等階級。

界：動物界（Animalia）
門：脊索動物門（Chordata）
綱：哺乳綱（Mammalia）
目：靈長目（Primates）
科：人科（Hominidae）
屬：人屬（*Homo*）
種：智人（*H. sapiens*）

埃迪卡拉生物群的想像圖。目前已經確認有 30 個以上的屬，不過還不清楚是不是現生種生物的遠古祖先。

在加拿大的紐芬蘭島，也發現大量與澳洲埃迪卡拉山同樣的埃迪卡拉生物群化石。

■ 地球史上第一個巨大生物誕生

距今約 6 億年前，也就是地球剛從第三次全球凍結復原時，地球上出現了由許多細胞集合構成一個生命體的多細胞動物。這時期的代表性生物群，就是在澳洲南部的埃迪卡拉山與加拿大紐芬蘭島等地發現的「埃迪卡拉生物群」。

埃迪卡拉生物群是地球史上最早出現的大型生物化石。它們的外形與現代生物差異甚大，有些與現代生物並無直接關聯，不過也有一些被認為可能是海綿動物、刺絲胞動物等。

第 3 章 元古宙

⑤ 大氧化事件與全球凍結

三腕蟲

狄更遜水母

金伯拉蟲

查尼亞蟲

查尼亞蟲的化石。具有左右對稱的翅膀形葉狀身體。（※）

　　埃迪卡拉生物群的體長，從約 1 公分的小型個體，到超過 1 公尺的大型個體皆有。由於這些生物是沒有硬殼或骨骼的軟體生物，而且體內似乎也沒有消化器官，因此推測它們是透過皮膚來與外界進行物質交換。

　　科學家認為支撐這些埃迪卡拉生物群柔軟身體結構的，是膠原蛋白，那是一種不溶於水的纖維狀蛋白質，而且是由埃迪卡拉生物群最先大量合成製造，也因此地球上開始出現體長超過 1 公尺的巨大生物。

　　那麼我們不禁想問，為什麼這個時期能夠製造出膠原蛋白？祕訣就在於氧。這個時期才剛結束全球凍結不久，氧急速增加，而合成膠原蛋白需要有高濃度的氧，其結果就是埃迪卡拉生物群在這段時期出現。

※ 照片提供：川上紳一教授

101

05 大氧化事件與全球凍結

■ 獵人與獵物關係帶來的生物演化

目前還不清楚埃迪卡拉生物群是否與今日地球上的現生種生物有直接關係，不過科學家普遍認為它們在生物史上扮演重要的角色。多細胞動物的種類在約 5 億 4200 萬年前的寒武紀激增，稱為「寒武紀大爆發」（p.106）。至於這個現象能夠發生，或許也多虧有埃迪卡拉生物群的出現。

自然界的生物存在著「獵人與獵物」的關係。獵人為了吃到獵物，演化出有效的攻擊能力；而獵物為了避免被吃，也演化出更高超的防禦能力。換句話說，當獵人的攻擊能力上升時，獵物也會強化自身的防禦力，獵人只好更進一步練就出更高的攻擊能力，雙方都為了能夠生存而逐漸強化自己的能力。

有科學家認為，「寒武紀大爆發」的發生，是因為獵物得到了保護自己的堅硬外殼；反觀埃迪卡拉生物群沒有可用來保護身體的堅硬構造，而是以海底沉積物等為食，因此不存在「獵人與獵物」的關係。不過也有人對此說法提出質疑，所以目前尚無定論。

此外，也有學者認為埃迪卡拉生物群不屬於動物或植物的任何一類，而是歸為已經絕種的獨立分類。雖然不能斷言這些生物都與後來的寒武紀大爆發有關，但地球上第一批多細胞動物的出現，很可能就是為了那場大爆發鋪路。

三腕蟲。圓盤狀的生物，體長約 5cm。（※）

圓水母。具有放射狀同心圓的構造，體長 2.5～30cm。（※）

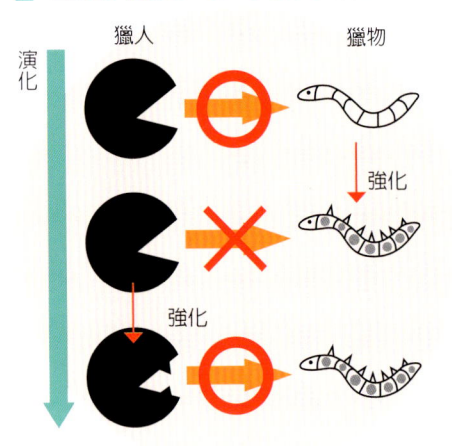

金伯拉蟲。一般認為它是利用頭部的長觸手器官挖掘海底，攝食沉積物。（※）

斯普里格蠕蟲。有明確的頭部與尾端，身體可分為 40 節，體長約 5 公分。（※）

■ 生存競爭帶來的演化

演化　獵人　獵物
強化
強化

獵人為了獵食，演化了攻擊能力，相反地，獵物也為了生存而演化了防禦能力。

※ 照片提供：川上紳一教授

第 3 章 元古宙

❺ 大氧化事件與全球凍結

COLUMN 化石告訴我們的事

化石的種類

實體化石	指動物的殼或骨骼、花粉、孢子等,整個身體或部分身體留下的化石。
生痕化石	指動物的巢穴、足跡或植物根系留下的空間等生物活動的痕跡。
化學化石	也稱為「分子化石」,是指DNA或碳氫化合物這類生物起源的有機物等變成的化石。

化石的形成方式

❶

❷

❸

　　生物死亡後,雖然身體會腐爛,無法保留原狀,但生物本身或其活動留下的痕跡,有時會以化石的形式保存下來,我們可以藉由這些化石,了解過去曾經存在哪些生物,並進一步研究生物的演化史。

　　化石大致上可分為三種類型,第一種是保存生物骨骼、牙齒或外殼等硬組織或植物的「實體化石」;第二種是保存足跡或其他生物活動痕跡的「生痕化石」;第三種是保留組成生物體有機物質的「化學化石」。

　　從過去的地層中發現這些實體化石與生痕化石後,我們可以推測生物的大小、形態、生活方式等資訊,進而判斷其所處的時代、生物種類及當時的生活環境。

❶生物生活在海底。
❷生物死後沉在海底或池底,被其他生物分解,只剩下骨骼或貝殼。之後,上面堆積了泥與砂等,最後泥變成泥岩、砂變成砂岩,生物變成化石。
❸地層持續沉積變厚,這個重量使得化石和地層變硬。後來地層彎曲、海底地層隆起變成陸地,陸地上的地層經風化侵蝕後,化石就被發現了。

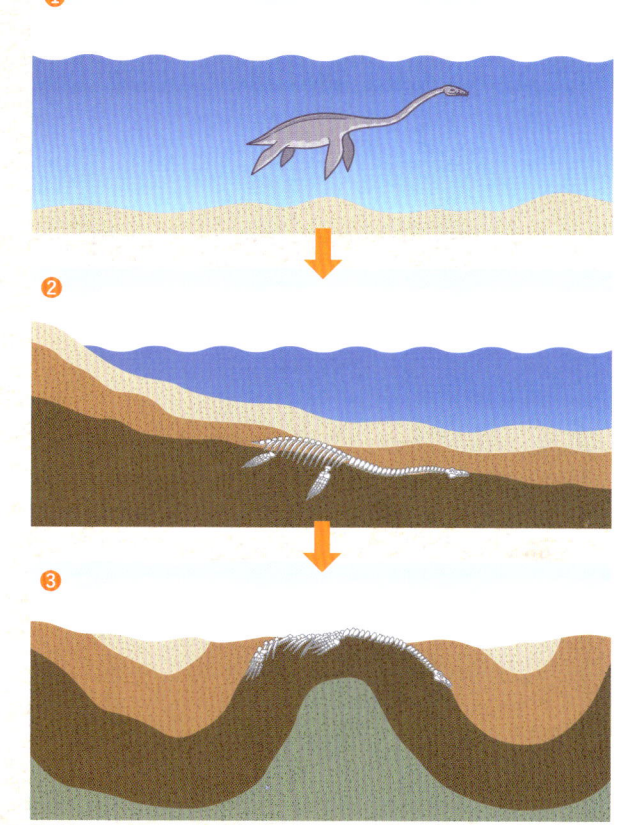

05 大氧化事件與全球凍結

元古宙～古生代初期的大陸

■反覆分裂的大陸

在元古宙的約 20 億年期間，大陸經歷了反覆的分裂與聚合。直到約 19 億年前誕生了「妮娜」（p.93）超大陸之後，又陸續出現了哥倫比亞大陸等其他的超大陸，但研究學者之間對此看法分歧。

到了約 11 億年前，「羅迪尼亞」超大陸形成，但在約 3 億年後，這塊超大陸也開始分裂。在元古宙晚期，大陸變成如下圖的分布，「泛古洋」誕生。在此期間，地球經歷了兩次全球凍結，整個地球變成冰封世界，生物反覆發生大滅絕與大演化，最終促成了埃迪卡拉生物群的大量出現。

到了約 1 億 3000 萬年後的寒武紀後期，北半球幾乎被「泛古洋」覆蓋，勞倫大陸也移動到跨過赤道的位置。現在的加拿大伯吉斯頁岩區在過去曾是勞倫大陸的一部分，這個溫暖的環境，毫無疑問正是寒武紀大爆發的理想舞臺。

■元古宙（約 6 億 5000 萬年前）

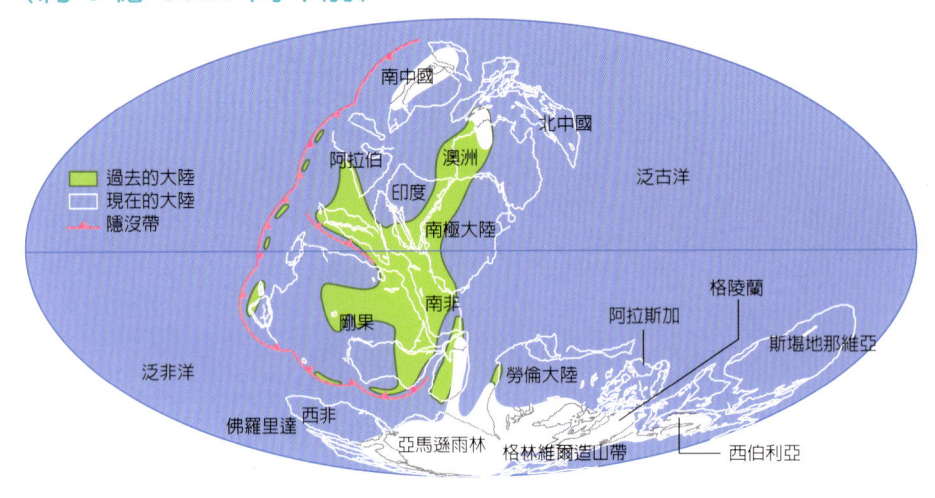

■寒武紀（約 5 億 1400 萬年前）

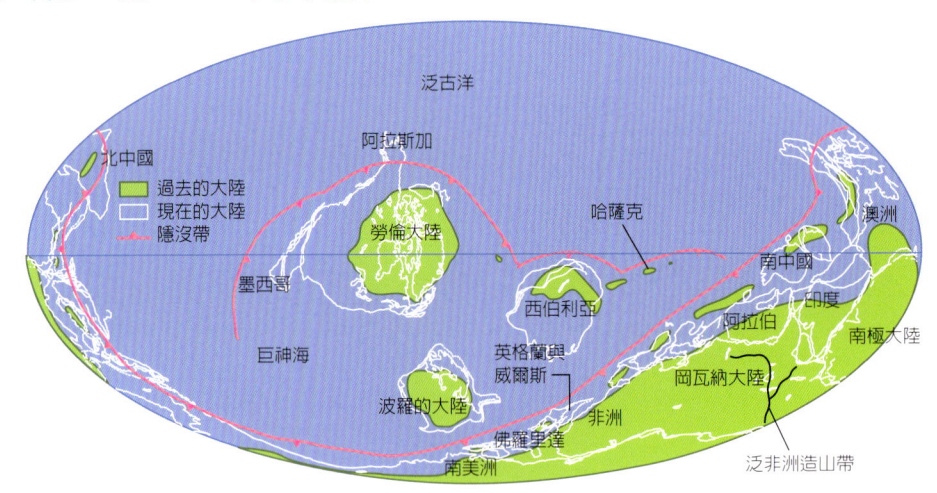

第 **2** 部

截至目前爲止的地球

第**4**章　古生代
06.寒武紀大爆發與生物的多樣化⋯⋯ P.106
07.史上最大的大滅絕⋯⋯⋯⋯⋯⋯⋯⋯ P.124

第**5**章　中生代
08.恐龍時代的到來⋯⋯⋯⋯⋯⋯⋯ P.132

第**6**章　新生代
09.大型恐龍滅絕後的世界⋯⋯⋯⋯ P.152
10.人類的登場⋯⋯⋯⋯⋯⋯⋯⋯⋯ P.164

第 4 章 古生代

06 寒武紀大爆發與生物的多樣化

動物達成大演化的時代

進入古生代寒武紀之後，地球上出現各式各樣的生物，這些動物擁有外殼、外型獨特。這場動物突然開始多樣化的重大事件，稱為「寒武紀大爆發」。

皮卡蟲
體長約 4cm。身體前端有一對觸角。

微瓦霞蟲
體長 3～5cm。從上方俯瞰是橢圓形，背上有兩排長刺。

有足埃謝櫛蠶
體長最大約 6cm。化石經常是與海綿動物在一起。

106

冥古宙	太古宙	元古宙	顯生宙	≪Chronological table

古生代	中生代	新生代

| 寒武紀 | 奧陶紀 | 志留紀 | 泥盆紀 | 石炭紀 | 二疊紀 |

❻ 寒武紀大爆發與生物的多樣化

水母的夥伴

奇蝦

三葉蟲的夥伴

馬爾拉蟲
體長約 2cm，棲息在海底，化石在伯吉斯頁岩中找到最多。

06 寒武紀大爆發與生物的多樣化

寒武紀大爆發是指？

■短時間內動物種類大幅增加

距今約 5 億 4200 萬年前，地球從元古宙進入顯生宙的寒武紀，動物的物種數量在短時間內迅速增加，種類也呈爆炸性多元發展，這就是所謂的「寒武紀大爆發」。

從數百萬年到 1500 萬年，以生命史來看幾乎只是轉瞬之間，但那段時間內就出現了現代存在的所有動物門。

順帶一提，所謂的「顯生宙」，是指生物的存在與活動變得明顯可辨的時代，直到現在都還是屬於「顯生宙」。而動物種類大量出現的寒武紀大爆發，正是昭告顯生宙揭開序幕的重要事件。

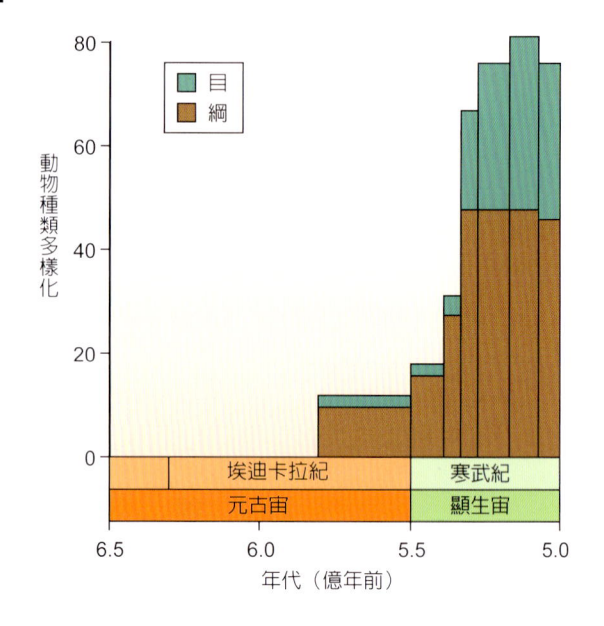

寒武紀的多樣化動物種類
元古宙晚期出現埃迪卡拉生物群，進入寒武紀之後，動物的種類更是瞬間爆增。

■ 寒武紀怪物的化石介紹

綿張腔海綿（*Chancelloria*）
覆蓋著非常多的硬皮，長著小刺。通常最大可達 10cm，一般認為是棲息在海床。（※）

奇蝦
全長約 60cm，最大可達 1m。頭部有兩隻眼，前方有一對前附肢，身體分為 8 節，各體節側面有附肢，尾部也有多個朝上的扇狀附肢。（※）

第 4 章 古生代

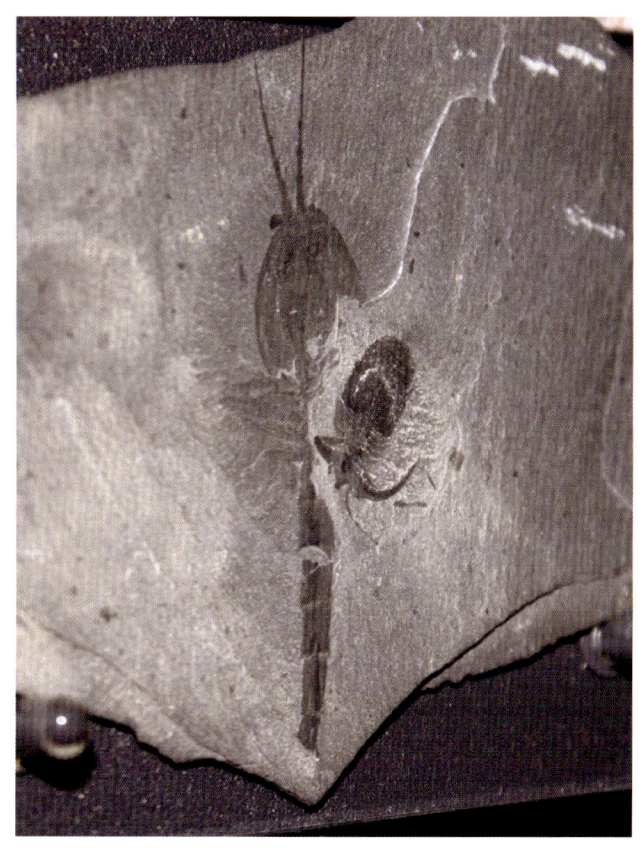

⑥ 寒武紀大爆發與生物的多樣化

瓦普塔蝦
全長約 7cm。伯吉斯頁岩動物群之一，身體前方覆蓋著類似頭盔的甲殼，身後還有長尾巴，科學家認為牠是操控尾巴游泳。（※）

林喬利蟲
全長約 6.8cm。屬於節肢動物，頭部頂端有一對代替眼睛的觸角，用來覓食或感知危險。科學家認為牠是攝食海底泥內含的有機物。（※）

　　動物種類多樣化發生於寒武紀的證據，就在加拿大英屬哥倫比亞省的伯吉斯頁岩動物群化石中。這些化石中保留了許多外型千奇百怪的生物痕跡，例如：類似昆蟲的外骨骼、突出的長眼、尖銳的口器、劍狀刺等。美國古生物學家史蒂芬・古爾德（Stephen Jay Gould）在著作《奇妙的生命》（Wonderful Life）中將這些伯吉斯頁岩的動物稱為「奇異而美妙的生命群像」，由此可知當時的動物外觀十分獨特。

　　伯吉斯頁岩動物群不僅僅只是外型奇特，也有許多特徵與現代動物相似，因此科學家認為這些生物很有可能是現代動物祖先的近親。

■硬組織創造的複雜構造
　　在寒武紀大爆發中出現的動物，最大特徵就是為了防禦敵人攻擊，開始擁有外殼、外骨骼等堅硬的組織。

這些生物究竟是如何出現，仍有許多未解之謎，不過，在寒武紀初期地層中發現、不到 1 公釐的「小殼化石（Small Shelly Fossils，縮寫 SSF's）」，也就是寒武紀最早期的化石，是由碳酸鹽、磷酸鹽、二氧化矽這三種礦物材料構成堅硬的外殼和骨骼。這類硬組織也出現在現生種的生物身上。例如：雙殼貝的貝殼與珊瑚的骨骼含有碳酸鹽，人類骨骼含有磷酸鹽，海綿動物的棘刺則含有矽酸鹽。

　　儘管這些歸類為「小殼化石」的化石大多無法拼湊出完整的形象，但其中有些全身化石保留了軟體部分的痕跡，因此可以還原其想像圖。總而言之，這個時代出現擁有硬組織的物種，使得顯生宙的動物界變得更加複雜多樣。

（※）國立科學博物館收藏

06 寒武紀大爆發與生物的多樣化

寒武紀怪物的化石介紹

撫仙湖蟲

最大可達11cm左右。多數意見認為它是節肢動物，但也有人認為應該分類在蜘蛛、蠍子等的螯肢亞門。約有31個體節，胸部的一節就有2〜4隻腳，頭部也有一對環狀觸角。（※）

伊爾東缽

直徑約10cm的圓盤狀生物，內部有線圈狀的消化器官。乍看之下很像水母，但科學家認為它比較接近棘皮動物或刺絲胞動物。（※）

等刺蟲

全長約4.5cm，在中國雲南省澄江出土的節肢動物。擁有兩片半圓形的殼瓣，殼瓣之間的身體有體節，可自由彎曲。（※）

（※）國立科學博物館收藏

第 4 章 古生代

❻ 寒武紀大爆發與生物的多樣化

COLUMN 寒武紀大爆發的關鍵是有「眼」？

寒武紀的生物除了硬組織之外，還有另一個特徵，就是「眼睛」。研究寒武紀大爆發初期出現的三葉蟲眼睛，可發現其構造與現代動物的複眼幾乎相同，已具備高度的功能。

雖然複眼的每個小眼無法轉動，但小眼數量夠多時，就能夠獲得寬廣的視野。科學家也認為可能有「多焦型」三葉蟲存在，也就是複眼的中央與外圍焦距不同，這樣更能夠防備遠方的敵人，同時準確掌握近距離的獵物和地形。

具備這種眼睛的動物，在生存競爭中更有利；如果是獵人擁有這種眼睛，更能夠正確判斷獵物的位置和弱點；如果是獵物擁有這種眼睛，可以提早感知敵人靠近，快速找出逃跑方向。

眼睛的演化也是生物多樣化的助力。以寒武紀的有刺生物為例，以刺當武器，儘管確實有效增加了防禦力與攻擊力，但科學家認為也有視覺上的效果。換句話說，刺是在視覺上強調「你攻擊我會受傷」，能夠有效降低遭受敵人攻擊的風險，但敵人如果沒有眼睛，這種強調也就毫無意義。

針對這點，古生物學家安德魯·帕克博士（Andrew Parker）於 1998 年提出「光開關假說（Light Switch Theory）」，主張「寒武紀大爆發之所以出現硬組織動物，都是因為眼睛的誕生」。

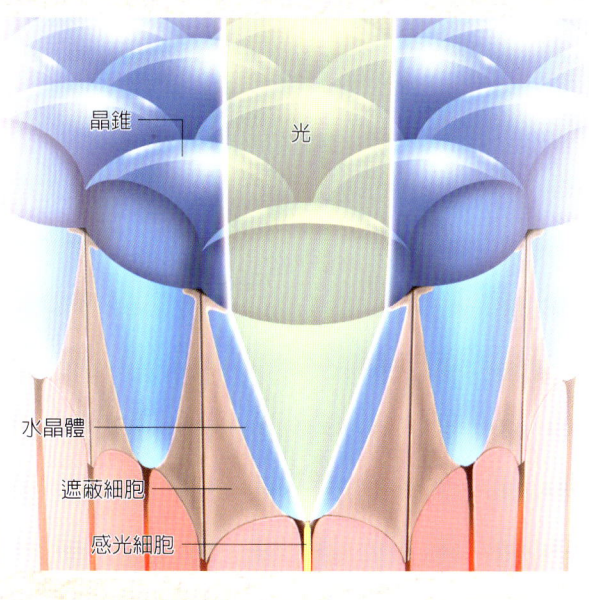

眼睛的構造想像圖

小眼的水晶體聚光之後，透過晶錐傳送至感光細胞，感光細胞把光轉換為神經訊號。這是根據現生種節肢動物的細胞構造等延伸想像而來。順便補充一點，晶錐之間有「遮蔽細胞」存在，可以用來防止鄰近的光線洩漏進來。

晶錐　　光
水晶體
遮蔽細胞
感光細胞

111

06 寒武紀大爆發與生物的多樣化
節肢動物出現

板足鱟
板足鱟之一的「翼肢鱟」想像圖。板足鱟是代表志留紀的節肢動物，有些體長可達 2m 左右。腳除了用來游泳，也用來捕捉獵物。

■生態系最初的霸主

寒武紀大爆發時，誕生了各式各樣的動物，其中最早站上頂點的，就是節肢動物。

節肢動物有外骨骼硬殼包覆。這樣的硬殼不只是代表防禦力提升，還可以在硬殼底下發展出肌肉，做出準確且有力的動作。結果就是，節肢動物在接下來的約 1 億年間持續繁盛，直到魚類大型化才結束牠們的霸主地位。

這段時期出現的節肢動物種類繁多，從全長不到 2 公釐的生物，到體長可達 1 公尺的奇蝦，都包含其中。

回顧動物界的霸權爭奪史就會發現，體型巨大化成為掌握霸權的一大要素。從這個角度來看，像奇蝦這類體型巨大的節肢動物，確實有資格成為寒武紀的霸主。

有足埃謝櫛蠶

第 4 章 古生代

❻ 寒武紀大爆發與生物的多樣化

　　在寒武紀之後的奧陶紀，節肢動物中以三葉蟲最為顯眼，並且迅速擴散。接著到了志留紀，主角換人了，甚至出現體長超過 2 公尺的板足鱟掌握霸權等，但節肢動物的勢力依舊壯大。

　　現在地球上最繁盛的動物依然是節肢動物，究竟是為什麼呢？科學家認為是因為節肢動物成熟速度快且多產；節肢動物的壽命比脊椎動物短，因此世代交替的週期較快，同時也可加速基因的改變，或許因為如此，牠們能夠更迅速地因應環境變化。

©三笠市立博物館

板足鱟之一的「廣翅鱟」化石。一般認為牠是利用槳狀足游泳。

COLUMN 三葉蟲的演化

　　「三葉蟲」是節足動物，因為從上方俯瞰時，它的軀體分為左、中、右三部分，因而得名。

　　三葉蟲的體長為數公分～數十公分不等，最大特徵是擁有石灰質的外骨骼硬殼。多虧有這種堅固的外骨骼，牠們擁有高度的防禦能力。三葉蟲類也被稱為「化石之王」，因為目前已發現超過一萬幾千種各式各樣的化石。這些三葉蟲在進入奧陶紀後，從扁平體型演化為立體構造，由此可看出地球環境改變的影響，此外，或許也是為了避免外敵攻擊的自保。三葉蟲為了適應不同環境，逐漸發展出眾多不同的種類。

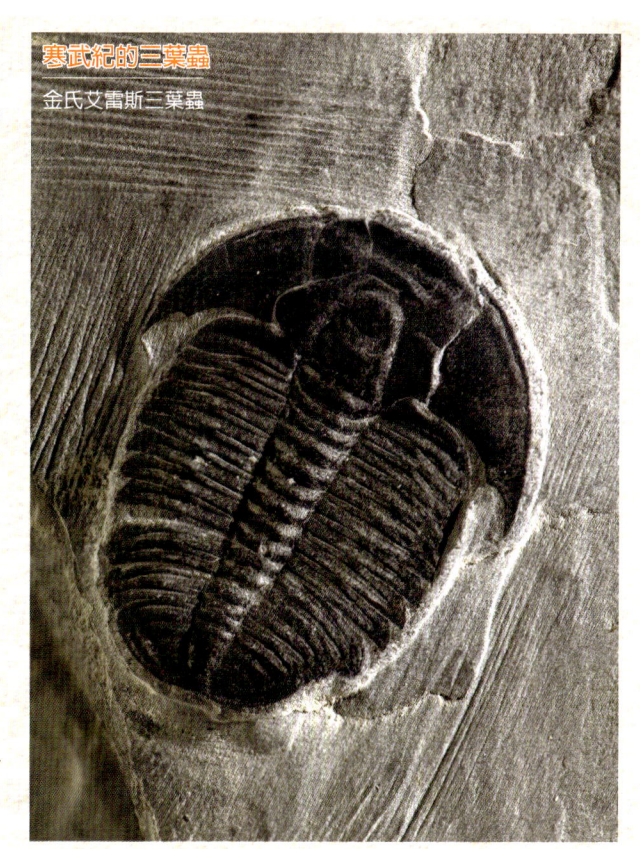

寒武紀的三葉蟲
金氏艾雷斯三葉蟲

奧陶紀的三葉蟲
歐尼爾

113

06 寒武紀大爆發與生物的多樣化

植物登陸

■為了追求陽光而來到陸地上

　　生命誕生於地球，據說是在約 40 億年前，但在那之後很長一段時間，生命主要只在海中活動。接著到了距今約 4 億 7500 萬年前的奧陶紀前期，發生了一件重大事件，那就是「植物登陸」。

　　當時登陸的據說是苔蘚類植物。已知目前最古老的陸生植物，是在約 4 億 2500 萬年前地層中發現的「頂囊蕨」，不過比它再早至少 5000 萬年前，植物就已經開始登陸了。

　　它們是行光合作用的綠色植物。為了更有效率地獲得陽光，植物逐漸從水中移動至淺灘，最終登上陸地。

孢子囊

古生代志留紀後期的其中一種頂囊蕨屬化石。
照片提供：福井縣立恐龍博物館

頂囊蕨的想像圖。高約 1 ～ 5cm，Y 字形分枝頂端的孢子囊裡塞滿了孢子，無根無葉是其特徵。

苔蘚植物是現存起源最久遠的陸生植物。

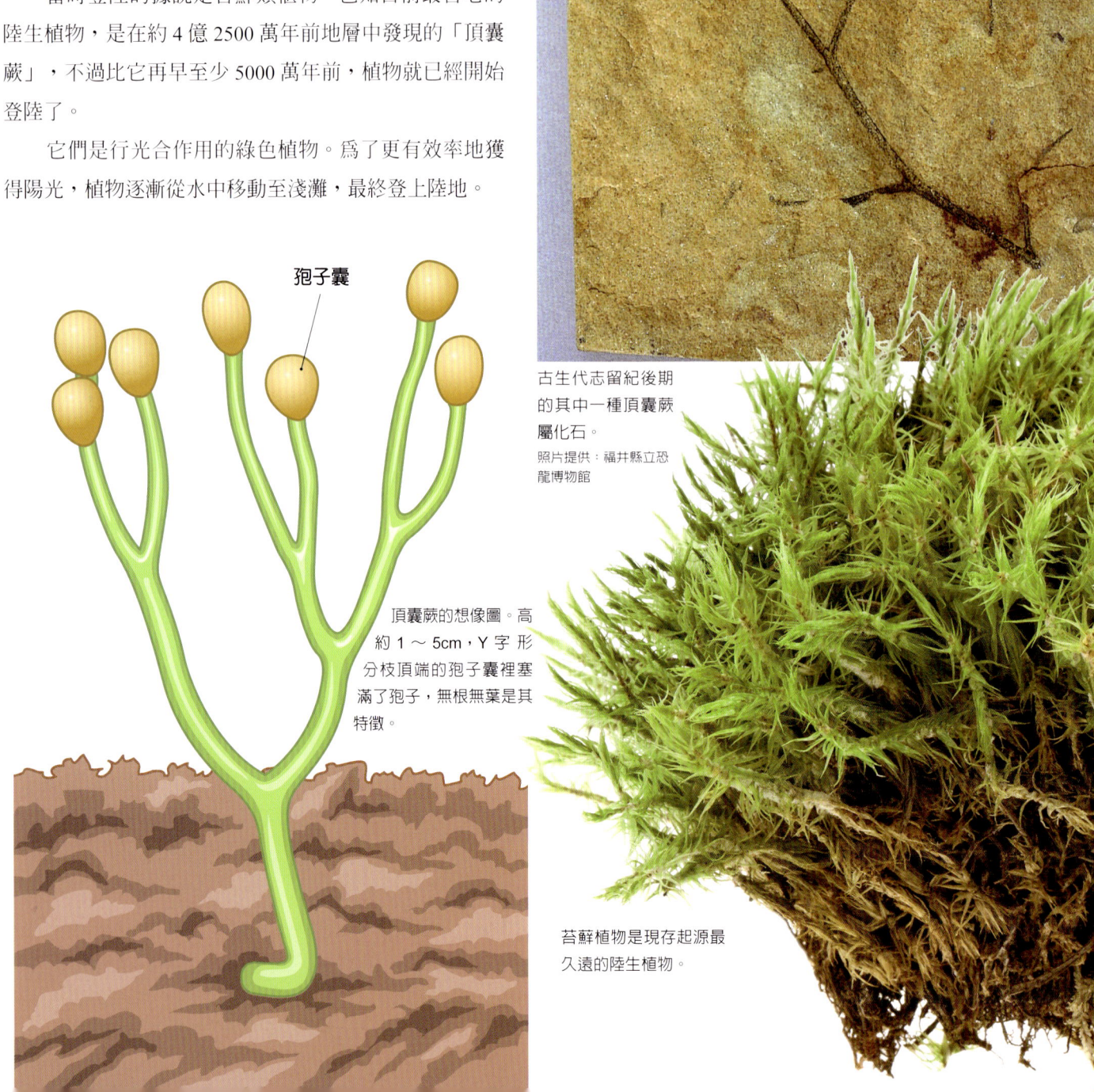

114

第 4 章 古生代

❻ 寒武紀大爆發與生物的多樣化

輪藻類的鞘毛藻。最早登陸的植物，經過 DNA 分析後發現，是淡水的輪藻類的近親。
照片提供：廣島大學 嶋村正樹氏

生物若要登陸，必須擁有能夠耐乾燥、抵抗重力的強健身體。事實上，陸生植物的細胞壁中含有一種水生植物所沒有的物質，稱為「木質素」。正因為有這種木質素，植物才得以發展出維管束（負責輸送水分與養分的通道）組織，運送水分。此外，木質素也強化了細胞壁，使植物能夠豎起自己的身體對抗重力。

早期的陸生植物雖然還無法離開水邊，但隨著它們逐漸適應乾燥環境，生存領域也拓展至內陸，形成大片森林。這些森林的出現增加了大氣中的氧，也成為動物登陸的重要契機。

115

06 寒武紀大爆發與生物的多樣化

魚類時代的到來

■成為海洋主宰者的魚類

魚類的起源很悠久，近年來在中國的澄江地層發現了魚類化石，我們因此得以回溯找出寒武紀大爆發的時間。只不過，在寒武紀出現的魚類都是體型弱小，而且還沒有演化出像現在的頜骨，因此食物局限於海底泥裡的有機物等，只能作為同時期出現的節肢動物旁的小型動物。

然而到了約 4 億 1600 萬年前的泥盆紀，魚類大多演化出了頜骨。泥盆紀之前的魚類類似現在的八目鰻，是無頜骨的「無頜類」，以及有鰭和棘刺的「棘魚類」。

開創魚類盛世的是泥盆紀的主流「盾皮魚類」。盾皮魚類的頭部與胸鰭基部有厚骨板，看起來就像穿了盔甲，因此也稱為「甲冑魚」。盾皮魚類能夠在生存競爭中勝出的一大關鍵，就是擁有「頜骨」。擁有頜骨，便

鄧氏魚（恐魚）

這是泥盆紀海洋中最受矚目的盾皮魚類，全長可達 6～10m，與現生種的大型魚「大白鯊」差不多，是古生代最大的水生動物，而且捕食很積極。

第 4 章 古生代

⑥ 寒武紀大爆發與生物的多樣化

■ 魚類的演化

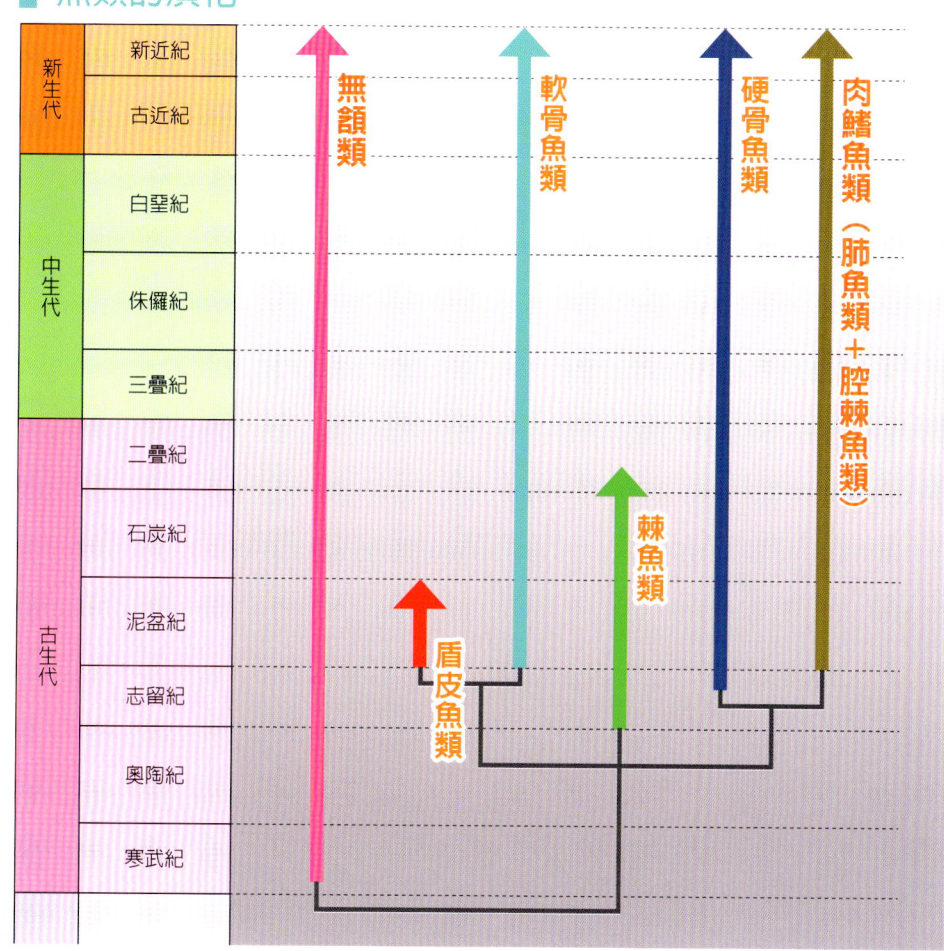

新生代	新近紀
	古近紀
中生代	白堊紀
	侏儸紀
	三疊紀
古生代	二疊紀
	石炭紀
	泥盆紀
	志留紀
	奧陶紀
	寒武紀

無頷類　軟骨魚類　硬骨魚類　肉鰭魚類（肺魚類＋腔棘魚類）

盾皮魚類　棘魚類

到了泥盆紀，有頷骨的魚類首次出現在地球史上，有眾多魚類化石出土，也因此泥盆紀稱為「魚類時代」。科學家也認為盾皮魚類恐怕是在泥盆紀後期發生的大滅絕（p.127）中絕跡。

無頷類：構造是軟骨，頭骨發育不全，沒有頷骨，口部是圓口且會吸附。
盾皮魚類：最早有頷骨的脊椎動物，其頭部和胸部有類似盔甲的堅硬骨板覆蓋。
棘魚類：有頷骨，魚鰭前方有骨頭突出形成的大棘刺。
軟骨魚類：骨骼由軟骨構成的魚類。現生種中的鯊魚、魟魚等屬於此類。
硬骨魚類：骨骼大部分是由硬骨構成。
肉鰭魚類：具有肉質魚鰭。現生種只有肺魚類和腔棘魚類屬於此類。

能發揮強大的咬合力，輕鬆捕食其他動物。至於頷骨的起源，目前眾說紛紜，有說是魚鰓演化而來，也有說是口腔的軟骨變化而來，總之至今尚未有定論。

在泥盆紀的海洋中，盾皮魚類具有壓倒性的優勢，根據出土的頭部化石推斷，其體型也大，有的全長甚至超過6公尺。不過到了泥盆紀晚期，軟骨魚類開始崛起，盾皮魚類逐漸消失。軟骨魚類是目前海洋生態系掠食者「鯊魚」的親戚。當時的「裂口鯊」據說擁有與現代鯊魚相似的流線形體型，適合捕食獵物，也就是說牠們在這個時期已經是生態系的上位者。

後來硬骨魚類取代軟骨魚類成為「海中之王」。硬骨魚類不只棲息在海洋，也逐漸進入河川、湖泊與水池等地球上的所有水域。現在，除了鯊魚和魟魚以外，幾乎所有的魚類都歸類為硬骨魚類。

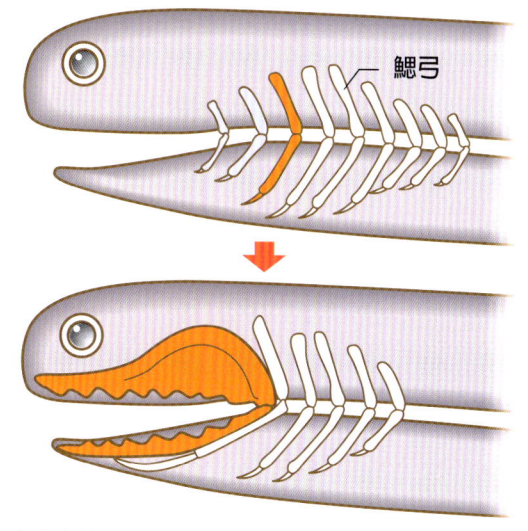

■ 下頷的發展

鰓弓

無頷魚的咽頭兩側，成對排列著支撐魚鰓的弓狀骨頭「鰓弓」，其中靠近前側的鰓弓逐漸向前突出，有說法認為，就是這一組鰓弓發展演化為頷骨。

117

06 寒武紀大爆發與生物的多樣化

動物登陸

肉鰭魚類的「真掌鰭魚」。擁有魚雷形的頭部與全身，以及細骨並排組成的魚鰭。

真掌鰭魚

可看到類似手腕的骨骼結構，只不過仍是魚鰭狀態。

肉鰭魚類的「提塔利克魚」。同時具有魚類與陸生動物的特徵。例如：身體雖然覆蓋堅硬的鱗片，仍有類似脖子的構造。

魚鰭裡有骨骼形成的軸。

提塔利克魚

→ 演化的過程

■ 從鰭到腳，開始步行

植物登陸之後過了大約 1 億年，脊椎動物的生活舞臺也開始從水中移動到陸地上，不過我們尚不清楚脊椎動物為何會離開習慣熟悉的海洋，登上陸地，只知道幾種可能的假說，如：「海洋生態系逐漸混亂」、「被更強的魚類趕走」、「為了覓食、找昆蟲」等。儘管還沒有找到決定性的證據，但有學者認為，部分魚類經歷了多次嘗試與失敗後，終於成功登上陸地。

從泥盆紀進入石炭紀時，最早的兩棲類誕生了。生活在水中的魚類，是如何變成兩棲類的呢？其關鍵就在於「腳」。在水中有浮力，可以抵消地球的重力，因此生物不需要考慮支撐自己身體的問題；但是到了陸地上，必須承受重力，需要能夠支撐身體的腳，魚類為了適應陸地生活，就必須將「鰭」轉變為「腳」。

在「肉鰭魚類」身上可以清楚看到從魚類變成兩棲類的徵兆。這類魚的魚鰭有堅固的骨骼為軸，四周附著肌肉。以「真掌鰭魚」為例，其胸鰭與腹鰭的基部有三根骨頭，與四足動物的肱骨等相似，骨頭的數量也相同。

第 4 章 古生代

❻ 寒武紀大爆發與生物的多樣化

魚石螈的化石在格陵蘭被發現。雖然只發現了後腳，但腳上有 7 根指頭。

原始的兩棲類「魚石螈」，體長約 1m，具有寬大的肋骨覆蓋胸部，保護內臟。科學家原本以為牠們是利用四肢左右扭動身體前進，但近來有各式各樣的假說出現，認為牠們是以前肢滑動，像划船一樣前進等。

魚石螈

另外一種同樣是肉鰭魚類的「提塔利克魚」，則擁有類似陸生動物手腕的可動關節。

此外，提到由鰭變成腳的最古老動物之一，就不得不提「棘被螈」。棘被螈有四條腿和槳形尾鰭，使用肺呼吸。不過儘管有腳，仍不足以支撐全身，因此推測其主要的生活場所還是在水中。

科學家認為能夠適應陸地生活的兩棲類是「魚石螈」。魚石螈的腳骨已經能夠穩定支撐身體，並發展出指（趾）骨，而且頭骨形狀也出現改變，脖子與肩膀有

五根指頭的手

兩棲類為了適應陸地生活，逐漸演化，也陸續形成人類等多數脊椎動物基本都有的手。

了明確的區別，這些都是陸生動物的特徵。脊椎動物就像這樣來到陸地上，隨著對重力的感受變強，骨骼也跟著改變，逐漸適應了陸地上的生活。

119

06 寒武紀大爆發與生物的多樣化

氧氣濃度是現在的 1.5 倍以上！

■ 巨木森林與昆蟲天堂

進入石炭紀後，北半球的勞倫大陸與南半球的岡瓦納大陸發生碰撞，形成超大陸「盤古大陸」。從這個時期起，陸地上開始出現巨木森林。目前確認最古老的樹木是出現在石炭紀後期的蕨類夥伴「古蕨（古羊齒）」。當時的植物多為巨型化的蕨類，在溼地中生長的鱗木等數量尤其多。鱗木具有運輸水分和養分的「維管束」構造，因此能夠成長為直徑 2 公尺、高達 20 公尺的巨木。

比脊椎動物早一步登上陸地的節肢動物，在這些巨木森林中演化成昆蟲，打造出昆蟲天堂。

昆蟲是最早獲得翅膀的生物。換言之，牠們不僅征服了陸地，甚至進軍天空。此外，石炭紀的大氣氧濃度高達 35%，也促成了昆蟲的巨型化。舉例來說，蜻蜓的親戚「巨脈蜻蜓」體長達 75 公分；另外還有類似馬陸的節肢動物「節胸蜈蚣」體長可達 2～3 公尺。

陸生植物的出現，也大幅改變了地球環境。陸地上的岩石受到風與水的作用，發生風化，逐漸粉碎，結果就是稱為「風化土層（或表岩屑）」的沉積層逐漸覆蓋地表，陸生植物在此扎根。風化土層有生物屍骸與腐爛食物留下的有機物與微生物，促成土壤的形成。

■ 約 3 億年前的氧濃度變遷

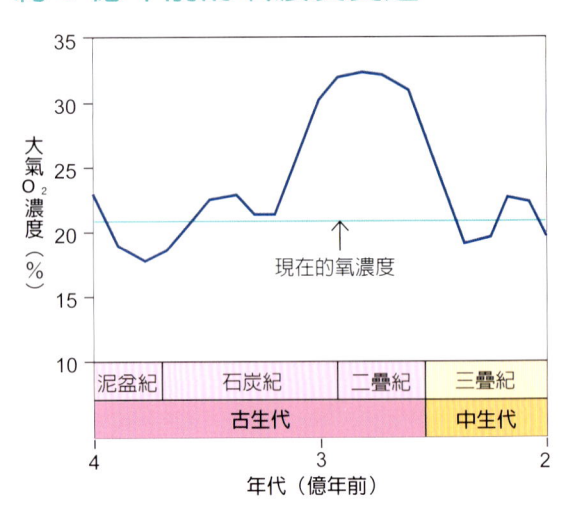

進入石炭紀後期，大氣的氧濃度上升至 35% 的程度，這個數字超過現在 21% 氧濃度的 1.5 倍。這張圖表示耶魯大學貝納教授（Robert Arbuckle Berner）推測的結果。

參考：「Berner, R.A. (2006) Geocimica et Cosmochimica Acta, 70, 5653-5664.」

土壤猶如海綿般會吸水，能夠儲存雨水等，於是，含二氧化碳的雨水與土壤裡的礦物發生反應，加快了溶解礦物的化學風化速度，即使在低溫環境下，也能消耗大量的二氧化碳，結果導致大氣中的二氧化碳濃度大幅下降，氣候轉冷，終於在約 3 億 3000 萬年前，岡瓦納大陸進入冰河期。

造成岡瓦納大陸進入冰河期的原因，除了土壤的影響之外，另一個關鍵就是溼地上形成的巨木森林。樹木或葉子枯死後，埋進溼地中，溼地潮溼，滯留的水阻斷了氧發揮作用，再加上陸生植物自行製造的木質素等有機化合物不易被微生物分解，枯樹、枯葉沒能被分解，就成為溼地的有機物留下，後來變成煤炭。有機物未分解，也就表示原本該在分解過程中釋放的二氧化碳無法進入大氣中，影響到大氣中的二氧化碳濃度在石炭紀後期降低，導致冰河期到來。

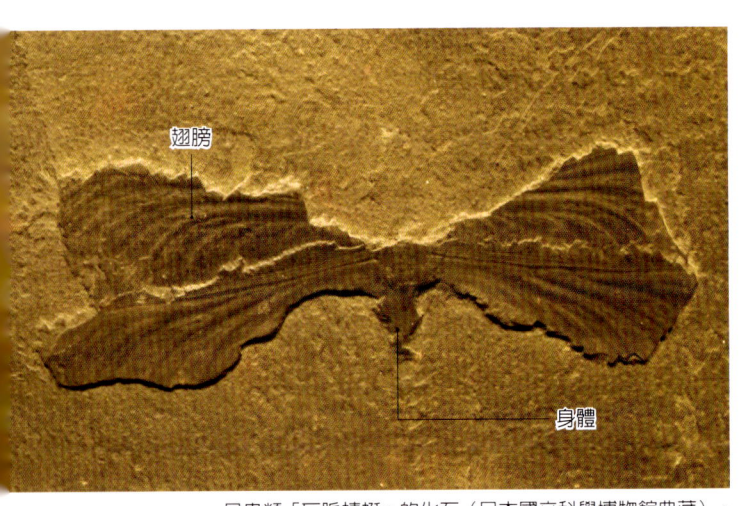

昆蟲類「巨脈蜻蜓」的化石（日本國立科學博物館典藏）。活躍於古生代石炭紀的蜻蜓近親，據說有的巨脈蜻蜓翅膀張開可達 75cm 長。

第 4 章 古生代

❻ 寒武紀大爆發與生物的多樣化

古蕨
也稱為「古羊齒」，是蕨類的夥伴，據說也是最古老的樹。在加拿大、美國均有發現化石。

06 寒武紀大爆發與生物的多樣化

二疊紀最活躍的哺乳動物早期祖先

■ **朝內陸發展的爬蟲類**

到了古生代石炭紀後期，大氣中的氧濃度異常升高，但進入二疊紀後，氧濃度節節下降。學者推測大氣中的氧濃度降低時，對動物產生了重大的影響。

這個時代的動物主角變成了爬蟲類。由於牠們獲得能在陸地上保護卵免於乾燥的「羊膜卵」，因此每次產卵時就不需要再回到河川或湖沼，棲息範圍也就得以拓展到大陸內部。

爬蟲類自石炭紀初期起率先出現「無弓類」，後來陸續出現「單弓類」、「雙弓類」等。其中，單弓類是哺乳類的祖先所屬。雙弓類則是恐龍、鱷魚、蜥蜴、蛇類等的祖先。

朝內陸發展的爬蟲類為了適應陸地生活，也逐漸改變了自己的身體構造。舉例來說，脊椎動物的祖先是魚類，所以登陸之初，四肢是從身體側邊伸出，採取匍匐在地的姿勢，也

■ **二疊紀的氧濃度變化**

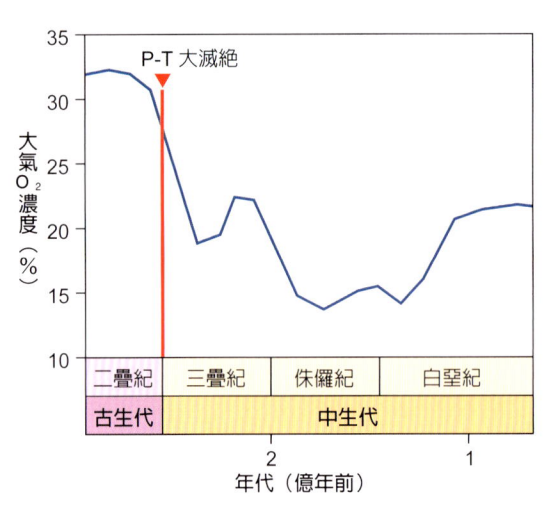

已知氧濃度在石炭紀後期出現異常上升，進入二疊紀之後逐漸下降。

參考「Berner, R.A. (2006) Geocimica et Cosmochimica Acta, 70, 5653-5664.」

在二疊紀初期的生態系中，頂端捕食者除了單弓類之外，還有兩棲類，如：引鱷。

第 4 章 古生代

因此走路或跑步時的身體扭動，造成肺臟受到壓迫，無法一邊跑一邊呼吸，結果只能緩慢移動。

不過單弓類解決了這個生理問題，牠們的腳演化到身體下方，減輕對肺臟的壓迫。另外，為了減輕沉重的頭骨重量，單弓類與雙弓類的頭骨上都有孔。雙弓類後來成為恐龍等動物，但其在二疊紀期間並沒有多樣化或大型化，依然保持著小型蜥蜴的外型。

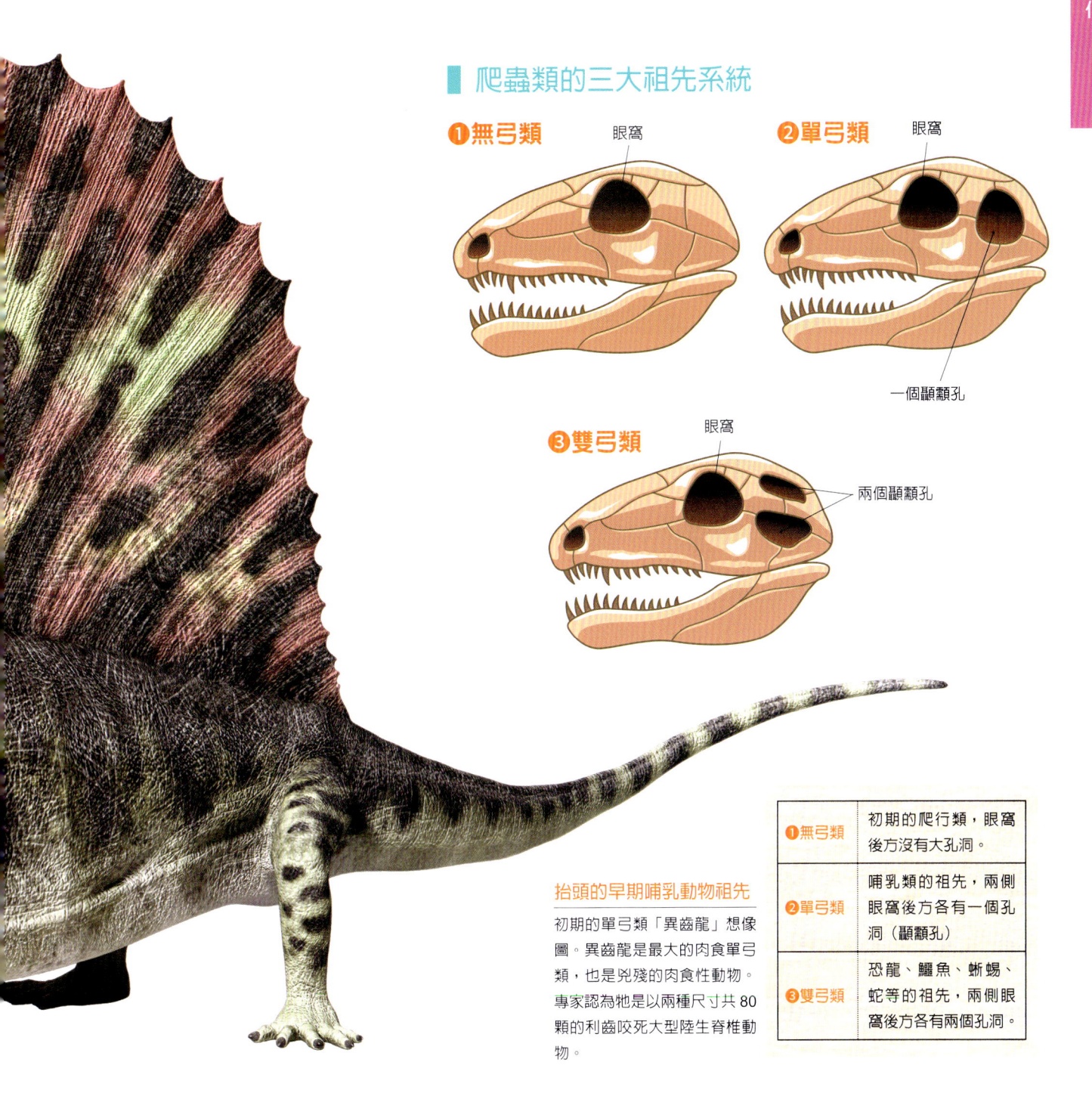

爬蟲類的三大祖先系統

❶ 無弓類　眼窩

❷ 單弓類　眼窩　一個顳顬孔

❸ 雙弓類　眼窩　兩個顳顬孔

抬頭的早期哺乳動物祖先

初期的單弓類「異齒龍」想像圖。異齒龍是最大的肉食單弓類，也是兇殘的肉食性動物。專家認為牠是以兩種尺寸共 80 顆的利齒咬死大型陸生脊椎動物。

❶ 無弓類	初期的爬行類，眼窩後方沒有大孔洞。
❷ 單弓類	哺乳類的祖先，兩側眼窩後方各有一個孔洞（顳顬孔）
❸ 雙弓類	恐龍、鱷魚、蜥蜴、蛇等的祖先，兩側眼窩後方各有兩個孔洞。

❻ 寒武紀大爆發與生物的多樣化

第 4 章 古生代

07 史上最大的大滅絕

超過 90% 的生物物種從地球上消失

大約 2 億 5000 萬年前，地球上的大多數生物因為某種原因滅絕，這件事發生在二疊紀（Permiam）與三疊紀（Trriassic）之交，因此稱為「二疊紀 — 三疊紀滅絕事件」或「二疊紀末期滅絕」，以下簡稱「**P-T 大滅絕**」。

地球各地發生大規模的火山爆發，噴出的岩漿或許也形成了柱狀節理。

固定生活在海中的生物、低緯度動物物種消失得特別多

P-T大滅絕過後,出現在三疊紀初期的「水龍獸」。牠的祖先是 p.122 介紹的單弓類,學者認為牠熬過 P-T大滅絕演化了

❼ 史上最大的大滅絕

125

07 史上最大的大滅絕

大滅絕是指？

■過去曾發生過 5 次大滅絕

地球上的生物物種為了適應環境而演化，也有些因無法適應而滅絕。但是，有時也會因為跟不上地球的巨變，導致大量的生物物種同時消失，這就稱為「大滅絕」。

在過去 5 億 4200 萬年的顯生宙中，已知發生過 5 次大滅絕，第一次是在距今約 4 億 4000 萬年前的奧陶紀末期；當時因為冰河擴張與退縮，導致海平面下降與上升，結果讓棲息在淺海海底的三葉蟲、腕足動物、外肛動物、造礁珊瑚等許多生物滅絕了。

古生代石炭紀的「巨集屬海百合」化石。出土於美國印地安納州。海百合的夥伴。
照片提供：福井縣立恐龍博物館

瓦氏珊瑚的化石。珊瑚的夥伴，滅絕於古生代二疊紀末。
照片提供：福井縣立恐龍博物館

菊石的化石。古生代型菊石約在「P-T 界線」附近滅絕，也有些「屬」後來繼續生存，卻還是在「K-Pg 大滅絕」中完全消失。

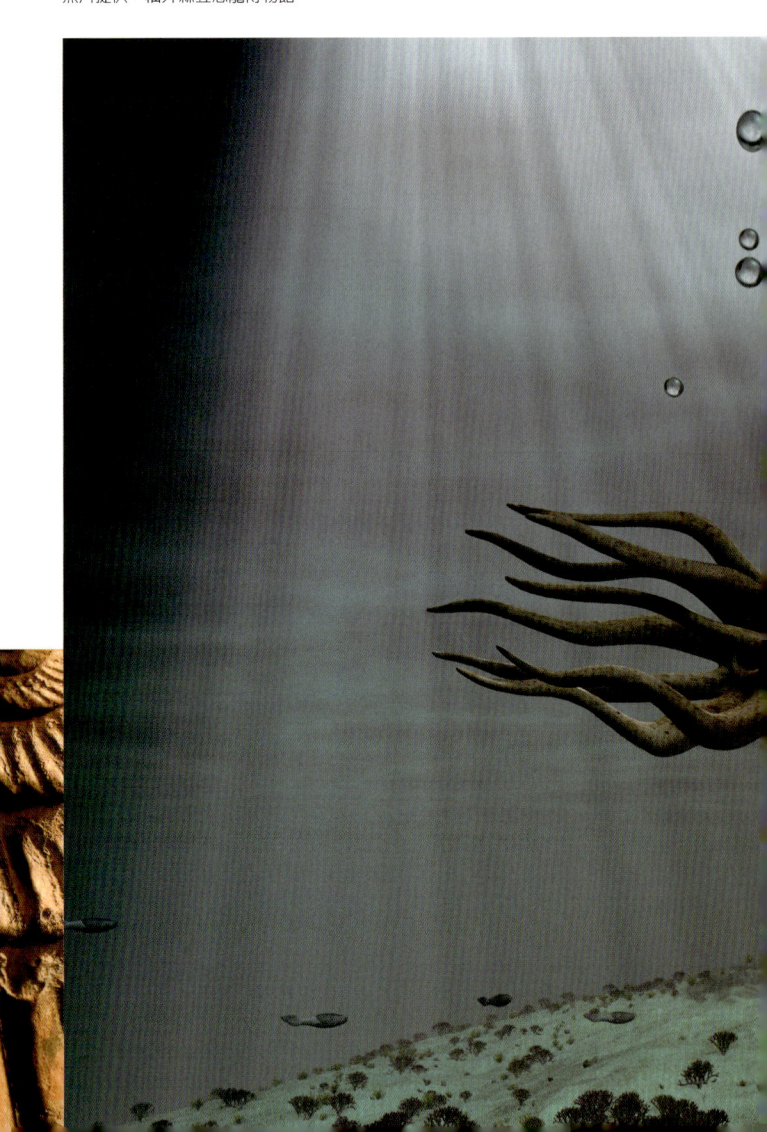

第 4 章 古生代

❼ 史上最大的大滅絕

■ 生物多樣性的變化

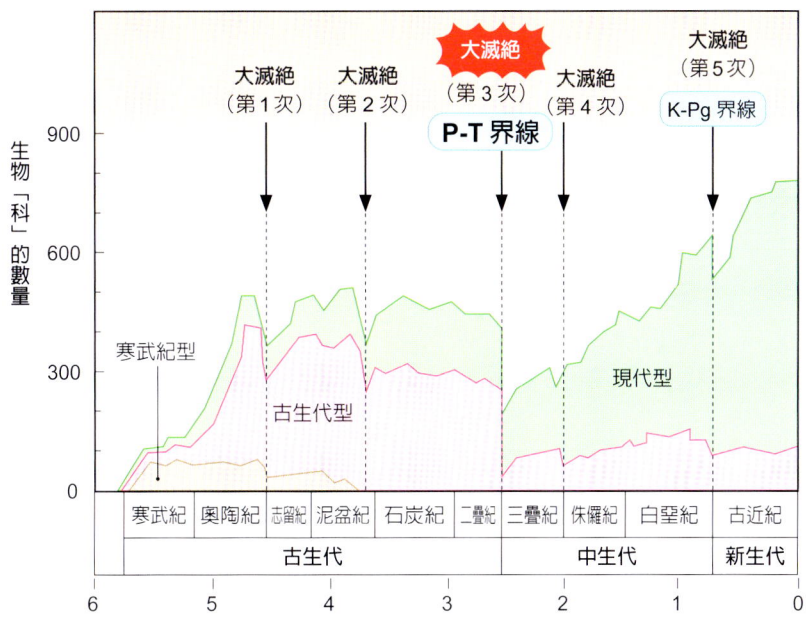

顯生宙發生過 5 次大滅絕，其中在「P-T 大滅絕」期間，約減少了 50％「科」等級的生物。順便補充一點，顯生宙的生物根據年代分為寒武紀型、古生代型、現代型三種。

菊石在海中游泳的想像圖。約 4 億年前出現的菊石多產目群居，殼的形狀和大小也形形色色，經常用來推測地層年代。

　　第二次大滅絕發生在約 3 億 7000 萬年前的泥盆紀晚期。當時海水裡的氧濃度下降，發生「海洋無氧事件」，導致大量海洋生物滅絕。

　　接下來，第三次大滅絕發生於約 2 億 5000 萬年前的二疊紀與三疊紀之間，取二疊紀與三疊紀的英文字首稱為「P-T 大滅絕」。這次大滅絕是五次之中規模最大的一次，據估計有超過 70％ 的陸生生物和 90％ 的海洋生物消失。當時西伯利亞發生了大規模火山活動，同時也出現最大規模的海洋無氧事件。

　　第四次大滅絕發生於約 2 億 1000 萬年前的三疊紀與侏羅紀之交（T-J 大滅絕）。第五次則是在約 6550 萬年前的白堊紀與古近紀之交（K-Pg 大滅絕）（p.150），掌握陸生生物霸權的大型恐龍就是在此時滅絕。

127

07 史上最大的大滅絕

滅絕原因是地函熱柱造成的火山噴發？

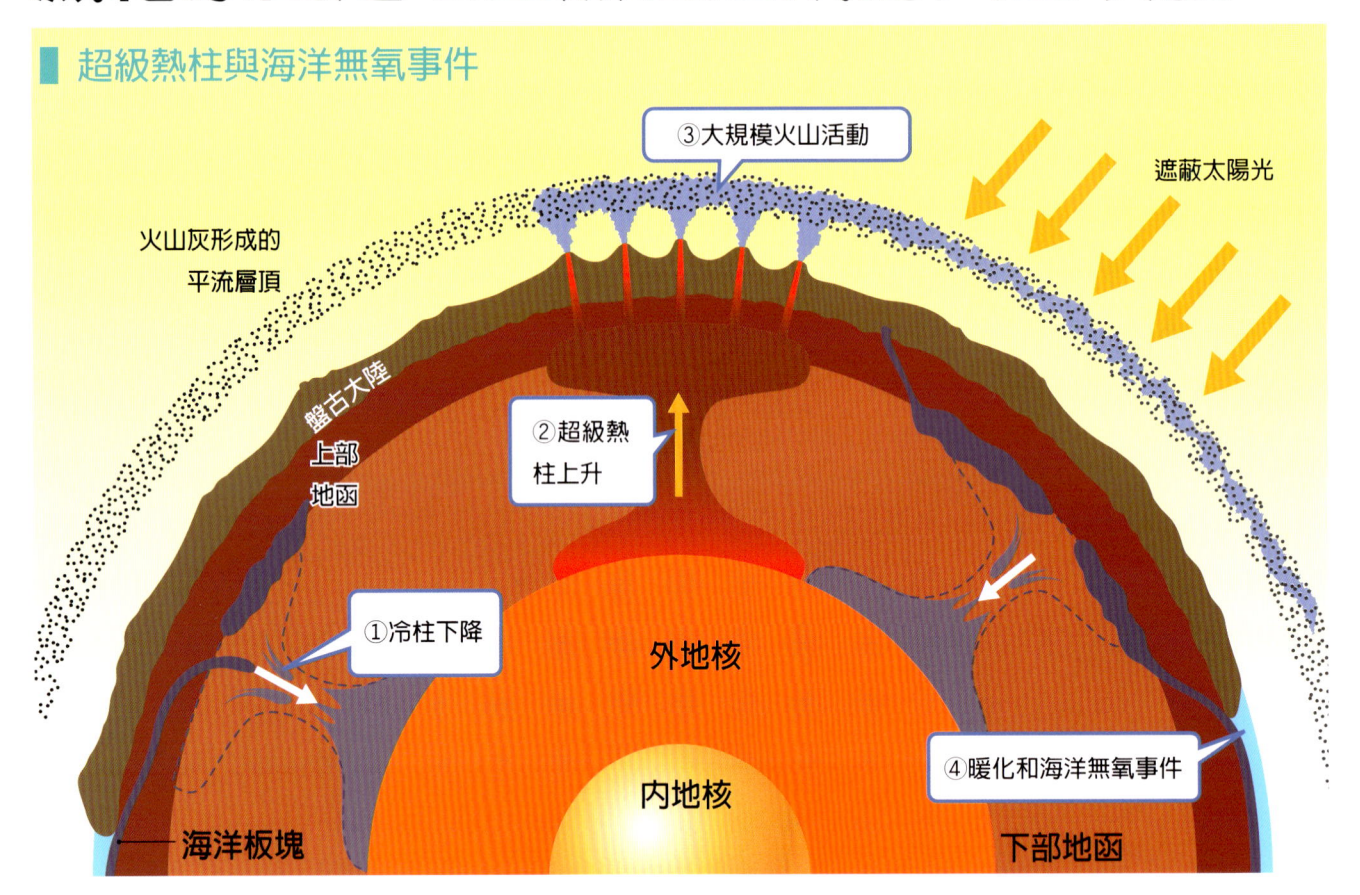

▌超級熱柱與海洋無氧事件

③大規模火山活動
遮蔽太陽光
火山灰形成的平流層頂
盤古大陸
上部地函
②超級熱柱上升
①冷柱下降
外地核
內地核
海洋板塊
④暖化和海洋無氧事件
下部地函

❶冷柱下降
海洋板塊在超大陸周圍下沉，形成巨大的冷柱。

❷超級熱柱上升
被冷柱推擠出去，形成超級熱柱發生。

❸大規模火山活動
超級熱柱上升抵達地表，噴出大量的熔岩。

❹暖化和海洋無氧事件
或許是激烈的火山活動釋出的火山灰與氣溶膠遮蔽了陽光，導致地表的植物停止光合作用，再加上火山氣體中含有大量二氧化碳，造成地球暖化，海底的甲烷氣水包合物（以下簡稱「可燃冰」）大量分解，引發海洋無氧事件。多數生物物種可能因為缺氧而滅絕。

▌地球內部活動與大滅絕

地球上的生命在過去 5 億 4200 萬年之間，經歷過五次大滅絕。大滅絕的直接原因與小行星碰撞、海洋無氧事件有關，但後者似乎與地球內部的活動密切相關。

舉例來說，地球史上最大規模的「P-T 大滅絕」，其原因可追溯至超大陸「盤古大陸」的誕生。這個超大陸是在約 2 億 5000 萬年前，由數個大陸彼此碰撞產生。廣闊的大陸四周形成了大陸板塊與海洋板塊的交界，冷且重的海洋板塊在此下沉隱沒。

下沉的海洋板塊成為冷柱（cold plume）沉入地函底部，產生下沉流，為了保持平衡，地函裡就會產生上升流，也就是熱柱。學者認為在「P-T 大滅絕」時出現了直徑達 1000 公里的巨型「超級熱柱」。這個超級熱柱衝撞

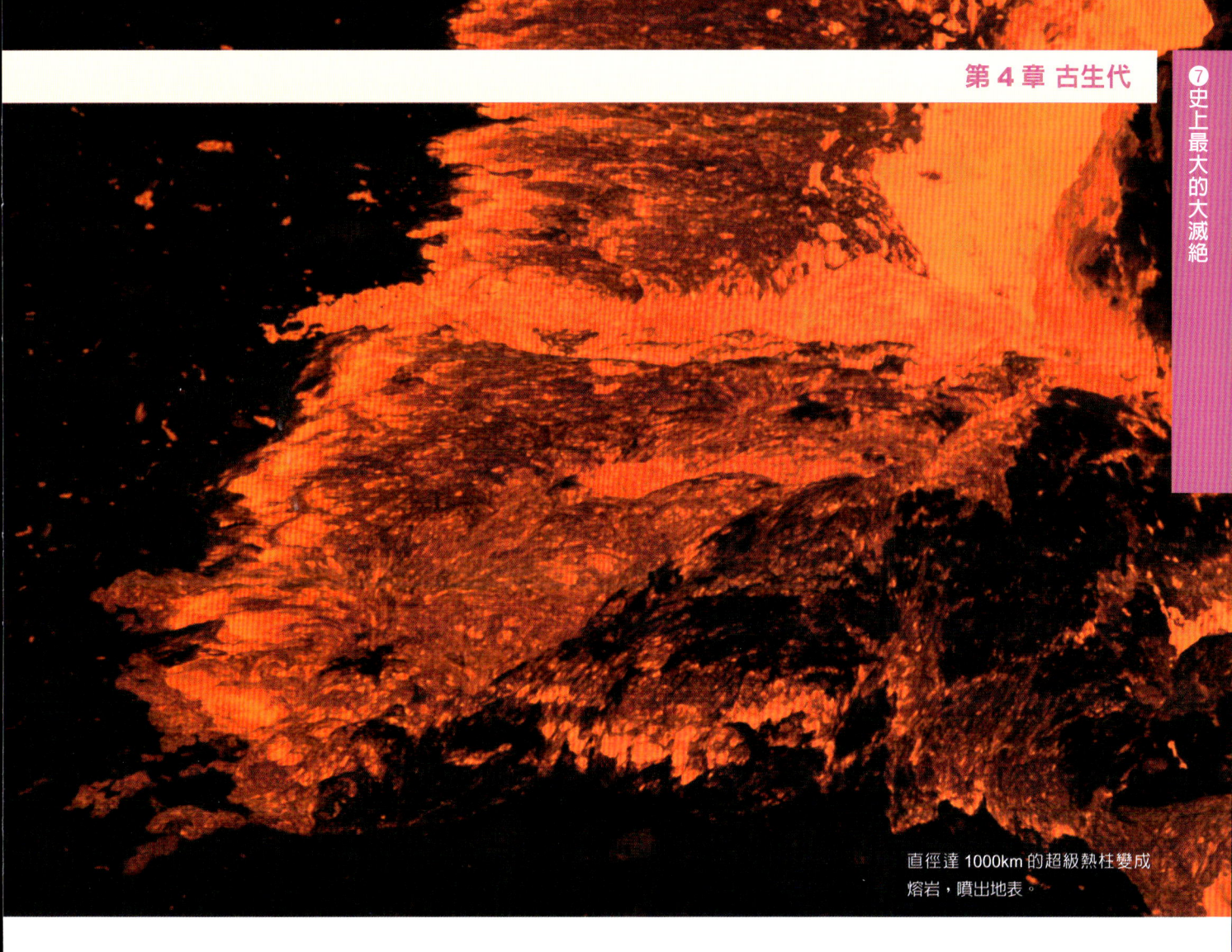

第 4 章 古生代

史上最大的大滅絕

直徑達 1000km 的超級熱柱變成熔岩，噴出地表。

盤古大陸的東部，噴發大量的熔岩，成為分裂大陸的原動力。

　　結果造成了大量的火山灰與氣溶膠（漂浮在大氣中的微粒）釋放到大氣中，遮蔽陽光。此外，火山氣體中的二氧化碳蓄積在大氣中引起的溫室效應，也導致地球暖化。海底的可燃冰（含甲烷的水）因為暖化而分解，釋放出大量的甲烷，進而引發「海洋無氧事件」。

學者認為生物大滅絕的發生，或許正是這一連串的事件所導致。

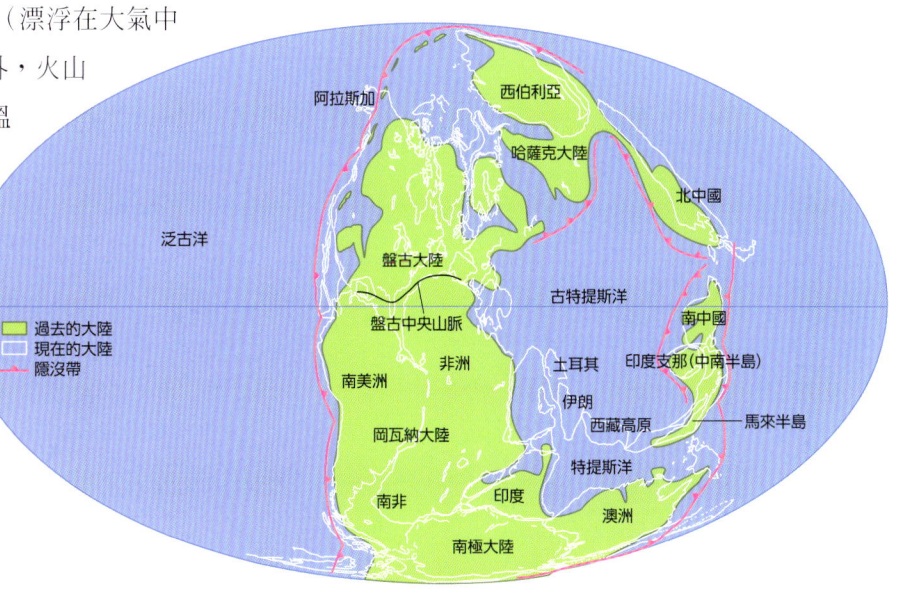

▎盤古大陸

約 2 億 5000 萬年前，由勞倫大陸、波羅的大陸等接二連三碰撞形成的超大陸。「盤古」來自希臘文，意思是「所有大陸」，由韋格納命名。

阿拉斯加　西伯利亞　哈薩克大陸　北中國　泛古洋　盤古大陸　古特提斯洋　南中國　盤古中央山脈　印度支那（中南半島）　南美洲　非洲　土耳其　伊朗　西藏高原　馬來半島　岡瓦納大陸　特提斯洋　南非　印度　澳洲　南極大陸

■ 過去的大陸
□ 現在的大陸
— 隱沒帶

07 史上最大的大滅絕
火山噴發在西伯利亞留下的巨大爪痕

層疊的水平線是熔岩多次流動又凝固形成。

■ **P-T 大滅絕是由西伯利亞開始的？**

從北極圈到北緯 50 度的貝加爾湖附近，這片廣大的中部西伯利亞高原台地，是由「玄武岩」覆蓋。

這是與一般火山活動完全不同的大規模噴出熔岩凝固形成，稱為「西伯利亞洪水玄武岩」。

據調查顯示，這些岩石的形成年代非常靠近 P-T 界線，也就是約 2 億 5000 萬年前。換句話說，西伯利亞發生的大規模噴發，很可能正是引發 P-T 大滅絕的導火線。

儘管我們無法確定當時的火山活動持續了多久，不過可以推測有高達 400 萬立方公里的熔岩流出，覆蓋了整個西伯利亞。由於噴出的熔岩黏性低，所以如洪水般地從火山口擴散。

第 4 章 古生代

史上最大的大滅絕

調查顯示，約 2.5 億年前，以中部西伯利亞高原為中心，發生大規模的火山爆發，形成洪水玄武岩層。

中部西伯利亞高原
諾里爾斯克
莫斯科

大河流動在冰河過去造成的 U 形河谷。河岸的岩壁和谷底都是玄武岩。

> **Topics**
>
> ### 什麼是可燃冰（甲烷氣水包合物）？
>
> 甲烷是冰狀的結晶體，具有被水分子包裹的構造，稱為冰狀結晶體。與石油、煤炭相比，其燃燒時排放的二氧化碳較少，因此成為備受矚目的新能源。由於只有在低溫高壓的條件下才能維持固態，因此只能存在於 500m 以下的深海或永凍土層中。有說法認為，一旦海水溫度升高，甲烷將會融化、釋放到大氣中，使全球暖化更加惡化。

　　學者認為火山噴發從一條裂縫開始，蔓延到整個西伯利亞，同時還有大量的二氧化碳釋放到大氣中，急速引發了地球暖化。

　　此外，也有證據顯示，這場暖化使海水溫度上升，融化了沉睡於海底的可燃冰，因此，比二氧化碳更強的溫室效應氣體「甲烷」大量釋放到大氣中，更進一步加速了地球暖化。專家分析 P-T 大滅絕時期的地層後估計，當時有相當於現在總蘊藏量 30％的可燃冰分解。

　　這場超級暖化引起「海洋無氧事件」，導致不僅是陸地上，就連海洋中的眾多生物都無法存活，因此大量滅絕。

第 5 章 中生代

08 恐龍時代的到來

稱霸地球的最強生物

在 P-T 大滅絕發生後，生命似乎一度消失，但是到了三疊紀後期，大型爬蟲類「恐龍」登場了。牠們有了各式各樣的演化，登上生態系的頂點，事實上恐龍主宰地球長達 1 億數千萬年，牠們究竟是如何發展得如此繁盛呢？

白堊紀後期的想像圖。恐龍變得更多樣化，開花植物也開始多樣化。

副櫛龍
白堊紀的鳥腳類植食性動物。頭部有管狀的冠飾。

初期的哺乳類
白堊紀初期的哺乳類「始祖獸」。與老鼠差不多大，有胎盤，其學名的意思是「黎明期之母」。

樹蕨
蕨類和蘇鐵從三疊紀開始有了更多的變化。

| 冥古宙 | 太古宙 | 元古宙 | **顯生宙** | ≪Chronological table |

| | 古生代 | **中生代** | 新生代 |
| 寒武紀 | 奧陶紀 | 志留紀 | 泥盆紀 | 石炭紀 | 二疊紀 | **三疊紀** | **侏儸紀** | **白堊紀** |

⑧ 恐龍時代的到來

風神翼龍
翼長約 12m 的翼龍類，也是史上最大的飛行動物。牠們是兇猛的獵人，似乎也吃恐龍和其他脊椎動物。

暴龍
白堊紀獸腳類的肉食性動物，是積極的掠食者，但關於牠們是否吃屍體的討論意見分歧。

南洋杉

三角龍
白堊紀的鳥腳類恐龍，有大型頸飾（頭盾）和兩根額頭巨角，鼻子也有短角。標本上還留下暴龍的咬痕。

初期的花（草本類）

08 恐龍時代的到來
大滅絕後的三疊紀世界

■一口氣替換掉的生物們

P-T 大滅絕是劃分古生代與中生代的重大事件，當時原本的生物消失，新的生物接連替代登場。不過我們目前還不清楚陸地與海洋環境是經過了多少時間、如何恢復的。

在海中，大半的腕足動物（具有兩片殼的無脊椎動物）和三葉蟲消失，取而代之的是持續存活到今日的雙殼類、石珊瑚類（包含多數的造礁珊瑚）等出現。

此外，菊石和鸚鵡螺的新種也迅速增加，成為活躍的掠食者。特別是菊石，在所有已知種類中，有三分之一是在三疊紀出現。

三疊紀出現的動物們，與之前存在的古生代動物相比，外觀與行為完全不同。帶來這種變化的原因可能是「低氧」的環境。

在陸地上，水龍獸等單弓類（p.122）的祖先成功撐過 P-T 大滅絕後演化，在世界各地發展得欣欣向榮，但後來逐漸被恐龍等大型生物取代。此外，還有各種爬蟲類、初期哺乳類等各式各樣的生物出現，爭奪下一個生物界的霸權。

其中勢力特別壯大的，是分化成蜥臀類與鳥臀類的爬蟲類「恐龍」（p.140）。牠們從三疊紀中期左右開始多樣化，到侏羅紀時便掌握了霸權。

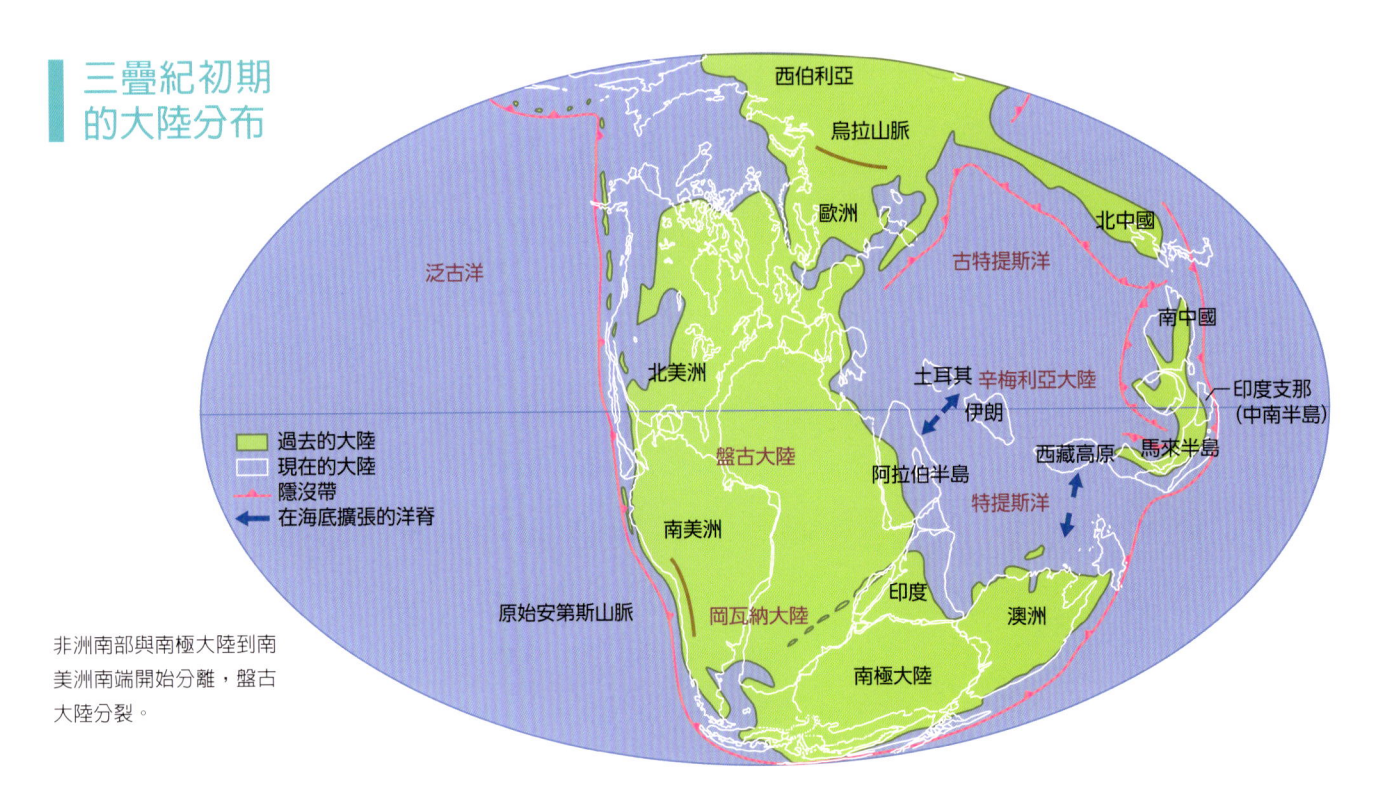

瑞士提契諾邦南部的聖喬治山，因水生爬蟲類、菊石類等珍貴化石群出土而受到矚目。

三疊紀初期的大陸分布

非洲南部與南極大陸到南美洲南端開始分離，盤古大陸分裂。

第 5 章 中生代

❽恐龍時代的到來

菊石活躍於古生代到中生代白堊紀這段期間的海洋裡。三疊紀的主流菊石「齒菊石」在三疊紀末期滅絕。

幾乎所有的菊石都在三疊紀末期滅絕了,但少數倖存下來的種類,讓菊石在侏羅紀以後大幅發展。照片中是現生種的鸚鵡螺,一般認為牠與菊石相近。

水龍獸是 P-T 大滅絕倖存的祖先演化而來的單弓類植食性動物。體長約為 1m,體型渾圓。在非洲、中國、歐洲、俄羅斯、南極大陸等世界各地都有發現其化石。

亞利桑那州北部的「化石森林」國家公園有許多三疊紀杉樹、松樹變來的矽化木(又稱木化石,就是植物的化石)。

可能是恐龍食物的蘇鐵類,據說在三疊紀到白堊紀前期很繁榮。

135

08 恐龍時代的到來

氧濃度極低的侏儸紀

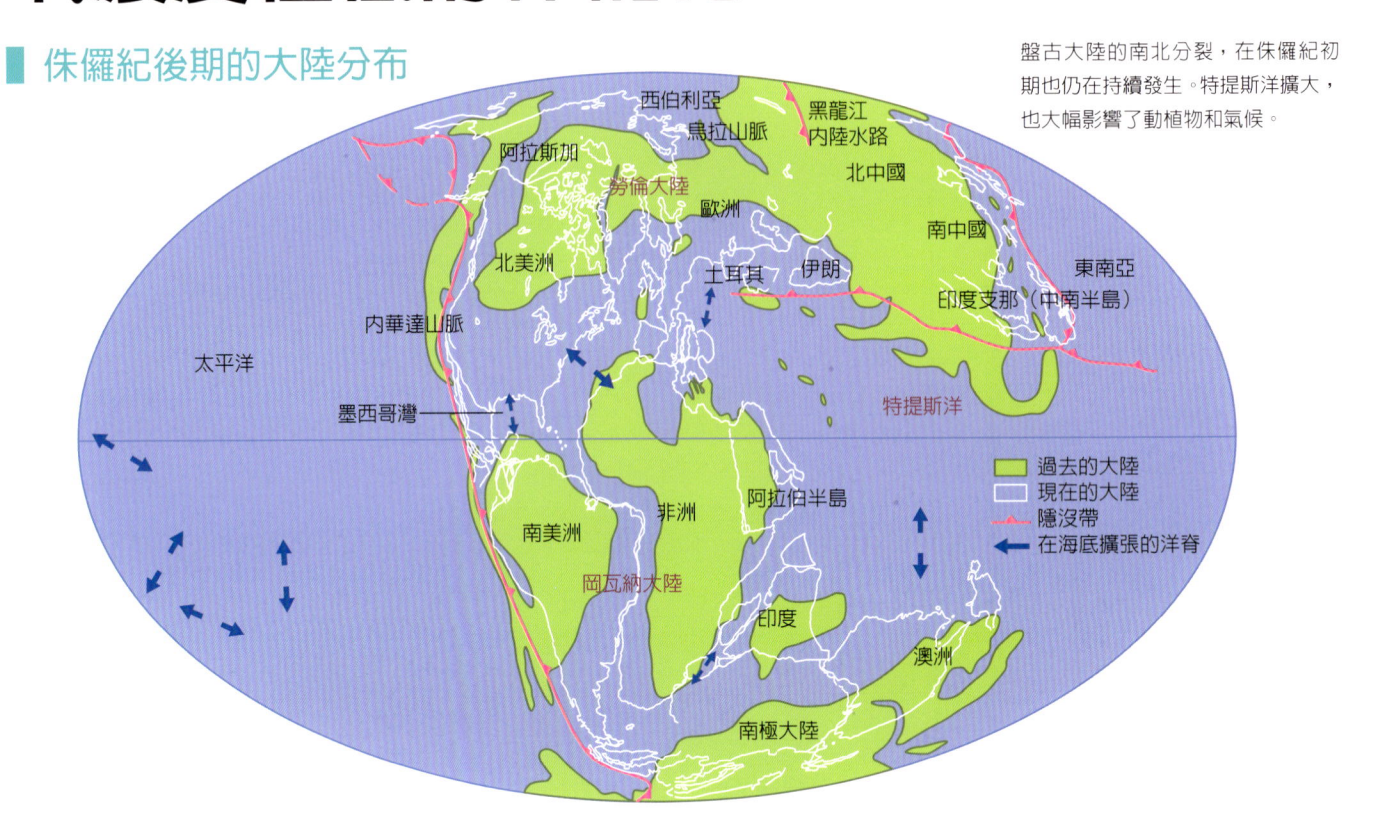

■ 侏儸紀後期的大陸分布

盤古大陸的南北分裂，在侏儸紀初期也仍在持續發生。特提斯洋擴大，也大幅影響了動植物和氣候。

■ 從低氧時代倖存的生物們

　　大氣中的氧濃度可能在 P-T 大滅絕時也降低了。下降的氧濃度，儘管在進入三疊紀後曾經一度恢復，但從三疊紀末期到侏羅紀這段期間，又再次轉為減少。據說這種低氧狀態一直持續到侏羅紀末期，而且這段時期的大氣氧濃度僅有 13～15％左右，只有現在的 60～70%（三分之二），是極為異常的狀態，彷彿整個地球都處於海拔約 3700 公尺的富士山山頂般。

　　許多動物賴以維生的氧減少到這種程度，活動就會受到相當的限制，這無疑成為了攸關生死的問題。為了在這樣的環境中留下後代，生物使出各種看家本領努力活下來。

　　另外，在侏儸紀初期，盤古大陸南北分裂，分成了勞倫大陸（北部）和岡瓦納大陸（南部），特提斯洋也

據說恐龍獲得可在低氧環境呼吸的氣囊系統，因此能夠在低氧時代倖存。

擴大了。海洋中出現有石灰質外殼的浮游生物，製造出沉積物。大量的石灰岩在現在的法國與瑞士國境上形成侏羅山脈，這正是侏羅紀名稱的由來。

第 5 章 中生代

⑧ 恐龍時代的到來

■ 氧氣分壓的高度分布

圖中縱軸為高度（km），從0到8；橫軸為氧等級（假設現在的地表為1時），從0.3到1.0。中生代侏儸紀對應氧等級約0.6～0.7。

侏儸紀時，海拔 0m 的氧等級相當於現在的 3000～4000m 高空。

氧濃度的變遷與森林燃燒的條件有關。空氣中的氧濃度必須達到約 13～15％ 以上，植物才能燃燒。也就是說，在留有森林火災痕跡的侏羅紀，大氣中的氧濃度基本上應該滿足森林燃燒的條件。

銀杏葉的祖先「胡頓銀杏」的化石，在英格蘭出土的中生代侏儸紀產物。

照片提供：福井縣立恐龍博物館

美國猶他州錫安國家公園裡的侏儸紀時代沙丘遺跡。

137

08 恐龍時代的到來

低氧環境促使呼吸系統演化

■ **恐龍獲得高效率的呼吸系統**

三疊紀後期到侏羅紀期間，氧濃度異常低下，但恐龍為何沒有絕種呢？學者認為這是因為恐龍讓自己的身體適應了低氧環境。

大多數的陸生生物是利用肺呼吸攝取氧氣。以人類為例，我們是透過橫膈膜擴張與收縮肺臟，進行腹式呼吸，吸入氧氣，排出二氧化碳。但也有些生物的呼吸系統與我們不同，那就是鳥類。

舉例來說，攀登海拔 5000～8000 公尺的喜馬拉雅山脈時，因為空氣稀薄、容易缺氧，所以一般人需要準備氧氣瓶，但是「蓑羽鶴」能夠在喜馬拉雅山脈的高度飛行，即使不攜帶氧氣瓶，也能輕鬆飛越高山。為什麼會這樣呢？因為鳥類擁有獨特的呼吸系統 ——「氣囊」，使得牠們能在氧氣稀薄的環境中活動。

在鳥類體內的肺部前後，有個稱為「氣囊」的袋子。空氣先進入肺後方的氣囊（後氣囊），再送入肺部，接著送往前方的氣囊（前氣囊）。空氣在這個過程中會朝著同一個方向流動，所以二氧化碳與氧氣不會混合。因此擁有氣囊的鳥類，能比哺乳類更有效率地呼吸，即使在氧氣稀薄的高空環境中也能活動。

近年來，科學家發現鳥類是恐龍的其中一個分支，也就是說，中生代的非鳥類恐龍應該也有氣囊。

鳥類為了能夠將大大膨脹的氣囊裝進小小的身體裡，甚至連骨骼都是空心的，而且氣囊與空心骨頭是一對一的對應關係。事實上恐龍的骨頭也有類似的空心，不過深入調查恐龍之中的鳥類祖先，也就是獸腳類之一的「瑪君龍」骨骼構造後發現，也存在著同樣的一對一對應關係。

由此可知，飛翔在天空中的鳥類繼承高效率呼吸系統「氣囊」，很可能是來自祖先恐龍，而這也或許是牠們能夠安然度過侏羅紀超低氧環境的關鍵。

■ **鳥類與人類的呼吸**

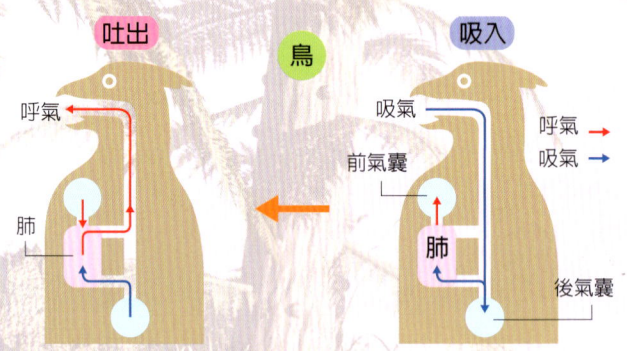

吸入的空氣停留在後氣囊，吐出時把氧氣送進肺，因此攝取氧氣的效率比人類更好。

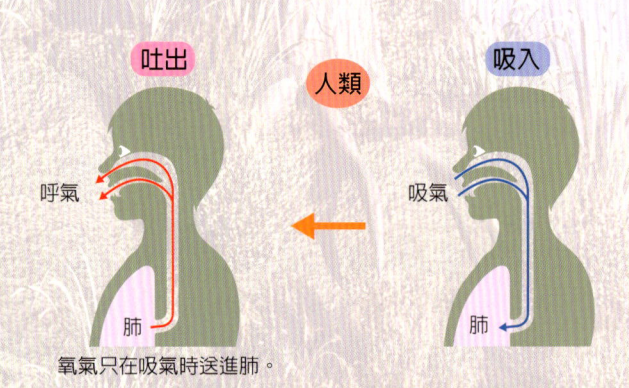

氧氣只在吸氣時送進肺。

第 5 章 中生代

最古老的鳥類「始祖鳥」。雖然分類在獸腳類（p.140），但目前還不清楚始祖鳥是否有氣囊系統。

蓑羽鶴（右）。已知可利用有效率的氣囊呼吸，飛越喜馬拉雅山脈等高山。

08 恐龍時代的到來

分成兩大類的恐龍

■ **外型多樣化的恐龍們**

　　三疊紀後期登場的巨大爬蟲類——恐龍，主宰陸地長達1億數千萬年以上。雖然三疊紀晚期也發生過大滅絕，恐龍卻成功挺過並繼續活躍。有一說認為，三疊紀末的大滅絕是氧氣不足所導致。恐龍之所以能夠倖存，或許是因為牠們擁有氣囊系統，能夠更有效率地攝取稀薄的氧氣。

　　歷經多樣化發展的恐龍族群，大致可分為「蜥臀類」

恐龍系統圖　大型恐龍在白堊紀末期滅絕，只剩下現在鳥類祖先的部分獸腳類系統。

蜥腳形類（p.144）
頭小，有長頸和長尾的植食性恐龍。多半體型巨大，有二足步行的種類，也有四足步行的種類。

獸腳類（p.142）
二足步行的肉食恐龍，多數有尖牙。從雞的大小，到13m長的恐龍都有。

暴龍　　　　　　腕龍

髂骨下方的恥骨朝前。擁有類似蜥蜴、鱷魚的骨盆。

髂骨　坐骨　恥骨

蜥臀類

恐龍類

第 5 章 中生代

❽ 恐龍時代的到來

與「鳥臀類」。

蜥臀類的恐龍，是擁有類似蜥蜴骨盆構造的一群，根據腳形又可細分為「獸腳類」與「蜥腳形類」。獸腳類包括異特龍、暴龍等。科學家發現鳥類是獸腳類的其中一個分支；蜥腳形類則是大型植食性動物，以腕龍等為代表。

至於鳥臀類，則擁有鳥類骨盆，其應用範圍比蜥臀類更廣。鳥臀類包括了二足步行的乖巧植食性鳥腳類、背上有獨特板狀突出物的四足步行劍龍類、身披盔甲的甲龍類，以及頭有大角、在白堊紀後期出現的頭飾龍類等。

副櫛龍

裝甲類（p.146）
背上有盔甲狀或板狀骨甲的植食性恐龍。分為劍龍類和甲龍類。

鳥腳類（p.148）
族群很大的植食性恐龍。小型種是二足步行，大型種有二足步行也有四足步行。

頭飾龍類（p.146）
分為角龍類和厚頭龍類。頭顱後方有骨質隆起或裝飾物的植食性恐龍，有二足步行也有四足步行的種類。

甲龍

三角龍

鳥臀類

髂骨
坐骨
恥骨

恥骨向後，與坐骨平行。骨盆與鳥相似。

141

08 恐龍時代的到來

恐龍介紹①
〈獸腳類〉

暴龍
體長 12m ／白堊紀後期／北美洲
過去生活在陸地上的肉食性動物中,體型最大的恐龍之一。頭骨巨大,特別是臉頰部分很寬。不僅會獵捕獵物,必要時也會清理腐肉。

有類似鳥腳的細腳,而且前肢非常短,兩根大趾上有尖銳的勾爪。

第 5 章 中生代

❽ 恐龍時代的到來

暴龍的大嘴裡，長著適合撕裂獵物肉塊的鋸齒狀牙齒，頜骨前方的牙齒排列得比後方更密。

迅猛龍
體長 2m ／白堊紀後期／蒙古

擁有「敏捷掠奪者」之名。第二趾有尖銳的長勾爪，前肢修長，還有堅硬輕盈的尾巴。1920 年代在戈壁沙漠中發現。

恐爪龍
體長 3m ／白堊紀前期／美國

第二趾的長勾爪是其特徵。推測牠們會用爪子勾住獵物，或剖開獵物的腹部。此外，也有學者認為牠們身上有羽毛。

08 恐龍時代的到來

恐龍介紹②
〈蜥腳形類〉

葡萄園龍
體長 18m ／ 白堊紀後期 ／ 法國
背上披著由多種刺組成的盔甲的植食性恐龍。由於其化石是在葡萄園附近發現，因此學名的原意是「葡萄園的蜥蜴」。

腕龍
體長 23m ／ 侏儸紀後期 ／ 美國、坦尚尼亞
特徵是前肢比後腳長。頭抬得比其他蜥腳形類恐龍更高。不過，由於牠沒有強大的心臟能將血液送達頭頂那麼高的位置，因此學者推測牠的頭部或許並非垂直高舉。

第 5 章 中生代

⑧ 恐龍時代的到來

板龍
體長 6～10m ／三疊紀後期／挪威、瑞士、德國、格陵蘭
板龍是最大的原蜥腳類恐龍之一。學名的意思是「偏平的蜥蜴」。長口鼻部有不規則隆起覆蓋的葉狀齒，可用來咬碎植物。全世界已發現超過 50 副完整的板龍骨骼，所以牠們是人類研究最透徹的恐龍之一。

梁龍
體長 30m ／侏儸紀後期／美國
梁龍是植食性恐龍，學名的意思是「兩根樑」。牠以脊椎支撐長脖子與長尾巴。牙齒並不尖銳，故以撕扯葉子的方式進食。

145

08 恐龍時代的到來

恐龍介紹③
〈裝甲類、頭飾龍類〉

包頭龍
裝甲類／甲龍類／體長 **7m**／
白堊紀後期／北美洲

尾巴有骨質尾槌，可以揮動來擊退暴龍等肉食恐龍。牠們雖然與甲龍是近親，但體型沒有那麼大。

第 5 章 中生代

❽ 恐龍時代的到來

厚頭龍
頭飾龍類／厚頭龍類／體長 5m
／白堊紀後期／北美洲

二足步行的植食性恐龍。整個頭骨呈圓頂狀，頭頂的骨頭極厚，後方與側面還有尖刺狀骨頭，推測可能是用來保護自己，抵禦掠食者的攻擊。

三角龍
頭飾龍類／角龍類／體長 7m ／
白堊紀後期／北美洲

三角龍的特徵是頸部的大型頭盾、額頭上的兩根長角和鼻子上有一根短角。最大的三角龍頭骨長度超過 2m，而且角有 70cm 長。由於牠們的頭骨非常堅硬，因此也比其他恐龍留下更多頭骨化石。

釘狀龍
頭飾龍類／角龍類／體長 5m
／侏儸紀後期／坦尚尼亞

化石是在坦尚尼亞的坦達古魯地區發現。從背部到尾巴是一整排成對的尖刺，保護牠的身體。由於曾在同一地點發現多具標本，推測牠們可能是群居動物。

08 恐龍時代的到來

恐龍介紹④
〈鳥腳類與其他〉

副櫛龍
鳥腳類／體長 9m／
白堊紀後期／北美洲

特徵是頭頂上有管狀頭冠。空氣從鼻孔吸入後，會經過這條長頭冠再進入體內。

第 5 章 中生代

❽ 恐龍時代的到來

翼龍類
（Pterosauria）

翼龍是最早飛上天的脊椎動物，在三疊紀後期出現，白堊紀最繁榮。牠們有強韌的翼膜，學者認為與現生種的蝙蝠相似。

盔龍（冠龍）
鳥腳類 / 體長 9m /
白堊紀後期 / 北美洲

最著名的是頭上的空心板狀頭冠，學者認為這是用來製造回音。可能會偏食，只愛果汁和嫩葉。

無齒翼龍
翼龍類 / 體長 7m /
白堊紀後期 / 美國

擁有方便插進水中的流線型頭骨，以及沒有牙齒的長頷骨，適合捕魚。來回飛翔在白堊紀後期的北美洲淺海上，飛行與捕抓獵物的方式類似短尾信天翁。

喙嘴翼龍
翼龍類 / 體長 1m /
侏羅紀後期 / 德國、坦尚尼亞

體型較小的翼龍。上下頷有向外凸出的大牙，尾巴末端則有菱形尾羽。

08 恐龍時代的到來

發生在白堊紀末的大滅絕

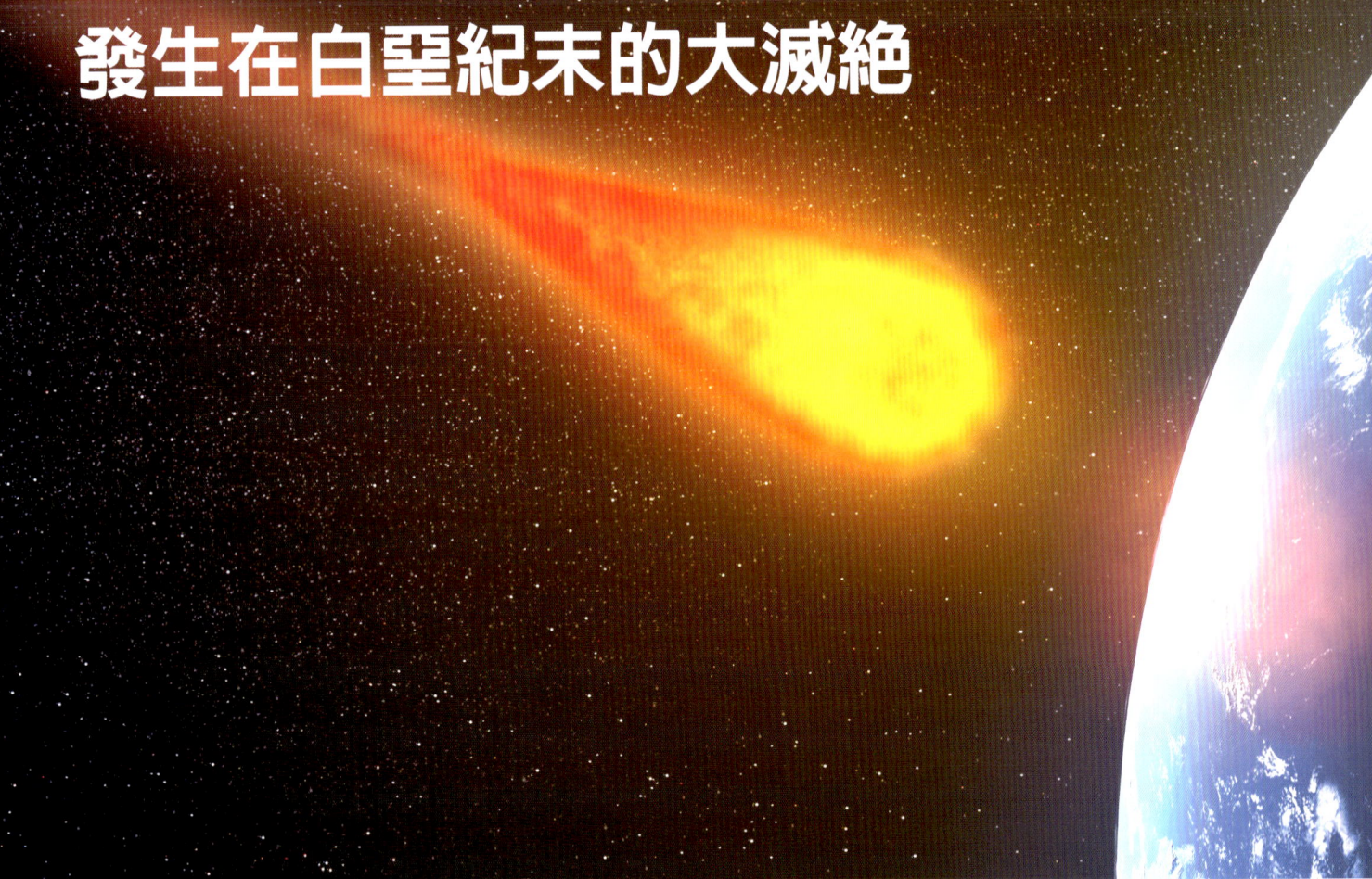

■造成大型恐龍滅絕的小行星

距今大約 6550 萬年前，地球上突然發生一件大事，宣告大型恐龍時代告終，也就是導致曾經極度活躍的大型恐龍消失的大規模滅絕事件，稱為「K-Pg 大滅絕（白堊紀 — 第三紀大滅絕）」。K-Pg 大滅絕是劃分中生代與新生代的重要事件，地球上的生物也以此為劃分，發展出截然不同的樣貌。

這場大滅絕看得出來是與地球內部活動、海洋缺氧事件等地球本身的變化息息相關，尤其是 P-T 大滅絕和三疊紀末的 T-J 大滅絕，被認為是極端的暖化與缺氧所導致。然而，K-Pg 大滅絕的情況則不同，學者認為這次是地球外部因素造成，也就是「小行星碰撞說」。

提出小行星碰撞說的根據，是美國加州大學的阿爾瓦雷茲父子（Luis and Walter Alvarez）於 1980 年，在 6500 萬年前的 K-Pg 界線地層中，發現含有極高濃度的銥。

銥原本是構成地球的微行星的成分，但銥容易與鐵結合，大多都移動到地球中央的地核，因此地殼裡幾乎找不到。也就是說，要解釋地層中含有高濃度的銥，只能說是當時發生過小行星碰撞。

而且科學家認為，在墨西哥猶加敦半島上發現、直徑約 180 公里的「希克蘇魯伯隕石坑」，正是 K-P 界線時，小行星碰撞形成的撞擊坑。

這顆直徑約 10 公里的小行星碰撞地球後，捲起大量塵埃籠罩全球，結果導致氣溫下降、植物停止光合作用。合理推測光合作用一旦停止，就會引發連鎖效應，失去食物，連生態系頂端的大型恐龍也跟著滅絕。

只是也有研究指出，那些捲起的塵埃可能很快就被

第 5 章 中生代

⑧ 恐龍時代的到來

過去，白堊紀末的生物大量滅絕，稱為「K-T 大滅絕（白堊紀－第三紀大滅絕）」，但後來配合地質年代的修正，改為「K-Pg 大滅絕（白堊紀－古近紀大滅絕）」。

地層中的銥濃度

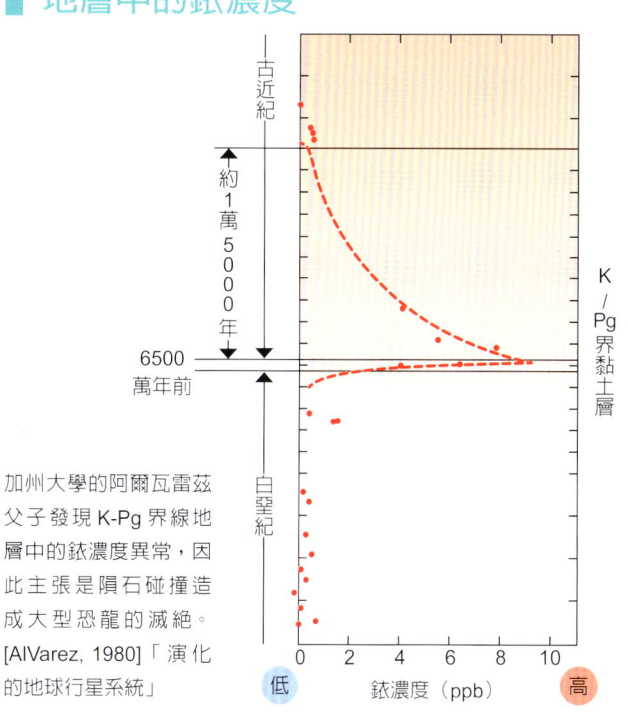

約 6500 萬年前形成、直徑約 180km 的「希克蘇魯伯隕石坑」在墨西哥猶加敦半島上發現。

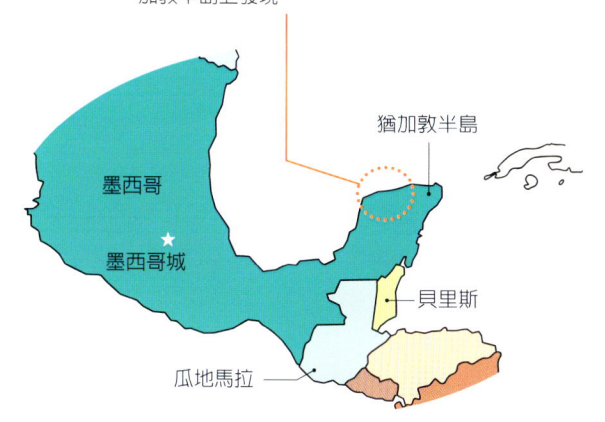

猶加敦半島
墨西哥
墨西哥城
貝里斯
瓜地馬拉

加州大學的阿爾瓦雷茲父子發現 K-Pg 界線地層中的銥濃度異常，因此主張是隕石碰撞造成大型恐龍的滅絕。[Alvarez, 1980]「演化的地球行星系統」

古近紀
約 1 萬 5000 年
6500 萬年前
白堊紀

K／Pg 界黏土層

低　銥濃度（ppb）　高

雨水沖刷乾淨，不見得能夠合理解釋是否真的導致生物大滅絕。

第 6 章 新生代

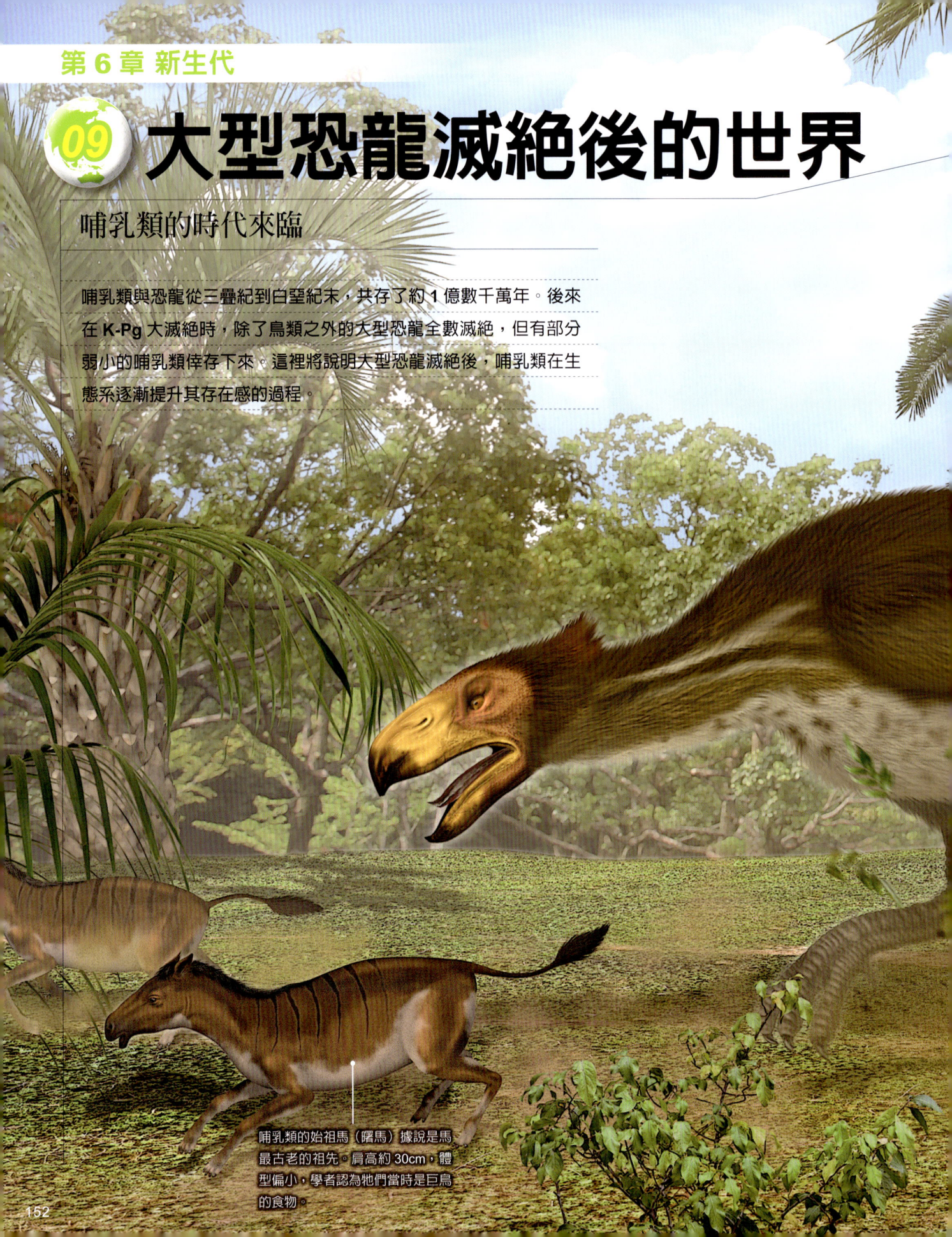

09 大型恐龍滅絕後的世界

哺乳類的時代來臨

哺乳類與恐龍從三疊紀到白堊紀末，共存了約 1 億數千萬年。後來在 K-Pg 大滅絕時，除了鳥類之外的大型恐龍全數滅絕，但有部分弱小的哺乳類倖存下來。這裡將說明大型恐龍滅絕後，哺乳類在生態系逐漸提升其存在感的過程。

哺乳類的始祖馬（曙馬）據說是馬最古老的祖先。肩高約 30cm，體型偏小，學者認為牠們當時是巨鳥的食物。

冥古宙	太古宙	元古宙	顯生宙	≪Chronological table
	古生代	中生代	新生代	第四紀
			古近紀	新近紀

⑨ 大型恐龍滅絕後的世界

「巨鳥」是大型恐龍滅絕後不久的最大動物。體長約 2m，推算體重 200kg，但是不會飛。

09 大型恐龍滅絕後的世界

新生代的地球環境

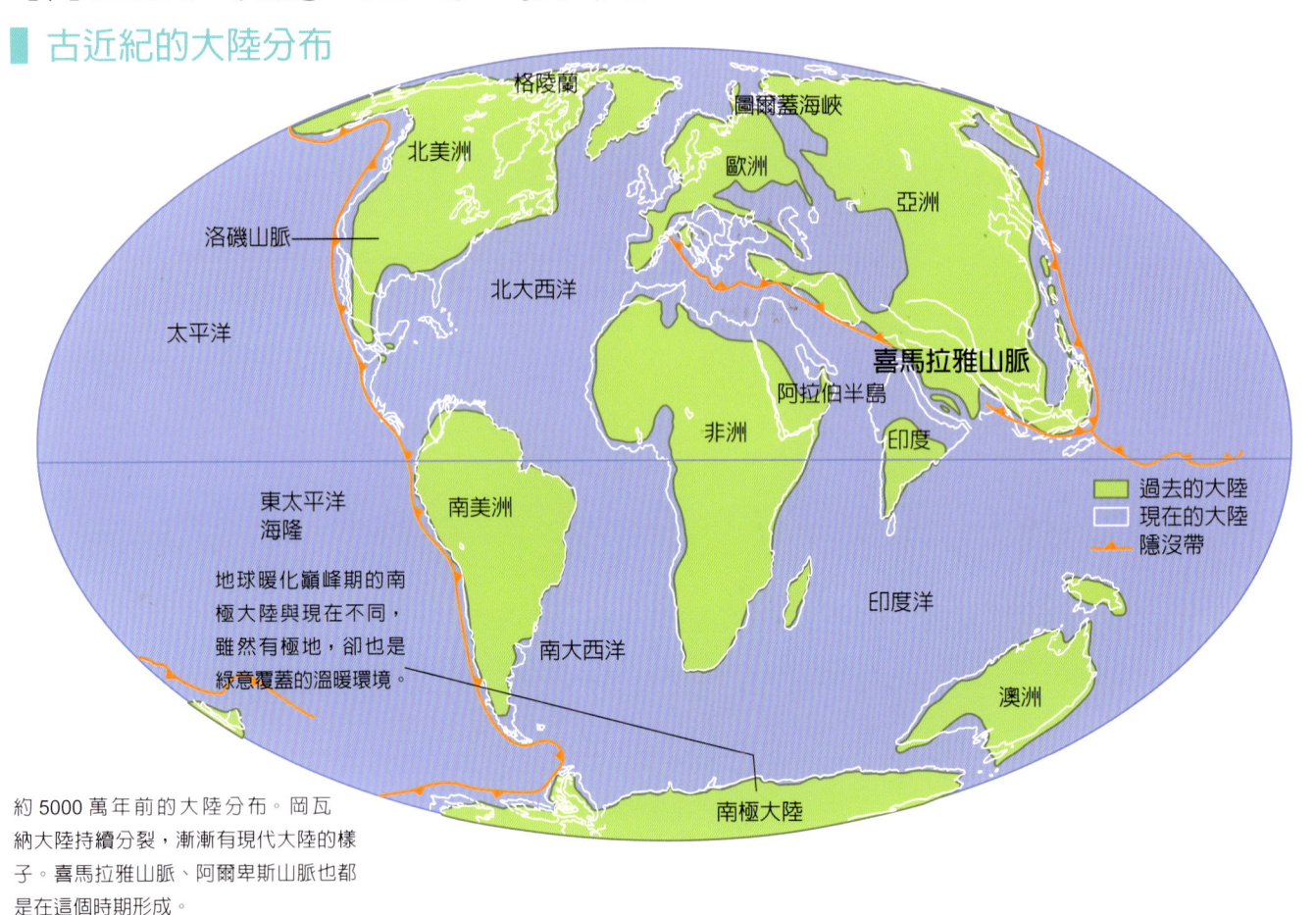

古近紀的大陸分布

地圖標示：
- 格陵蘭、北美洲、圖爾蓋海峽、歐洲、亞洲
- 洛磯山脈、北大西洋
- 太平洋、喜馬拉雅山脈、阿拉伯半島、非洲、印度
- 東太平洋海隆、南美洲、南大西洋、印度洋、澳洲
- 南極大陸

圖例：
- 過去的大陸
- 現在的大陸
- 隱沒帶

地球暖化巔峰期的南極大陸與現在不同，雖然有極地，卻也是綠意覆蓋的溫暖環境。

約5000萬年前的大陸分布。岡瓦納大陸持續分裂，漸漸有現代大陸的樣子。喜馬拉雅山脈、阿爾卑斯山脈也都是在這個時期形成。

■漸漸變冷的世界

新生代可分為6550萬年前～2300萬年前的古近紀，以及2300萬年前～260萬年前的新近紀。

在距今約5500萬年前，地球劇烈暖化。據說在短短1～2萬年間，地球的海面溫度上升約5℃。

這次暖化發生的原因，根據地層中的碳同位素比例變化記錄推測，是因為海底底下的可燃冰分解，釋放出大量甲烷到大氣中所造成。由於這種暖化現象是短期內就能引發，與現代的全球暖化狀態相似，因此受到矚目。

在暖化達到高峰之後，氣候開始轉冷。北半球出現了大片耐旱的森林與草原，植食性哺乳類增加。南極大陸在仍與其他陸地相連的時期，受到暖流影響，地面上是綠意覆蓋，且氣候溫暖，但隨著它脫離南美洲與澳洲，周圍形成寒冷的洋流環繞，隔絕了熱，結果就是變成現在這樣的冰雪大陸，加速地球變冷。

此外，喜馬拉雅山脈與阿爾卑斯山脈這類大型山脈因大陸相互碰撞而形成，導致大氣環流出現變化，變得更寒冷、更乾燥，動物們也因此必須發展出更能夠適應氣候變化的新生存策略，避免這些影響帶來滅絕。

第 6 章 新生代

⑨ 大型恐龍滅絕後的世界

這些珊瑚礁是現生種的近親，學者認為或許是形成於古近紀。

水杉是古近紀到新近紀前期大量存在於北半球的針葉樹之一。

阿爾卑斯山脈也是在這個時期誕生，由大陸板塊彼此碰撞產生。

古近紀前期，熱帶雨林大範圍擴大，其中也包括現生種熱帶植物祖先的植物族群。

155

09 大型恐龍滅絕後的世界
世界屋脊「喜馬拉雅山脈」的形成

■ 喜馬拉雅山脈的形成

約 5500 萬～4500 萬年前，印度次大陸開始從西南方碰撞歐亞大陸。

印度次大陸與歐亞大陸的碰撞引發隆起運動，形成喜馬拉雅山脈。山脈持續成長，把特提斯洋的海底沉積物推上地表。

■ 世界第一高山的山頂原本是海底

地球表面並非平坦，而是高低起伏，從最低的海溝到最高的山頂，落差約有 20 公里。這種高度差，也是生物多樣化的重要起因之一。

目前地面上海拔最高的地點，就是擁有多座 8000 公尺等級山峰的喜馬拉雅山脈。這座山脈約在 5500 萬～4500 萬年前開始形成，看看現在的世界地圖就能發現，印度次大陸是歐亞大陸的一部分，但印度次大陸原本是岡瓦納超大陸的一部分，也就是盤古大陸南半部。超大陸分裂後，開始向北移動，脫離今天的非洲大陸、澳洲

第 6 章 新生代

❾ 大型恐龍滅絕後的世界

山脈緩慢成長，學者認為在約 600 萬～100 萬年前已經達到海拔 8000m 高。

大陸、馬達加斯加島等，跨越赤道北上，在約 5500 萬～4500 萬年前開始碰撞歐亞大陸。

碰撞造成地殼隆起，逐漸形成山脈。接著大約在 600 萬～100 萬年前，山脈達到目前 8000m 等級的高度。原本在印度次大陸與歐亞大陸之間的特提斯洋海底沉積物被推擠抬升，暴露出當時的生物化石。喜馬拉雅山脈的誕生也改變了地球的氣候。夏季時，印度洋的高氣壓增強，吹進喜馬拉雅山與西藏高原的季風撞上喜馬拉雅山脈後降雨，因此山脈以南氣候潮溼，山脈以北則偏乾燥。這點也對生物造成了影響。

09 大型恐龍滅絕後的世界

巨鳥登場

「不飛鳥（*Diatryma*）」。體長約 2m，狩獵方式是踹倒哺乳類，再以巨型鳥喙攻擊。

棲息在南美洲、南極等地的「恐鶴（*Phorusrhacos*）」。體長約 1.5m，有銳利的勾爪、巨大的頭部與粗腳等。

■巨型鳥類成為陸地的主宰

K-Pg 大滅絕使得大型恐龍絕跡，地球進入哺乳類的時代，但我們仍不太清楚哺乳類究竟是如何繁榮起來。事實上在大型恐龍滅絕之後，哺乳類並沒有馬上成為生態系的主宰。因為當時的哺乳類幾乎都是棲息在樹上的小型生物，仍是很弱小的一群。

我們原本以為在大型恐龍滅絕後，大型動物全都消失了，但是在約 6500 萬年前之後不久的地層中，卻發現從腳趾到腳跟長達 30 多公分的生物足跡，留下這些足跡的是像鴕鳥一樣不會飛的「不飛鳥」。這種大型鳥類的體長 2 公尺，體重約 200kg，在大型恐龍滅絕之後，成為最強的肉食性動物及陸地上的主宰者。其頭骨化石高 30 公分、寬 40 公分，相當巨大，而且前方有類似鸚鵡的大鳥喙，長度可達 25 公分。

其實鳥類本就是恐龍的其中一個分支，也是躲過了那場大滅絕倖存下來的恐龍。科學家認為不飛鳥的祖先繼承了大型恐龍原本占據的「生態棲位」。

不飛鳥體型龐大，雙翼卻很小，是一種「不會飛的鳥」，但牠和禿鷲、老鷹一樣擁有靈敏的嗅覺，能夠嗅

在加拿大亞伯達省可看到的 K-Pg 界線地層，還留有大滅絕的痕跡。

第 6 章 新生代

❾ 大型恐龍滅絕後的世界

出獵物的氣味，還有巨大的鳥喙及強而有力的咬肌，因此推測牠們是肉食性猛禽，會襲擊並吃掉那些體型尚小的哺乳類。

不飛鳥的化石除了在英國有發現，也擴大到歐洲、北美洲等地方。至於稱霸南美洲與南極等地的巨鳥，則很有可能是「恐鶴」。非洲也有發現巨鳥的化石。由此推測，距今 6500 萬～4500 萬年前可能是巨鳥時代。

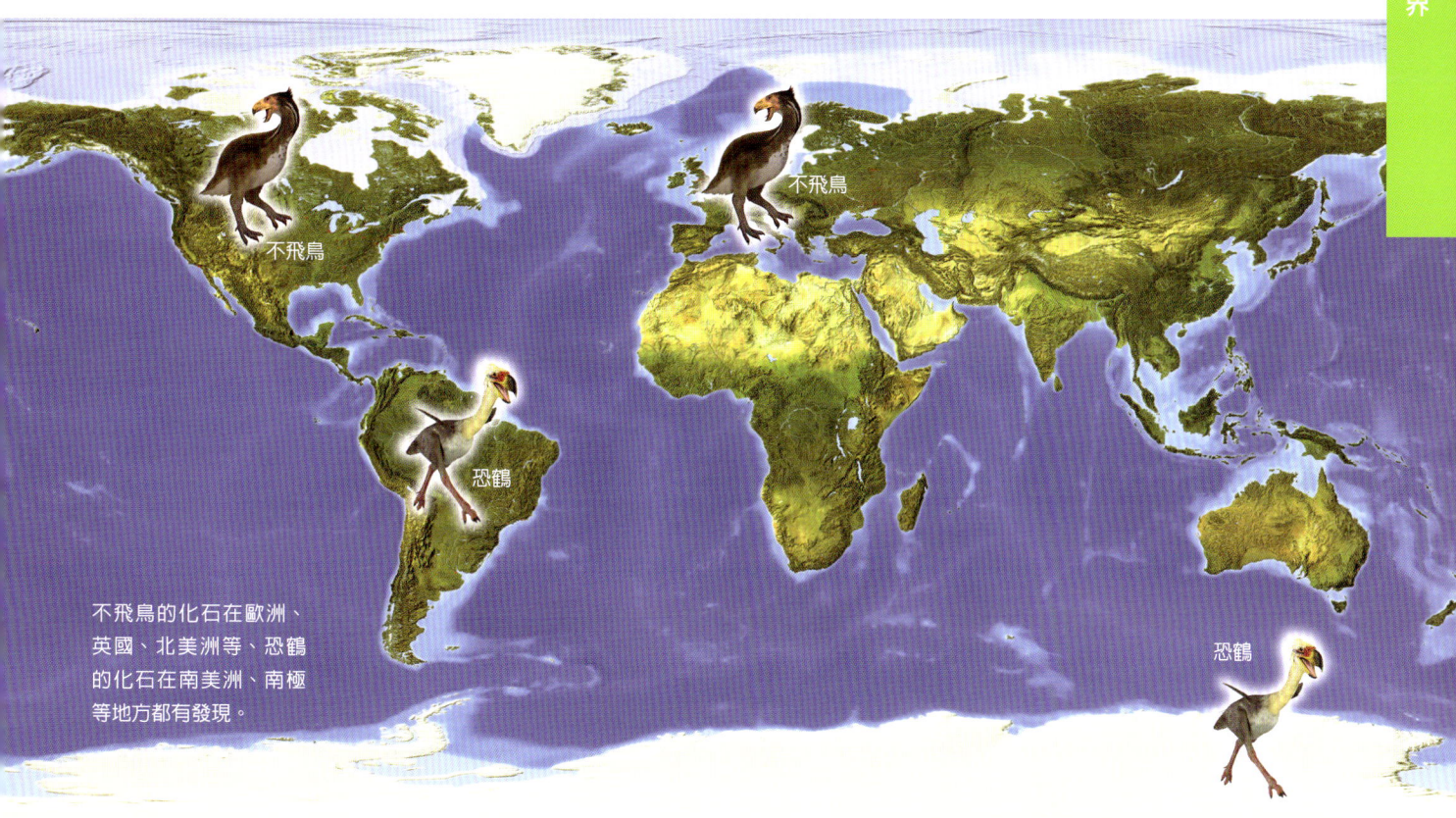

不飛鳥的化石在歐洲、英國、北美洲等、恐鶴的化石在南美洲、南極等地方都有發現。

COLUMN 從不飛鳥到冠恐鳥

科學家認為在新生代初期，曾有數種與不飛鳥相似的巨鳥存在，其中之一是在歐洲發現的「冠恐鳥（*Gastornis*）」。不過，近年來有人提出，冠恐鳥與不飛鳥可能並非同一物種的鳥類。冠恐鳥的化石在 1850 年代出土，但由於不完整且未能正確復原，直到 1870 年代發現不飛鳥的完整化石之前，沒人認為這兩種鳥類相似。然而，當保存狀態良好的冠恐鳥化石被發現後，學界才明白恐冠鳥與不飛鳥十分相像，於是多數學者開始認為這兩種是同一種鳥。目前已不再積極使用「不飛鳥」的學名，也有一種說法認為這種鳥很可能不是肉食性，而是植食性或雜食性動物。

不飛鳥的完整骨骼在 1870 年代首次於美國懷俄明州被發現。

09 大型恐龍滅絕後的世界
哺乳類的演化

有胎盤類的哺乳類「猶因他獸」，具有粗壯四肢和巨大酒桶狀體型的植食性動物。

有胎盤類的「更猴」，靈長類的近親，具有類似齧齒目的特徵，比方說，一對突出的門牙等。

獠牙狀的大顆臼齒

■生態棲位的多樣化

哺乳類的祖先原本起源自中生代三疊紀的單弓類（p.135），但在恐龍主宰陸地的中生代後期，牠們大多是體長不滿10公分的小型夜行性動物，眼睛與耳朵很小，尾巴很長，主要以昆蟲與果實為食。

最近的研究發現，這個時代的哺乳類已經很多樣化，只是其中大多數在 K-Pg 界線或更早之前就已經滅絕了。在這種情況下，白堊紀出現的兩大哺乳類——「真獸類」與「後獸類」在新生代嶄露頭角。

現生種哺乳類幾乎都屬於真獸類，牠們的子代會在

第 6 章 新生代

⑨ 大型恐龍滅絕後的世界

美國科羅拉多州出土的猶因他獸（*Uintatherium anceps*）骨骼標本。
照片提供：福井縣立恐龍博物館

體內的胎盤孕育一段時間，所以也稱為「胎盤類」。另一類是「後獸類」，他們通常是用肚子上的育兒袋撫育子代，最具代表性的就是澳洲的袋鼠，多半也稱為「有袋類」。

真獸類與後獸類，以及在中生代末期滅絕的其他哺乳類之間，究竟有何差異？有一種說法認為最大差異在於臼齒。臼齒具有「剪刀」和「杵與臼」的功能，而獲得這種高度咀嚼能力的真獸類與後獸類，在吸收營養方面，或許比其他不具備這項能力的動物，更有優勢。

此外，在新生代以後繁盛於地球上的真獸類，還擁有另一項其他動物沒有的特徵，那就是完全「胎生」。由於是胎生，子代能在體內孕育直到一出生即可行走的程度，有助於降低育兒期間的風險。哺乳類站上過去恐龍待過的生態棲位，並且以爆發性的速度拓展開來。其演化還分成了兩個階段，先是植食性族群增加，後來肉食性哺乳類的數量也追趕上來。

此外，真獸類之中，我們人類所屬靈長類的近親、也就是被趕出土裡的齧齒類動物，也適應了新生代初期擴大的熱帶～副熱帶森林的生活。被認為存在於這個時期的「更猴」，外表看似介於老鼠與松鼠之間，是接近初期靈長類的動物。牠們棲息的樹上有枝葉縱橫交錯，為了能在其間移動，必須具備立體視覺與空間認知，再加上抓牢樹枝才能生存，因此學者認為牠們逐漸演化出有立體視覺的眼睛及靈巧的手。

■ 哺乳類的演化

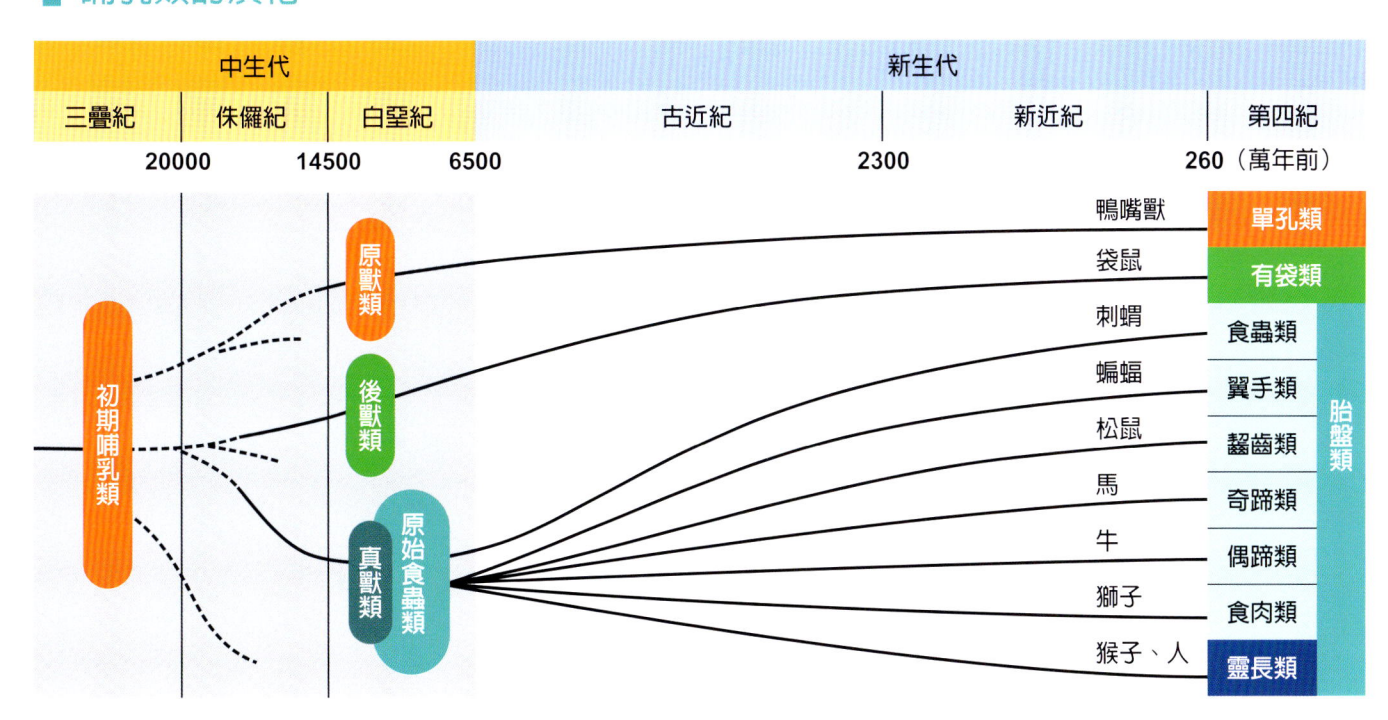

中生代			新生代		
三疊紀	侏儸紀	白堊紀	古近紀	新近紀	第四紀
20000	14500	6500	2300		260（萬年前）

初期哺乳類 → 原獸類 → 鴨嘴獸 → 單孔類
　　　　　→ 後獸類 → 袋鼠 → 有袋類
　　　　　→ 真獸類／原始食蟲類 → 刺蝟 → 食蟲類
　　　　　　　　　　　　　　　→ 蝙蝠 → 翼手類
　　　　　　　　　　　　　　　→ 松鼠 → 齧齒類
　　　　　　　　　　　　　　　→ 馬 → 奇蹄類
　　　　　　　　　　　　　　　→ 牛 → 偶蹄類
　　　　　　　　　　　　　　　→ 獅子 → 食肉類
　　　　　　　　　　　　　　　→ 猴子、人 → 靈長類
（以上皆屬胎盤類）

09 大型恐龍滅絕後的世界

回到海裡的哺乳類

■鯨魚的祖先是河馬？

哺乳類原本是誕生於陸地上，並逐漸多樣化，但有一個分支重返大海，其中最具代表性的就是鯨類。鯨類的祖先在很久很久以前曾經生活在陸地。目前已知最接近鯨魚祖先的陸生動物，就是約5000萬年前的「印多霍斯獸」。牠的四肢有蹄，被認為與河馬、野豬等偶蹄類是近親。「巴基鯨」則是最古老的鯨魚，據說與現在的海豹一樣，經常待在陸地上。

為什麼會說這些外型與鯨魚相差甚遠的偶蹄類是鯨魚的祖先呢？其中有一種說法認為，因為牠們的耳骨構造與鯨魚相同。鯨魚是以「骨傳導」的方式聽見聲音，也就是利用骨頭傳遞聲音。在動物當中，「骨傳導」是唯獨鯨魚類才有的特徵。生活在

龍王鯨
體長約25m。肉食性的初期大型鯨魚，似乎是捕食深海魚類和烏賊維生。

矛齒鯨
體長約5m。肉食性，且後腳可看到適應水中生活後退化的痕跡。

第 6 章 新生代

⑨ 大型恐龍滅絕後的世界

巴基鯨
體長約 1.8m。肉食性，且並非一直生活在水中，主要還是像海豹那樣生活在陸地上。

印多霍斯獸
體長約 60cm，被認為是最接近鯨魚祖先的肉食性物種。外觀看起來像小鹿，判斷是生活在陸地上。

走鯨
體長約 3m，演化程度高於巴基鯨的肉食性物種，但腳上有蹼。

　　陸地上的印多霍斯獸和巴基鯨，也會以下巴貼地，將震動傳送到耳骨。

　　此外，印多霍斯獸與巴基鯨的化石，分布在今天的印度與巴基斯坦。這些地方在當時是特提斯洋的淺灘，有學者認為牠們可能是為了獵捕棲息在此的生物，才從陸地走向海洋。

　　隨後，到了約 4000 萬年前，初期大型鯨魚「龍王鯨」，以及現代鯨魚祖先的「矛齒鯨」也登場，並逐漸適應水中的生活。

163

第 6 章 新生代

10 人類的登場

「人類」終於出現在地球上

距今約在 **700** 萬年前，演化成人類的分支大約在此時和黑猩猩的支系分家。自 **40** 億年前生命誕生以來，生命曾經反覆經歷無數次的滅絕與演化，才有了現在的樣子。試問我們的祖先，究竟是如何演化而來的呢？在靈長類中，究竟是什麼使人類與其他動物有所區別？我們就來一起揭曉人類之謎的答案。

智人（*Homo sapiens*）
（約 30 萬年前～現在）

身高約可長到 1.85m。當尼安德塔人活躍於歐洲的同一時期，智人在非洲逐漸演化。擅長用火與工具，過著群居生活。約 12 萬年前的化石中，已經出現現代智人的特徵。

尼安德塔人（*Homo neanderthalensis*）
（約 40 萬年前～3 萬年前）

身高約 1.55～1.65m。他們主要在現生種人類尚未涉足前，於歐洲活躍了將近 40 萬年，和智人有密切的交流。他們身形較矮，但體格結實壯碩，推測是為了適應寒冷氣候。

冥古宙	太古宙	元古宙	顯生宙	≪Chronological table

		古生代	中生代	新生代

古近紀 | 新近紀 | 第四紀

⑩ 人類的登場

森林古猿（*Dryopithecus*）
（中新世後期）

大約出現在 1 千 2 百萬年前的類人猿，身長約有 100cm，身高約 60cm，與黑猩猩相似。生活在樹上，以四肢伏地的姿勢走路。

阿法南方古猿（*Australopithecus afarensis*）
（約 400 萬～ 280 萬年前）

身高約 1 ～ 1.5m 左右。被認為是現代人類的祖先，雖然也會爬樹，但主要是以雙足行走。最有名的化石人骨是「露西（Lucy）」。

羅百氏傍人（*Paranthropus robustus*）
（約 300 萬～ 140 萬年前）

身高約 1.1 ～ 1.3m，特徵是扁平的臉，牙齒很大。與匠人生活在同一時期，但很早就滅絕了。

匠人（*Homo ergaster*）
（約 180 萬～ 60 萬年前）

身高可成長至將近 1.8m。相較於之前的智人，他們擁有高度的石器文化，因此稱為「匠人」。

165

10 人類的登場
第四紀的地球環境

第四紀時的大陸分布（1萬8000年前）

第四紀可分為約260萬年前～約1萬年前的「更新世」，以及約1萬年前～現在的「全新世」。260萬年前左右，也就是剛進入第四紀時，北半球的冰蓋開始擴大，地圖中的白色部分正是冰蓋覆蓋的區域，海水以冰的型態儲存在陸地上，海平面因此下降，大陸相連的地方浮出海面，促成動物的遷徙。

圖中標示：格陵蘭、烏拉山脈、西伯利亞、中國北方、歐洲、土耳其、伊朗、西藏、阿拉伯、中國南方、印度、印度支那（中南半島）、北美洲、洛磯山脈、北大西洋、非洲、太平洋、南美洲、安地斯山脈、南大西洋、印度洋、澳洲、南極大陸

過去的大陸
現在的大陸

■持續至今的冰河時代

新生代是寒冷化加劇的時代，第四紀尤其寒冷，冰蓋（冰河）蓬勃發展的「冰河時期（簡稱冰期）」與冰蓋退縮的「間冰期」反覆交替，目前是間冰期（意思是兩次冰期之間的時期）。

南極在距今約4300萬年前起形成冰蓋，地球便進入了冰河時期。此後變得更加寒冷，到了約260萬年前進入第四紀時，北半球也形成了冰蓋，冰期與間冰期的交替變得更加顯著，因此地球從新生代前期直到現在，始終都處於冰河時期。

我們目前活在第四紀的「全新世」。全新世雖然是間冰期，也就是氣候溫暖的時期，但仍介於冰河時期中間，所以從地球史的角度來看是屬於寒冷的時代。是否會持續寒冷下去，目前尚不得而知。

世界各地如今仍留有冰河在冰期時削去岩石與沙土、搬運大塊岩石的痕跡，那些痕跡隨處可見。冰河在日本的北阿爾卑斯山與中央阿爾卑斯山山頂等留下凹洞地形；美國紐約的中央公園裡也可以看到冰河搬運來的大型冰磧石（也稱冰河漂礫）。

此外，海水在冰河發展期，結冰儲存在陸地上，導致海平面比現在低很多，在水位最低的時候，海平面比現在低了約120公尺，露出日本列島與歐亞大陸相連的陸地，因此在日本列島也發現了大量猛瑪象的近親「納瑪象」的化石，推測納瑪象當時渡海到了日本，成為當時人類重要的食物來源。

第 6 章 新生代

⑩ 人類的登場

不融化的冰河

位在阿根廷巴塔哥尼亞高原的「培里托莫雷諾冰河」，是從全球淡水儲量排名第三的南巴塔哥尼亞冰原流出的 48 條冰河之其中一條。這條冰河即使在間冰期的現在，也未曾退縮，仍保有其原貌。

什麼是冰磧石？

冰磧石是指冰河侵蝕、搬運後留下來的岩石。因為這些岩石出現在不存在這些岩石的地方，因此日本稱之為「迷路石」。在紐約的中央公園（左）也可以看到這種岩石。

倖存到現代的植物

陸生植物到了第四紀依然發展蓬勃。學者認為被子植物中的白毛羊鬍子草（左）遍布於溼原地帶，地錢等苔蘚類（右）也有相當可觀的數量。

167

10 人類的登場
第四紀的大型生物

■為了適應環境而反覆演化

自新生代後半起，地球氣溫以中緯度與高緯度地區為中心急遽下降，變得更加寒冷，也變得更加乾燥，結果導致許多地區的森林消失，草原增加，奇蹄類（如：馬與犀牛）、偶蹄類（如：牛等）等族群為了習慣草原環境，發生演化。

乾燥地區出現稻科等莖葉較硬的植物，於是這些族群的動物發展出方便磨碎硬物的臼齒。另外部分地區氣候乾燥的情況更加嚴重，沙漠範圍擴大，因此也出現了適應這種環境的駱駝類等新哺乳類。

接著到了第四紀（約260萬年前）初期，大型哺乳類開始出現在陸地上各地。

威風凜凜的「猛瑪象」分布在世界各地；最大體長6公尺、體重1公噸的「大地懶」等也棲息在南北美洲。歐亞大陸則有「印度巨犀」，以及兩特角頂端相距超過3.5公尺的巨鹿類之一「大角鹿」。至於澳洲大陸則有體型如河馬大小、與現生種袋熊近似的「雙門齒獸」，還有史上最大的袋鼠「巨型短面袋鼠」等巨型有袋類。可是，這些動物都在最後一次冰期結束之前滅絕，滅絕的主因或許是無法適應氣候變遷造成的寒冷化與乾燥化，又或許是現生種人類的獵殺等。

猛瑪象
約260萬年前～1萬年前，廣泛棲息在世界各地。利用巨大的長牙刨開地面積雪等尋找食物，或用來保護自己。體長約3.5m。

美洲劍齒虎
是一種體長約2m的大型貓科動物。犬齒與下顎十分發達，能夠精準捕捉獵物。

現生種的袋熊體長約70cm，身形粗壯短小，不過絕種的雙門齒獸比牠大四倍以上。

第 6 章 新生代

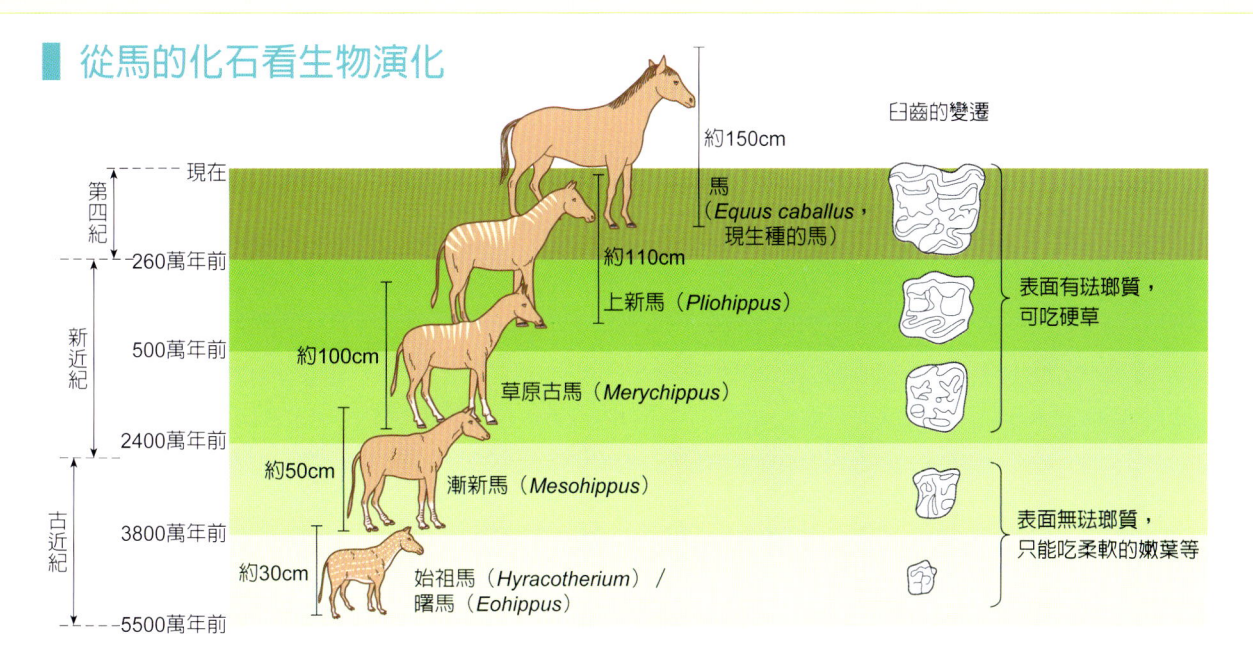

從馬的化石看生物演化

地質年代	時間	馬種	身高	臼齒的變遷
第四紀	現在~260萬年前	馬（*Equus caballus*，現生種的馬）	約150cm	表面有琺瑯質，可吃硬草
新近紀	260~500萬年前	上新馬（*Pliohippus*）	約110cm	表面有琺瑯質，可吃硬草
新近紀	500~2400萬年前	草原古馬（*Merychippus*）	約100cm	表面有琺瑯質，可吃硬草
古近紀	2400~3800萬年前	漸新馬（*Mesohippus*）	約50cm	表面無琺瑯質，只能吃柔軟的嫩葉等
古近紀	3800~5500萬年前	始祖馬（*Hyracotherium*）/曙馬（*Eohippus*）	約30cm	表面無琺瑯質，只能吃柔軟的嫩葉等

COLUMN 現生種的生物們

在第四紀很活躍的大型哺乳類已經滅絕，其中有很多類似河狸、犰狳等現生種生物的物種存在，還有一種是很像紅毛猩猩的史上最大靈長類「巨猿」；據說牠的身高有 3m，體重達 500kg，但至今尚未發現牠的完整骨骼和頭骨。

曾經生活在北美洲的河狸，體長約可達 2m，現在的河狸體型大約只有過去的一半（左上圖）。巨猿的外型據說很像紅毛猩猩（右上圖）。現生種中最大的蜥蜴是科摩多巨蜥（左圖）。犰狳是大地懶的近親（右圖）。

⑩ 人類的登場

169

10 人類的登場
靈長類們的演化

■ 手和視覺的發展

約 6500 萬年前的古近紀初期，被認為最接近初期靈長類的動物「更猴」（p.160）登場。

靈長類選擇樹上生活，就必須穿梭在錯綜複雜的枝葉間，也因此發展出三維視覺、空間認知，以及能夠牢牢抓住樹枝的手，於是牠們漸漸具備立體視覺的眼睛及靈巧的手。之後，到了漸新世（約 3400 萬年～ 2300 萬年前），包含了人類、類人猿、日本獼猴等真猿類出現了。現生種真猿類的最大特徵是，圍繞眼球後側的眼窩內壁發達，避免了眼球與顳側肌肉直接接觸。由於顳肌與咬碎食物的咬合運動有關，所以眼窩內壁隔開眼球與顳肌後，進食也會更有效率。（p.171 左下圖）

此外，初期靈長類與哺乳類原本是雙色視覺，但人類與類人猿等的彩色視覺（簡稱「色覺」）演化為三色視覺。關於其演化原因，目前的學說眾說紛紜，有說是為了在綠色森林中辨認可食用的紅色果實，也有說是基因突變，又或說是為了更容易發現天敵等，不同學者提出的看法也不同。

我們的祖先正是靠著手與視覺的演化，才得以成功存活下來。

■ 人類與黑猩猩骨骼的比較

四足行走

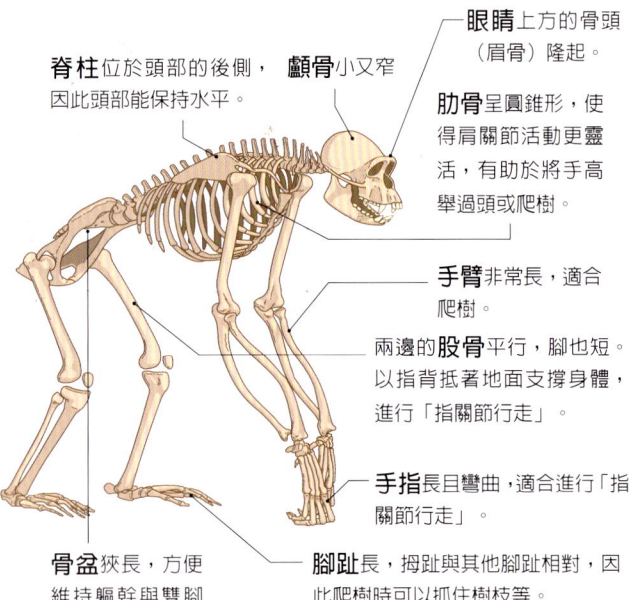

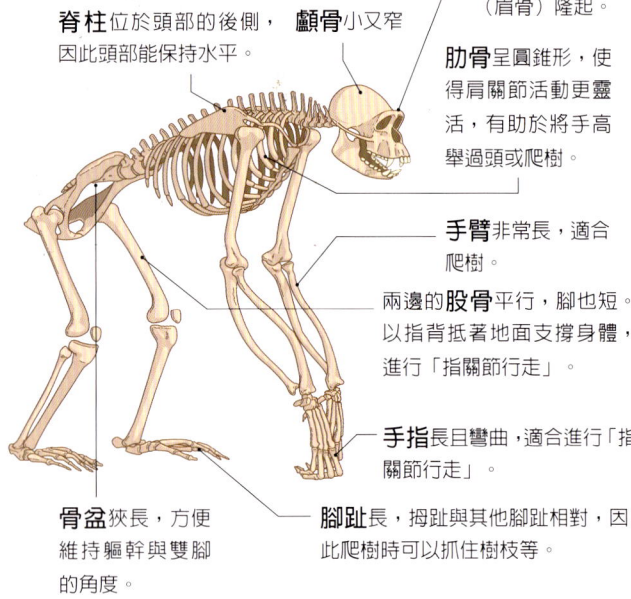

脊柱位於頭部的後側，因此頭部能保持水平。

顱骨小又窄。

眼睛上方的骨頭（眉骨）隆起。

肋骨呈圓錐形，使得肩關節活動更靈活，有助於將手高舉過頭或爬樹。

手臂非常長，適合爬樹。

兩邊的**股骨**平行，腳也短。以指背抵著地面支撐身體，進行「指關節行走」。

手指長且彎曲，適合進行「指關節行走」。

腳趾長，拇趾與其他腳趾相對，因此爬樹時可以抓住樹枝等。

骨盆狹長，方便維持軀幹與雙腳的角度。

雙足行走

顱骨很大，上下都很寬。四足動物的頭部位在脊柱前方，但人類的頭部位於脊柱正上方，因此平衡良好。

眼睛上方的骨頭沒有隆起。

人類的**肋骨**呈桶狀，因此能揮舞手臂或彎曲身體，也可以穩定行走。

脊柱在脖子與腰的地方呈 S 形彎曲，因此身體能夠保持垂直，頭部也能固定在正上方。

手指細短，靈活度高。

骨盆上下短、左右寬，能讓上半身的重量落在腰中央，支撐體重。

股骨朝膝蓋內側傾斜，使膝蓋靠近身體重心，因此能夠穩定站立。

人類的**腳趾**連同拇趾一起整齊排列，形成穩固的「地基」。

第 6 章 新生代

⑩ 人類的登場

■ 靈長類的演化

這張是靈長類的演化圖。粉紅色部分延續到人科，由此可知，靈長類是包含人類、類人猿與猿猴等在內的現生種哺乳類之中，起源最古老的群體之一。

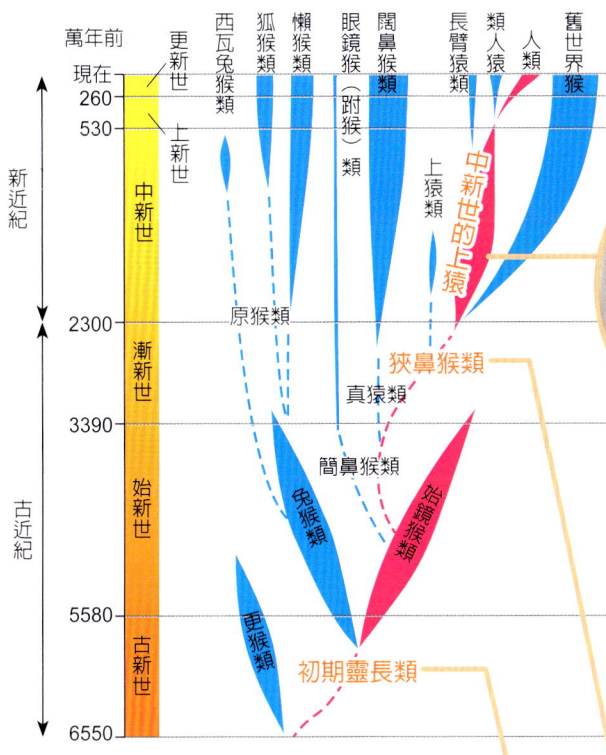

萬年前
現在
260
530
2300
3390
5580
6550

新近紀：更新世、上新世、中新世
古近紀：漸新世、始新世、古新世

西瓦兔猴類、狐猴類、懶猴類、眼鏡猴類、闊鼻猴（附猴）類、長臂猿類、類人猿、人類、舊世界猴

上猿類、中新世的上猿
原猴類
狹鼻猴類
真猿類
簡鼻猴類
兔猴類
始鏡猴類
更猴類
初期靈長類

參考資料：京都大學靈長類研究所（http://www.pri.kyoto-u.ac.jp/index-j.html）

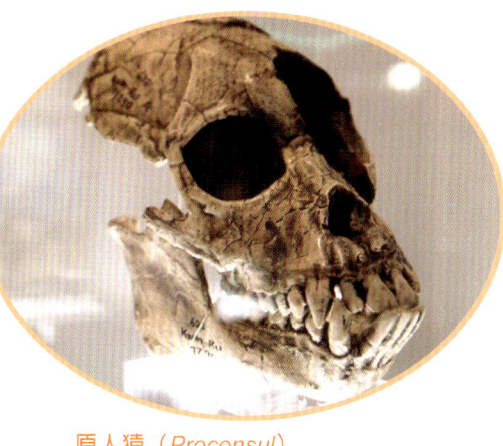

原人猿（Proconsul）

「原人猿」是中新世登場的早期類人猿之一，具有狹鼻猿類的原始特徵，也具有類人猿的共同特徵。

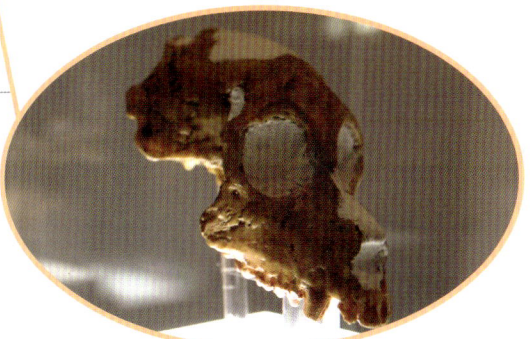

埃及猿（曉猿）

最原始的狹鼻猴類之一。有眼窩內壁，而且雙眼朝前，因此毫無疑問是真猿類。（※）

假熊猴

始新世時生活在北美大陸的初期靈長類之一。屬於兔猴類，推測與現在的狐猴類相似。（※）

■ 眼睛的發展促進演化

真猿類

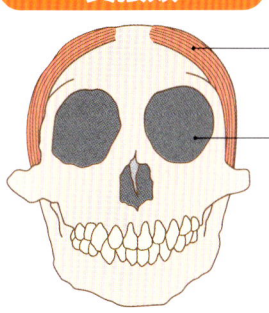

顳肌

因為眼球後方有骨頭（**眼窩內壁**），所以不會接觸到肌肉，在咀嚼食物時，眼球也不會因為肌肉的動作而晃動，導致看不見。

非真猿類

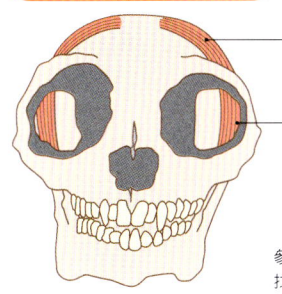

顳肌

因為眼球與**顳肌**接觸，所以咀嚼食物時，眼球也會隨著肌肉的動作晃動，影響視力。

參考資料：《地球大演化 5 / 找尋靈長類演化的據點》

（※）日本國立科學博物館收藏

171

10 人類的登場
歷經演化的人類

■ **人類誕生於乾燥的疏林草原**

2300萬～1600萬年前，初期的類人猿登場。靈長類中最類似人類的這些大型類人猿，由於身形變大，所以開始下樹來到地面上，但行走方式與人類不同，牠們是伸手握拳撐在地面上前進，稱為「指關節步行（Knuckle Walking）」。人類則是開始直立雙足步行，也因此解放

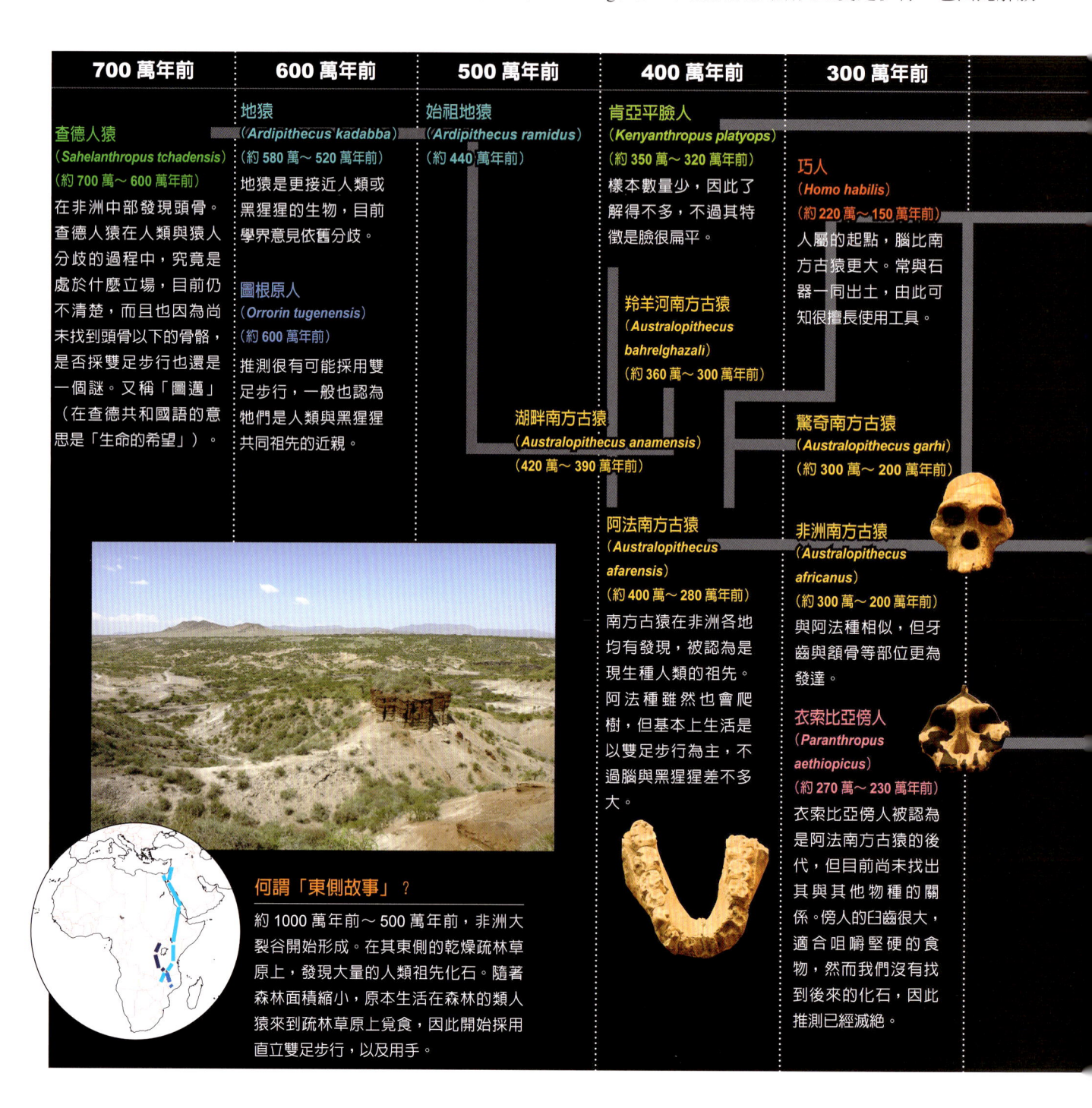

700萬年前	600萬年前	500萬年前	400萬年前	300萬年前
查德人猿（*Sahelanthropus tchadensis*）（約700萬～600萬年前）在非洲中部發現頭骨。查德人猿在人類與猿人分歧的過程中，究竟是處於什麼立場，目前仍不清楚，而且也因為尚未找到頭骨以下的骨骼，是否採雙足步行也還是一個謎。又稱「圖邁」（在查德共和國語的意思是「生命的希望」）。	**地猿**（*Ardipithecus kadabba*）（約580萬～520萬年前）地猿是更接近人類或黑猩猩的生物，目前學界意見依舊分歧。**圖根原人**（*Orrorin tugenensis*）（約600萬年前）推測很有可能採用雙足步行，一般也認為牠們是人類與黑猩猩共同祖先的近親。	**始祖地猿**（*Ardipithecus ramidus*）（約440萬年前）	**肯亞平臉人**（*Kenyanthropus platyops*）（約350萬～320萬年前）樣本數量少，因此了解得不多，不過其特徵是臉很扁平。**羚羊河南方古猿**（*Australopithecus bahrelghazali*）（約360萬～300萬年前）**湖畔南方古猿**（*Australopithecus anamensis*）（420萬～390萬年前）**阿法南方古猿**（*Australopithecus afarensis*）（約400萬～280萬年前）南方古猿在非洲各地均有發現，被認為是現生種人類的祖先。阿法種雖然也會爬樹，但基本上生活是以雙足步行為主，不過腦與黑猩猩差不多大。	**巧人**（*Homo habilis*）（約220萬～150萬年前）人屬的起點，腦比南方古猿更大。常與石器一同出土，由此可知很擅長使用工具。**驚奇南方古猿**（*Australopithecus garhi*）（約300萬～200萬年前）**非洲南方古猿**（*Australopithecus africanus*）（約300萬～200萬年前）與阿法種相似，但牙齒與顎骨等部位更為發達。**衣索比亞傍人**（*Paranthropus aethiopicus*）（約270萬～230萬年前）衣索比亞傍人被認為是阿法南方古猿的後代，但目前尚未找出其與其他物種的關係。傍人的臼齒很大，適合咀嚼堅硬的食物，然而我們沒有找到後來的化石，因此推測已經滅絕。

何謂「東側故事」？

約1000萬年前～500萬年前，非洲大裂谷開始形成。在其東側的乾燥疏林草原上，發現大量的人類祖先化石。隨著森林面積縮小，原本生活在森林的類人猿來到疏林草原上覓食，因此開始採用直立雙足步行，以及用手。

第 6 章 新生代

了前肢（手），變得能夠使用工具。接著，為了使用工具而動手，也促成了腦的發展。類人猿和人類分歧的過程尚不明確，但有一個「東側故事（East Side Story）*」（見左下照片）假說相當有力。

一般認為存在於 250 萬年前～120 萬年前的傍人屬具有發達的咀嚼器官，所以顴骨寬大突出。之後，「直立人（Homo erectus）」等原人登場。原人的特徵是腦大，用來撕裂獵物的犬齒失去作用而退化。原人之中最早出現的「匠人」，開始擁有更複雜的石器文化，又因為他們偏高的身高及身體構造與現生種人類相近，所以學者認為他們，包括智人在內，就是人屬的祖先。

＊譯注：此假說已於 2002 年找到證據推翻，並在 2003 年由原提出者法國人類學家伊夫・科龐（Yves Coppens）撤銷。

人類的登場

200 萬年前	100 萬年前	現在
盧多爾夫人（*Homo rudolfensis*）（約 190 萬年前）	**直立人**（約 100 萬～5 萬年前）	
匠人（約 180 萬～60 萬年前）在肯亞圖爾卡納湖發現的匠人，也暱稱為「圖爾卡納男孩」。身高與現生種人類如出一轍，懂得使用更複雜的石器。	**前人**（或先驅人，*Homo antecessor*）（約 120 萬～80 萬年前）	
	海德堡人（*Homo heidelbergensis*）（約 60 萬～25 萬年前）被認為是尼安德塔人與現生種人類的共同祖先。體格粗壯，擅長狩獵。	**智人**（約 30 萬年前～現在）與現生種人類幾乎相同。（照片為現生種人類的頭骨）
羅百氏傍人（*Paranthropus robustus*）（約 300 萬～140 萬年前）傍人化石首次發現。		
鮑氏傍人（*Paranthropus boisei*）（約 250 萬～120 萬年前）鮑氏是傍人中體型最大、最強的一支。下顎骨突出，牙齒很大，琺瑯質也很厚。	**尼安德塔人**（約 40 萬～3 萬年前）在現生種人類蓬勃發展之前，尼安德塔人曾在歐洲活躍長達 40 萬年。腦相當大，而且體格健壯。	

※ 人類的演化系統圖。按照「人屬」、「傍人屬」等各「屬」分顏色。另外，頭骨化石除了現生種人類的之外，皆為日本國立科學博物館的館藏。

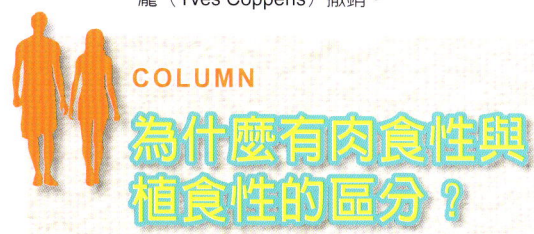

COLUMN
為什麼有肉食性與植食性的區分？

傍人的臼齒大，因此學者過去推測是以遍布疏林草原上的禾本科植物根莖為食。但是近年來的研究指出，他們也會吃富含蛋白質的肉類和昆蟲類，只有弄不到這些食物時，才會吃種子和植物。我們的祖先之一匠人也是存在於同一時期，他們經常使用石器，但最終存活下來的卻是人屬。

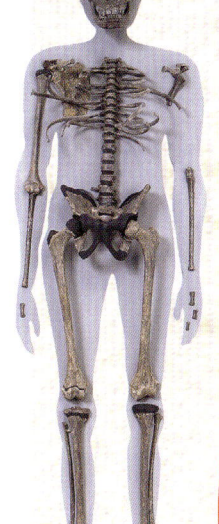

匠人類似現代的馬賽人，身高修長且體毛少。
照片提供：福井縣立恐龍博物館

鮑氏傍人的頭骨。擁有可磨碎硬物的牙齒，因此暱稱為「胡桃鉗男」。
日本國立科學博物館的館藏

173

10 人類的登場

現代人類活下來的關鍵是？

■ 關鍵在於語言能力的差異

　　到了約 40 萬年前，出現了類似現代智人的尼安德塔人。尼安德塔人比起其他人類，更能耐寒，在歐洲的寒冷環境中建立了文明，繁榮超過 40 萬年之久。他們的顱骨據說比現代人類更大，但形狀不同。額頭的上下窄且突出，頭骨前後長、上下短。此外，他們能夠製作複雜的石器，擁有出色的狩獵能力。至於是否有語言、藝術、宗教等現代人類相同的行為雖不得而知，但部分遺跡中留有他們進行葬禮儀式的痕跡。

　　接著，現代人類「智人」出現了，但令人不解的是，到了 4 萬年前左右，尼安德塔人的文明痕跡消失，取而代之的是開始出現智人的文明遺跡。尼安德塔人為什麼會突然消失？

　　關於這點眾說紛紜，包括氣候變遷，或與其他人類群體發生衝突等，只是都找不到明確的證據。不過許多意見都認為，尼安德塔人與智人之間的差異之一就在於語言能力，舌骨的發現，證明尼安德塔人可能曾經使用某種語言，但他們似乎無法像智人那樣說出複雜的語句。人們認為，智人藉由掌握語言，不僅學會抽象思考的能力，也促進智力發展。事實上，實際比較尼安德塔人與

▌猿人～現生種人類的腦演化

南方古猿（猿人）
腦容量 450～600cc

直立人（原人）
腦容量 900～1100cc

尼安德塔人（早期智人）
腦容量平均為 1450cc

智人（現生種人類）
腦容量平均 1450cc

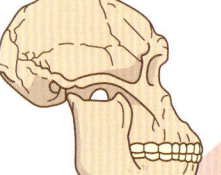

初期的石器
坦尚尼亞北部的奧杜瓦伊峽谷出土了大量的奧杜瓦伊石器。這些石器製於約 260 萬年前，敲下玄武岩和石英等岩石的礫石，製成的簡單工具，但據說需要具備一定的技術。
日本國立科學博物館的館藏

第 6 章 新生代

智人的石器，就會發現智人的石器更精巧。此外，群體內的溝通變得順暢，狩獵計畫與準備等也變得更有效率且更社會化。

當時的歐洲氣候極不穩定，對只是稍微發展出智力與思考能力的智人來說更有優勢，這或許成為決定雙方存亡的關鍵。

尼安德塔人與現生種人類

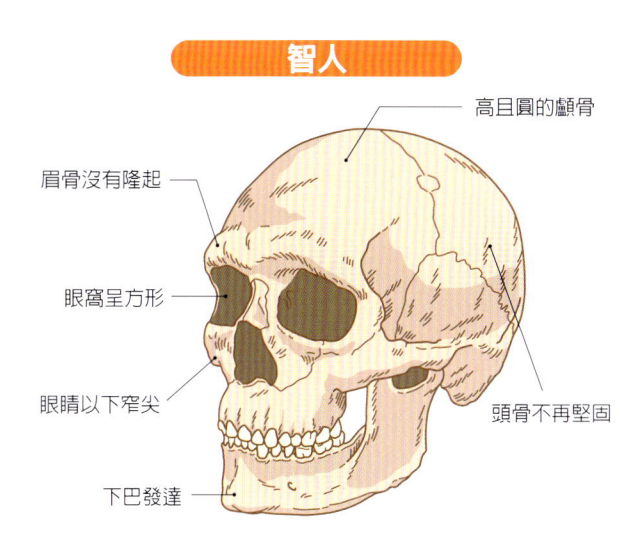

尼安德塔人
- 額頭低
- 發達的眉骨
- 下顎稍微前突
- 沒下巴，下頷骨幾乎垂直
- 顱骨略隆起
- 後腦杓向後突出

智人
- 高且圓的顱骨
- 眉骨沒有隆起
- 眼窩呈方形
- 眼睛以下窄尖
- 下巴發達
- 頭骨不再堅固

「下顎前突」指的是下顎向前突出。「顱骨」是指包覆腦的頭骨。尼安德塔人具有眉骨明顯等原始特徵，智人眼睛以下的臉頰變得窄尖，頭骨也逐漸不再堅固。

尼安德塔人復原後的人像。他們過去幾乎主宰整個歐洲。
日本國立科學博物館的館藏

COLUMN
矮小人類「弗洛勒斯人」

2003 年，在印尼弗洛勒斯島的梁布亞洞穴中發現一種小型原始人類，稱為「弗洛勒斯人」（*Homo floresiensis*）。由於他們的身高僅約 1 公尺，因此人們也經常用托爾金《魔戒》的角色「哈比人（Hobbit）」稱呼他們。他們的腦容量很小，但據說會使用火與石器。

推測約 1 萬 2000 年前仍存在於世上，但他們究竟是如何渡海來到猛獸眾多的島上，以及身體為何會變小，至今仍是學者持續研究的課題。

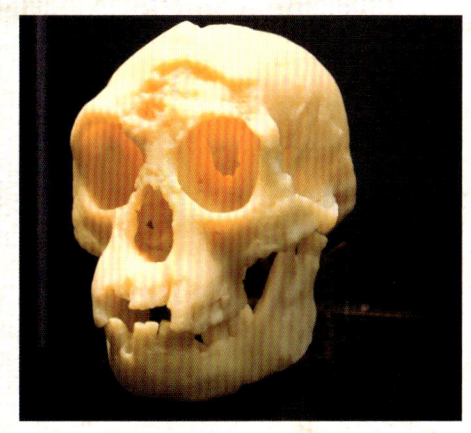

日本國立科學博物館的館藏

10 人類的登場

石器時代的文化

留下的手印
這是阿根廷聖克魯斯省「手洞」中的人類手印，約為 9000 年前留下。學者認為這是將手貼在牆上後吹灑顏料製成。

岩畫
這是阿爾及利亞阿傑爾高原國家公園的史前岩畫，是新石器時代的遺跡，畫中描繪狩獵的場景等。

維倫多夫的維納斯像
這是在奧地利維倫多夫出土的舊石器時代小型雕像。用石灰岩製成，有一種說法認為它是為了祈求豐收和安全的護身符，但實際用途不清楚。
日本國立科學博物館的館藏

用猛瑪象象牙雕刻的熊
在德國南部發現用猛瑪象象牙雕刻的動物雕像，推測是 3 萬年前的產物，可能是做來當護身符。其他還有獅子和猛瑪象等其他造型。
日本國立科學博物館的館藏

■進入能留下訊息的時代

舊石器時代是從巧人等初期人類把石頭當工具用開始。初期的石器「奧杜威（Oldowan）石器」（p.174）雖然是簡單的工具，但因為製作需要技術，因此推測當時人類已很清楚如何切割岩石。最早期的石器，主要是敲打玄武岩、石英等石頭後，使用其「剝片」（將石塊敲破掉落的碎片）來製作。到了直立人以後，開始使用手斧砍樹或剝動物皮等。尼安德塔人則在不同的場合使用更多不同類型的石器。

在現今的法國、西班牙一帶，包括阿爾塔米拉洞、拉斯科洞窟等，出土了大量的洞窟壁畫，這些壁畫大多是約 1 萬 8000 年前，使用黃土、赤鐵礦、木炭等天然顏料繪製動物的形貌。進入中石器時代後期後，出現了留下許多祭祀用品與陪葬品的共同墓地，石器技術也更進一步提升，小型石刃、以骨頭與角製成的矛尖、箭尖、魚鉤都是基本配件，裝在矛或箭矢上當作捕魚與狩獵的工具。遺跡中也發現人類從狩獵採集生活轉變成農耕生活的遺跡。

從這個時代的遺跡中堆成的貝塚可以看出，人類開始過著群居生活，並建立起社群，而這些社群後來發展成文明。此外，世界各地遺留下大量的陶器、土偶等遺物，由此可知宗教在當時或許逐漸成為生活的基石。透過這些工具與文明遺跡，我們得以了解當時人類的想法等。

第 **3** 部

地球與人類的未來

第 **7** 章　未來的地球

11. 地球暖化 …………………………… P.178
12. 接下來將發生的地殼變動 ………… P.190
13. 地球的命運 ………………………… P.196
14. 太陽的命運與宇宙的終結 ………… P.202
15. 地外生命存在嗎？ ………………… P.208

第 7 章 未來的地球

11 地球暖化

預測地球的未來

人類逐漸蓬勃發展。然而，在 18 世紀的工業革命之後，人類為了追求富足與便利，大量消耗能源，其影響就是造成「地球暖化」。讓我們一起來思考在不久的未來或許會發生的環境變化。

氣溫一旦上升，就會改變降雨的模式，中緯度地區將會日益乾燥。若長期無雨、旱災持續，將會影響糧食供應與生態環境。

雖然無法確定這些現象是否會同時發生，但這張圖描繪的是地球持續暖化後的樣貌。

未來的地球　⓫ 地球暖化

颱風發生的次數雖然沒有增長，但隨著地球暖化加劇，海面升溫，大氣中的水蒸氣含量增加，就有可能產生更多強颱。

水的溫度每上升1℃，體積就會增加約0.02%，亦即海水升溫會導致海洋膨脹，據推測，全球平均海平面在整個20世紀期間上升了約17cm。世界各地的冰蓋融化也是原因之一。

亞洲大陸的整體氣溫上升，發生氣候變遷的可能性很高。尤其在南亞、東亞、東南亞地區，夏季會發生集中性暴雨和颱風，也有可能演變成洪水。

179

11 地球暖化

逐步加劇的全球暖化

■ 以 10 倍速推進的地球暖化

18 世紀到 19 世紀在英國發生的工業革命，是人類的一大轉捩點。隨著機械化與工業化的發展，人類開始大量使用能源，其原動力正是煤炭和石油等化石燃料。長期燃燒燃料的結果就是過去這 100 年間的二氧化碳濃度急遽上升，地球的平均氣溫上升了約 0.7℃。你或許覺得這個數字很微小，但這個上升速度，卻是距今約 2 萬 1 千年前的末次冰期至下一個間冰期這 1 萬年間，氣溫上升速度的 10 倍以上，地球暖化正在加速進行。

地球暖化開始廣為人知，是在 1988 年。起因於美國科學家詹姆士・漢森（James E. Hansen）博士在美國參議院的聽證會上作證說：「地球正在持續暖化。」但也有人質疑「地球暖化是否與人類活動有關」，於是，這件事多年來成為爭論的焦點，這場爭論最終在 2007 年發表的「政府間氣候變化專門委員會（以下簡稱 IPCC）」第四次評估報告書中，有了正式的科學背書。該報告斷言，自 19 世紀後半期以來劇烈加速的地球暖化，是由人類活動所導致的結果。

■ 全球與各大陸的氣溫變化

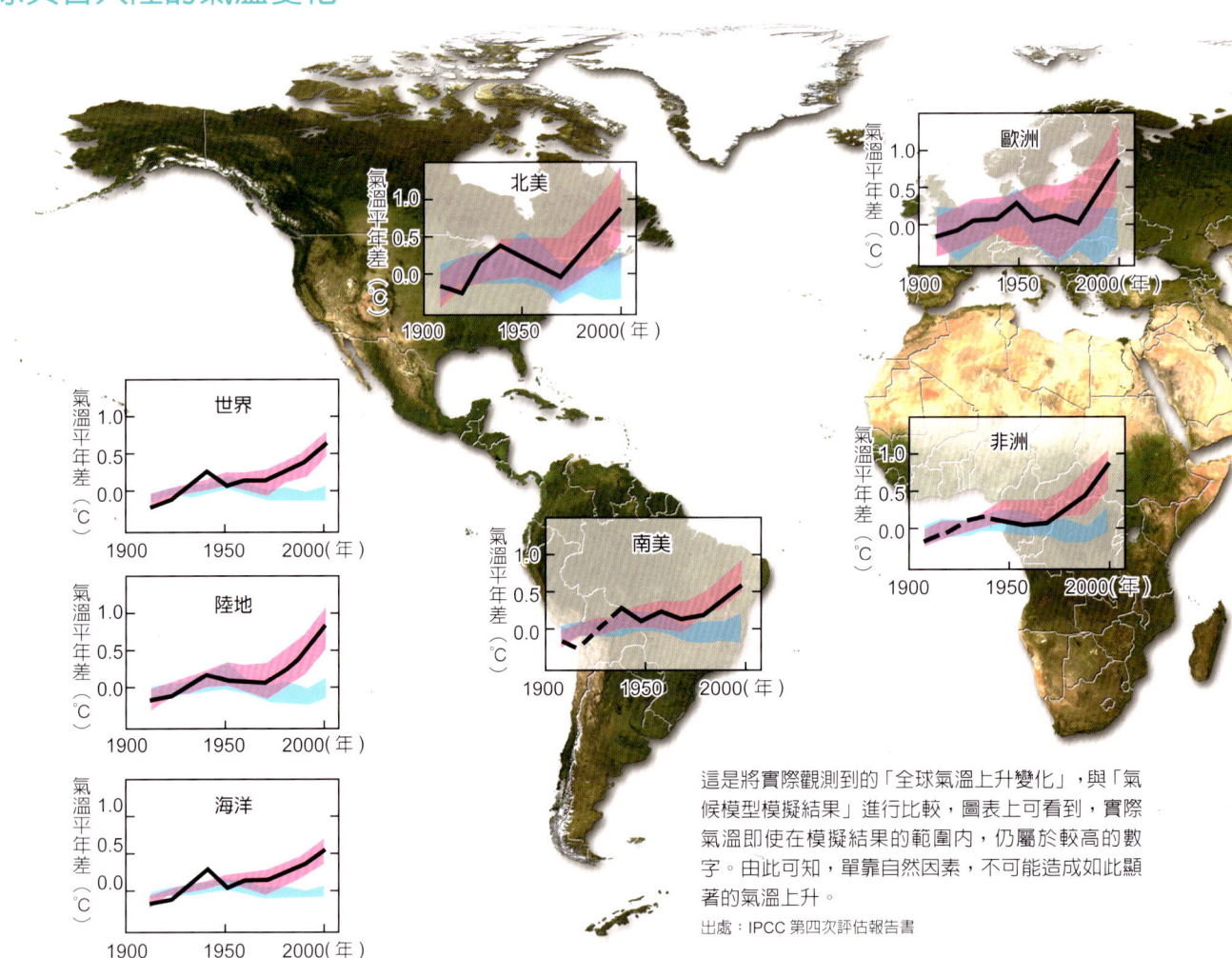

這是將實際觀測到的「全球氣溫上升變化」，與「氣候模型模擬結果」進行比較，圖表上可看到，實際氣溫即使在模擬結果的範圍內，仍屬於較高的數字。由此可知，單靠自然因素，不可能造成如此顯著的氣溫上升。

出處：IPCC 第四次評估報告書

第 7 章 未來的地球

⑪ 地球暖化

21 世紀末的氣溫預測

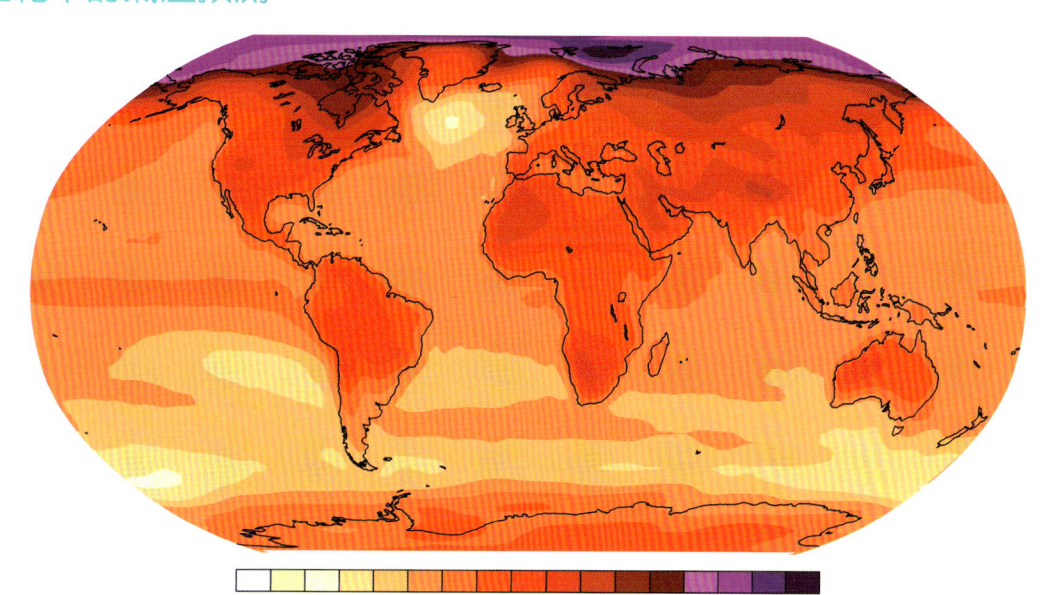

出處：IPCC 第四次評估報告書

以 1980～1999 年的氣溫為基準，預測 2090～2099 年的氣溫上升（假設是 p.182 的 6 種情境的②）。在 IPCC 第四次評估報告書中也指出，北極的海冰有可能在 21 世紀末的夏季消失，這種情況著實令人擔憂。

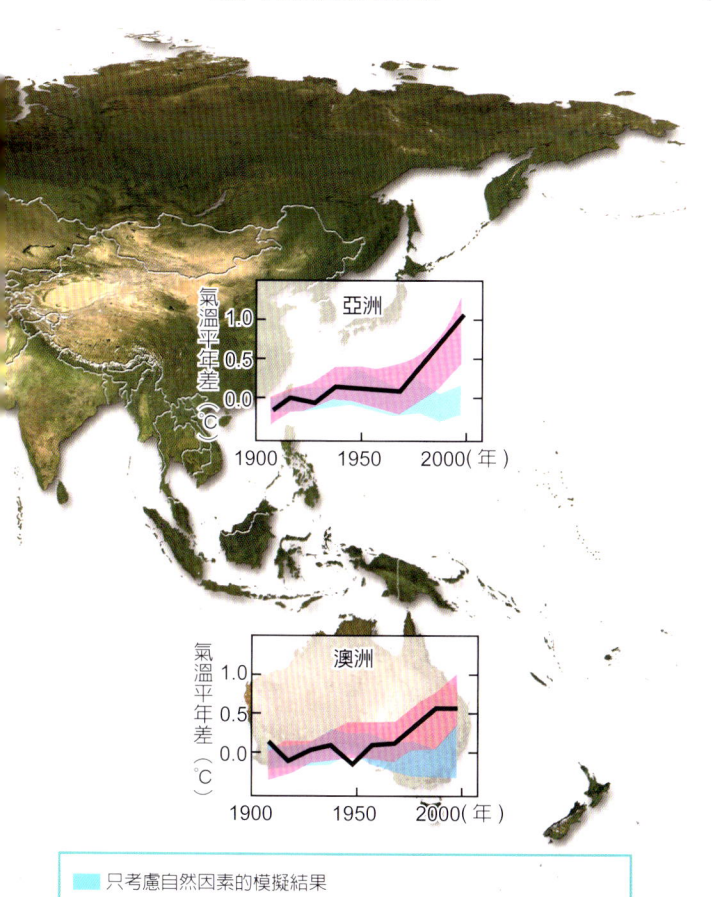

COLUMN

發生在世界各地的環境異變

地球暖化影響顯著的地點，包括北極圈、喜馬拉雅山與阿爾卑斯山等地區。氣溫一旦上升，融化了冰層，周遭環境可能隨之巨變。北極圈夏天剩餘的冰層面積愈來愈小；喜馬拉雅山的冰河 1 年內甚至退縮 10～15m。其他地區每年也持續回報有異常氣象發生。雖然因果關係尚未明確，不過很有可能是受到地球暖化的影響。

巨型颶風

北極海的冰融化

只考慮自然因素的模擬結果
自然因素與人為因素雙方皆考慮的模擬結果
實際的觀測資料

11 地球暖化

人類與地球暖化的關係①

■ **人類的活動造成地球暖化**

IPCC 第四次評估報告書中，為了探究暖化的成因，因此使用模擬地球大氣與海洋等的「氣候系統模型」進行電腦模擬，重現 20 世紀的氣候變遷情況。從「全球與各大陸的氣溫變化」（p.180）圖中可以看出，若只考慮太陽的變動、火山活動的影響來進行計算，就無法重現實際的氣溫變化，但如果將人類活動的影響也納入考量，就能得出與觀測到的氣溫變化完全吻合的結果。

學者認為，地球暖化的主要原因是人類排放到大氣中的二氧化碳。排入大氣的二氧化碳當中，約有一半會被植物用來行光合作用，或是溶解到海水裡，但剩下的另一半會在大氣中累積。二氧化碳的排放量逐年增加，若持續排放超過自然界吸收能力能夠處理的量，地球暖化將進一步加劇。

此外，除了二氧化碳，甲烷、一氧化二氮（俗稱笑氣）等也是溫室效應氣體，而且這些氣體的排放量，也因為工業化等因素而不斷上升。

IPCC 第四次評估報告書中，也預測了接下來 100 年的地球環境變化。預測結果顯示，2090 年～2099 年的地球平均氣溫，與 1980 年～1999 年的平均氣溫相比，最低僅上升 1.1℃，但最高可上升 6.4℃。

預測的數值相差超過 5℃，這個差異取決於我們今後將過著什麼樣的生活。專家認為地球一旦繼續暖化，北極圈的冰將融化，海平面也將會上升，如此一來，小型島嶼、荷蘭等海拔低的區域，就有可能會淹沒。另外，爆發瘧疾等傳染病的地區也有可能往北延伸；往年採收的作物可能無法收成等，諸如此類的影響同樣令人憂心。

目前世界各國正在試圖將全球平均氣溫的上升幅度，控制在比工業革命前高出不超過 2℃ 的範圍內。即便上升不超過 2℃，也仍會對農作物與氣候造成影響，因此為了達成「既要發展經濟，又不能讓地球暖化繼續惡化」這樣兩難的課題，今後目標就是要在這兩者之間取得平衡。

■ 溫室效應氣體排出量的 6 種情境

經濟持續成長的情況（A1）

到了 21 世紀中葉時，世界人口將達到高峰，過後雖然會減少，但由於迅速導入新技術，世界各地的發展差距逐漸擴大。這種時候，根據著重的能源來源，可分為以下 3 種情境：

❶ 重視化石能源（A1F1）
❷ 重視各種能源的平衡（A1B）
❸ 重視非化石能源（A1T）

❹ 地區性經濟發展為主的情況（A2）

雖然能保留各地的獨立性，但每位國民的經濟成長與技術革新速度會變慢，也會造成出生率下降。

❺ 永續發展型的情況（B1）

各地區之間發展的差距小，人口減少，物質欲望也降低。導入節省資源的技術，永續社會受到重視。

❻ 地區共存型的情況（B2）

全球人口比 ❷ 略增，經濟發展中等。重視地區發展對策，以期走向永續社會。

第7章 未來的地球

⑪ 地球暖化

地球暖化的原理

約200年前的地球
工業革命甫開始時的二氧化碳濃度為 280ppm

溫室效應氣體
排熱
吸熱
熱
來自太陽的光

現在的地球
二氧化碳的濃度超過 370ppm

排熱
溫室效應氣體
吸更多熱
熱
來自太陽的光

改自日本全國地球暖化防止活動推廣中心「地球暖化的架構」

地表吸收太陽能量，釋放紫外線，排到太空裡。但是其中一部分被大氣中的水蒸氣和二氧化碳等吸收，幫助地球保暖。在這個效果的加成之下，地球暖化益發嚴重。

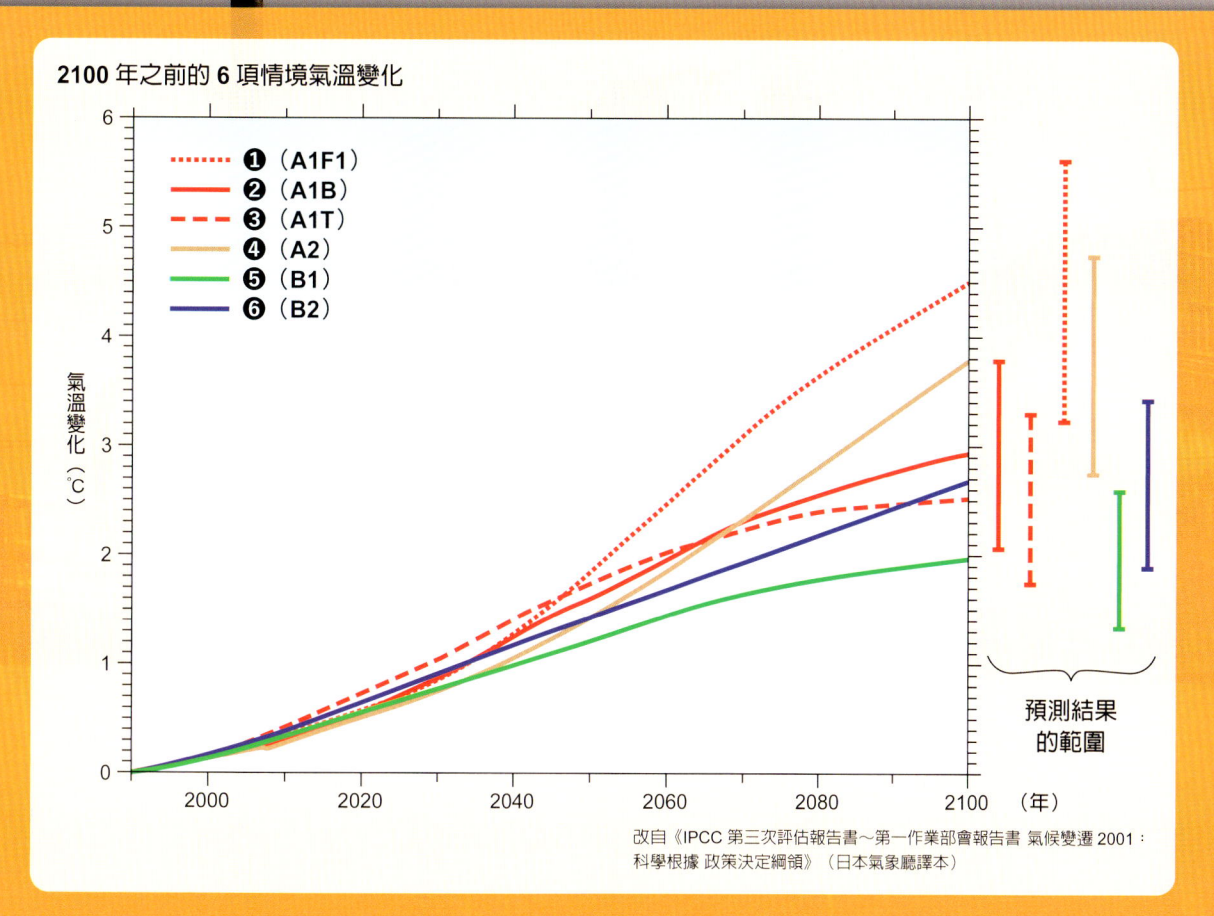

2100 年之前的 6 項情境氣溫變化

❶（A1F1）
❷（A1B）
❸（A1T）
❹（A2）
❺（B1）
❻（B2）

氣溫變化（℃）

預測結果的範圍

改自《IPCC 第三次評估報告書～第一作業部會報告書 氣候變遷 2001：科學根據 政策決定綱領》（日本氣象廳譯本）

183

11 地球暖化
人類與地球暖化的關係②

地球之光

人造衛星拍下的「夜晚的地球」。人類活躍的活動，都在消耗資源和能源。

■**對生物造成影響的環境變化**

地球暖化不僅影響到人類的生活，也對其他生物造成重大影響。首先是在夏季海冰減少的北極圈，北極熊的生活空間正在縮小。根據美國地質調查所（USGS）的調查，最近這10年左右，為了覓食而遠行150公里之遙的北極熊愈來愈多。

此外，沖繩等海域的造礁珊瑚（能夠形成珊瑚礁的珊瑚）出現明顯的白化現象。造礁珊瑚體內有與之共生的「蟲黃藻」；當海水溫度上升等環境變化對珊瑚造成壓力時，珊瑚就會排出蟲黃藻，發生白化；若環境很快就能夠復原，珊瑚會再度吸收蟲黃藻，從白化狀態恢復，但若環境惡化持續太久，珊瑚本體就會死亡。珊瑚個體白化雖然並不罕見，但學者認為，大規模的珊瑚白化現象毫無疑問是地球暖化的影響。

除了這些看得見的變化之外，生物因氣候或環境變化受到的影響不計其數（右圖）。IPCC第四次評估報告書預測：「地球氣溫如果上升1～3℃，將有20～30%的物種滅絕。」過去即使發生大滅絕，其滅絕速度也不過是每年約10～100種，然而現在則是每年有多達4萬種生物正在絕種。

這不僅是地球暖化的影響，也與人類對森林濫砍濫伐、過度開發土地、對生物濫捕濫殺、大量使用農藥、隨意傾倒廢棄物等，持續破壞環境的行為有關。地球暖化不過是人類對環境造成的負擔當中，最容易被察覺的地球傷害之一罷了。

第 7 章 未來的地球

⑪ 地球暖化

全球平均氣溫的變化對人類社會帶來的影響

1980～1999 年世界年平均氣溫的變化（°C）

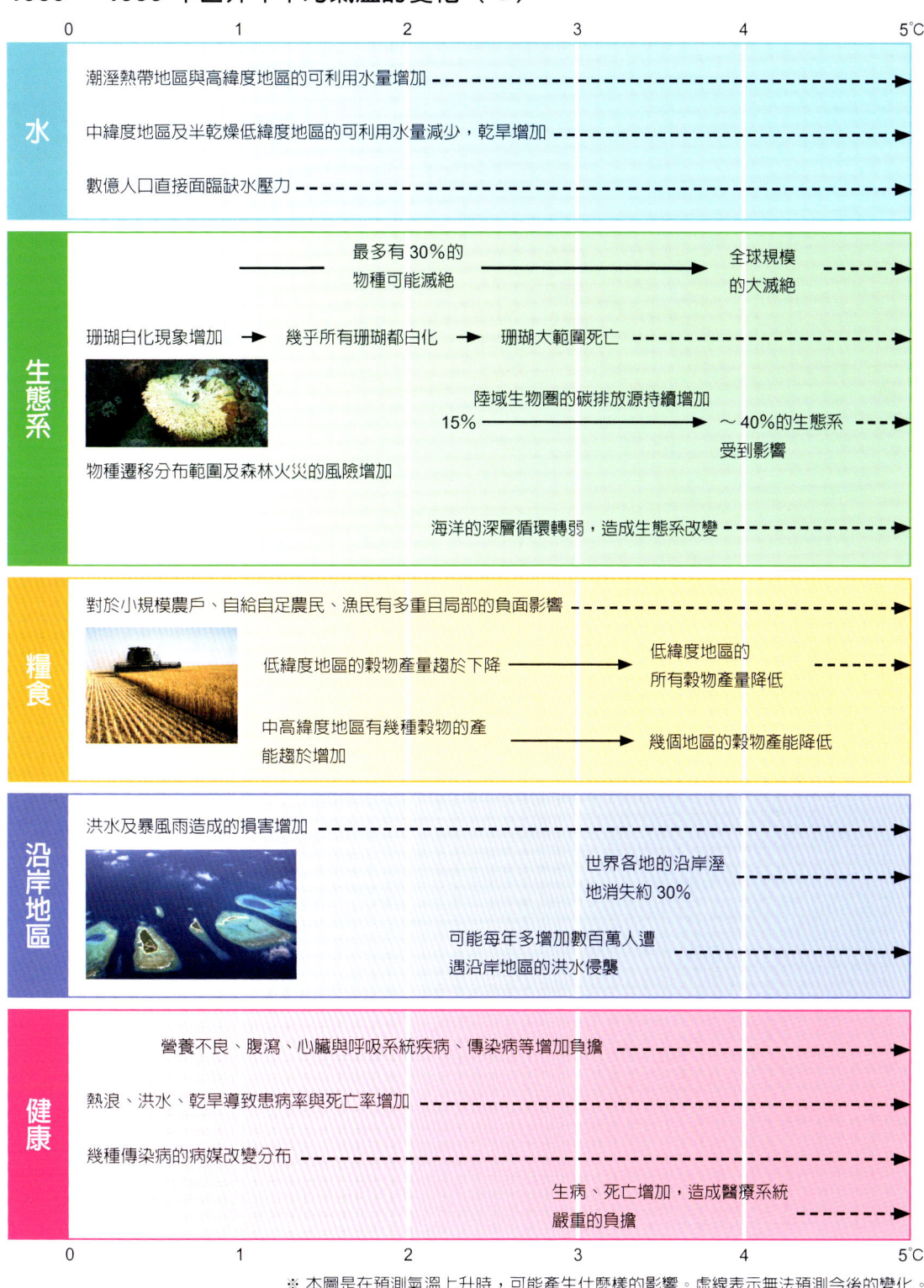

水
- 潮溼熱帶地區與高緯度地區的可利用水量增加
- 中緯度地區及半乾燥低緯度地區的可利用水量減少，乾旱增加
- 數億人口直接面臨缺水壓力

生態系
- 最多有 30% 的物種可能滅絕 → 全球規模的大滅絕
- 珊瑚白化現象增加 → 幾乎所有珊瑚都白化 → 珊瑚大範圍死亡
- 陸域生物圈的碳排放源持續增加 15% → ～40% 的生態系受到影響
- 物種遷移分布範圍及森林火災的風險增加
- 海洋的深層循環轉弱，造成生態系改變

糧食
- 對於小規模農戶、自給自足農民、漁民有多重且局部的負面影響
- 低緯度地區的穀物產量趨於下降 → 低緯度地區的所有穀物產量降低
- 中高緯度地區有幾種穀物的產能趨於增加 → 幾個地區的穀物產能降低

沿岸地區
- 洪水及暴風雨造成的損害增加
- 世界各地的沿岸溼地消失約 30%
- 可能每年多增加數百萬人遭遇沿岸地區的洪水侵襲

健康
- 營養不良、腹瀉、心臟與呼吸系統疾病、傳染病等增加負擔
- 熱浪、洪水、乾旱導致患病率與死亡率增加
- 幾種傳染病的病媒改變分布
- 生病、死亡增加，造成醫療系統嚴重的負擔

※ 本圖是在預測氣溫上升時，可能產生什麼樣的影響。虛線表示無法預測今後的變化。
※ 影響會根據適應程度、氣溫變化的速度、社會經濟的情境而不同。

部分改自《IPCC 第四次評估報告書～綜合報告書 政策決定綱領》

11 地球暖化

海將會酸化？

■ 海洋生物可能會消失

氧與二氧化碳等大量的氣體溶解在海水裡，但氣體能溶入海水的量，會受到海水溫度的影響。

一般來說，海水溫度越低，就能溶解越多氣體；反之，當海水溫度升高時，氣體的溶解量就會減少。一旦地球暖化導致海水溫度上升，溶解在海水中的氧氣量減少，就有可能造成海洋生物缺氧。

地球發生暖化，海洋表層的水溫就會上升。雖然對流會混合海洋整體的溫度，但表層水溫上升會使得表層水的浮力變輕，無法與海洋中層與深層的海水混合，這樣一來，含有豐富養分的中層與深層海水也就無法將養分運送至表層，導致浮游植物的生產活動下降，因而也影響到許多以它們為食的海洋生物。此外，大氣中二氧化碳濃度增加，也會影響到海水的酸鹼度，科學家們預測海洋酸化的情況將持續惡化。海水一旦酸化，浮游生物的鈣質殼體與珊瑚的骨骼都有可能溶解，對整個生態系的影響令人擔憂。

海洋酸化

一項研究指出，目前海洋正以 3 億年來最快的速度持續酸化中。

第 7 章 未來的地球

⑪ 地球暖化

位於亞洲與歐洲之間的黑海，因低鹽度的冷表層水與高鹽度的暖深層水無法混合，所以陷入缺氧狀態，目前已在逐漸改善。這類缺氧的海域稱為「海洋死區（dead zone）」。

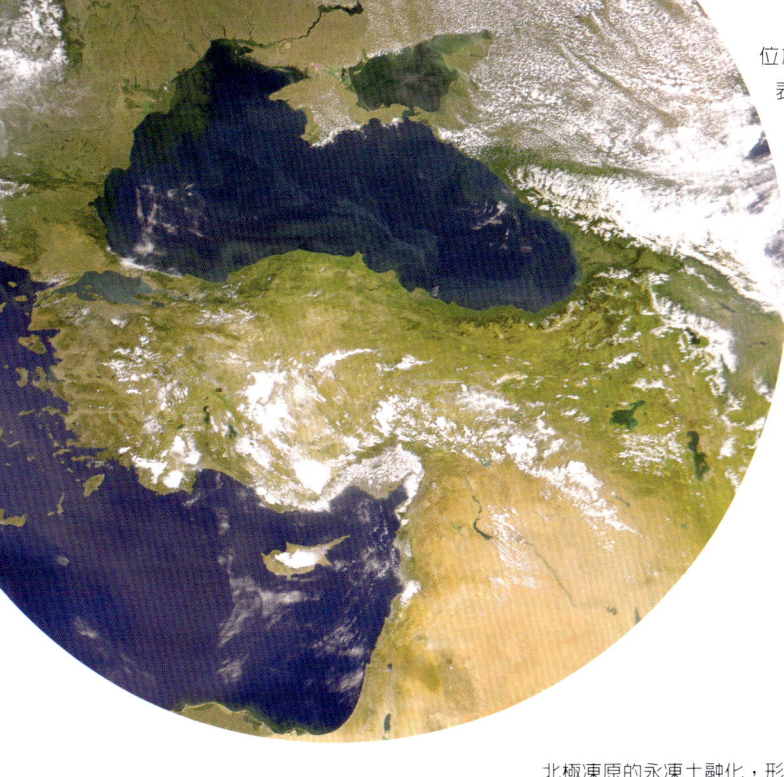

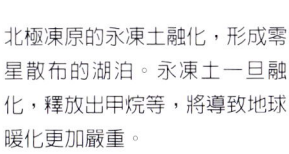

北極凍原的永凍土融化，形成零星散布的湖泊。永凍土一旦融化，釋放出甲烷等，將導致地球暖化更加嚴重。

COLUMN 如何防止地球暖化？

邁向不依賴化石燃料的社會

　　為了盡可能抑制二氧化碳、甲烷等溫室效應氣體的排放，不僅大型工廠與企業要配合，一般家庭也在推廣調整冷氣的設定溫度、改用更節能的電器產品等各種對策。

　　然而，這些對策的效果仍然有限。為了從根本解決這個問題，我們必須打造一個不排放溫室效應氣體、不依賴化石燃料的社會。在 2011 年之前，我們把重心放在核能發電上，但福島第一核電廠外洩事故發生後，核能發電就被排除在實質選項之外了。目前倍受關注的是以太陽能為首的「可再生能源」。不過，可再生能源普遍存在產量不穩的缺點。為了彌補這點，現在正在開發由蓄電池與資訊科技等支援的智慧電網（Smart Grid）系統。

187

11 地球暖化

溫暖期與寒冷期

■ 地球將再次變冷？

南極大陸與格陵蘭的巨大冰蓋，記錄著地球大氣的變遷史，只要分析冰蓋，就可以了解過去約 65 萬年間的大氣成分與氣溫變化。這些冰蓋可以說是「地球的履歷表」。

調查後發現，地球以 10 萬年為週期，反覆經歷寒冷的「冰期」與較溫暖的「間冰期」循環。此外也得知大氣中的二氧化碳與甲烷濃度，同樣與氣候同步產生變化。

順帶一提，一般所稱的「冰河期」，通常是指最近一次，也就是約 7 萬年前～1 萬年前的「末次冰期」，而目前是處於末次冰期之後的時期，因此也稱為「冰後期」，但其實現在是「間冰期」，況且地球終將再次進入冰期（冰河時期），這點從地球過去的氣候變遷史就能窺知一二。

然而，由於人類活動導致二氧化碳與甲烷濃度上升，目前的濃度已達過去 65 萬年來的最高水準，其上升速度之快，更是遠遠超過過去的變化速度，如此劇烈的地球變化，甚至有可能會破壞原本持續進行的冰期～間冰期循環。

關於地球暖化將對地球環境的未來產生何種影響，仍有待進一步研究。

過去 65 萬年的溫室效應氣體變化

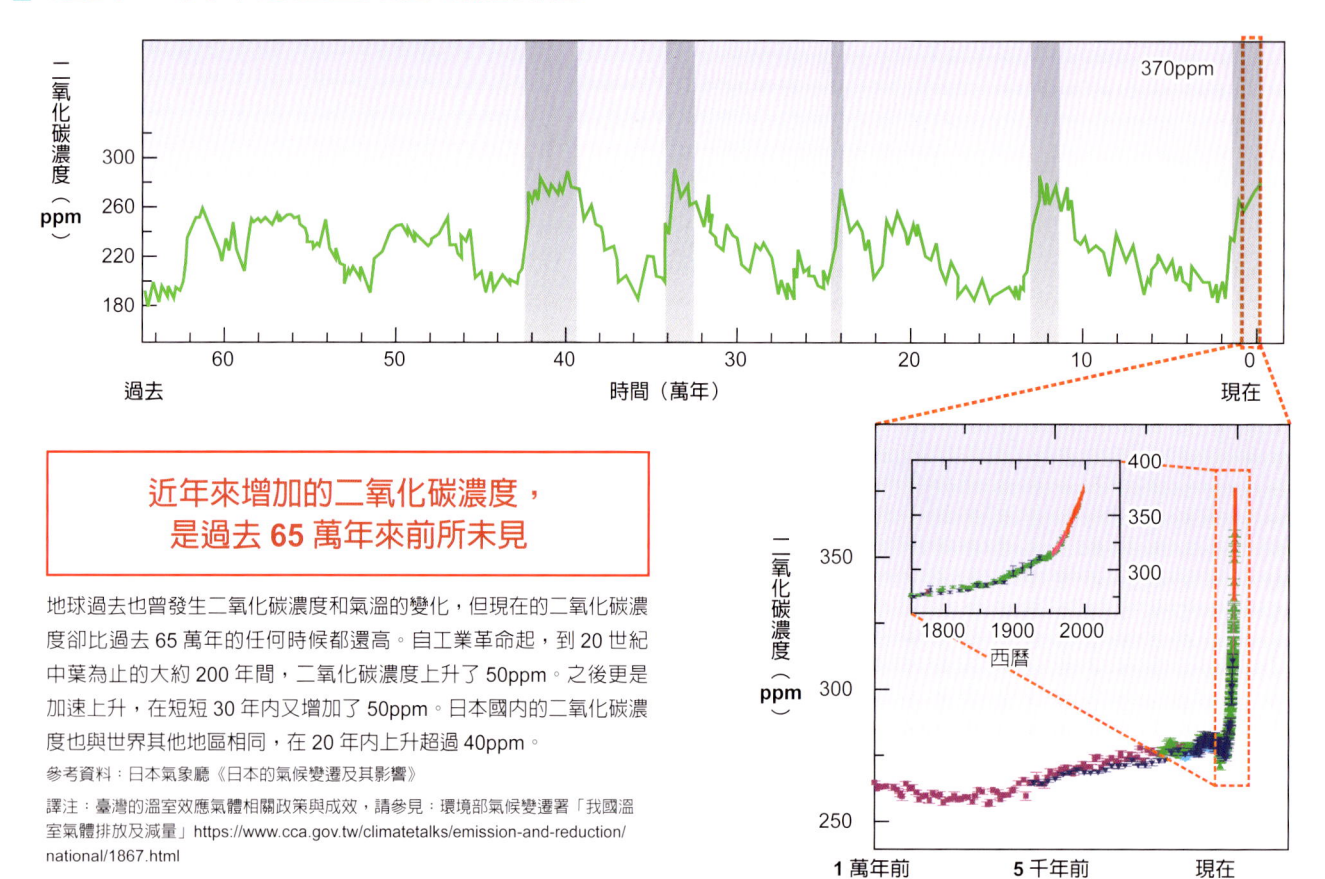

近年來增加的二氧化碳濃度，是過去 65 萬年來前所未見

地球過去也曾發生二氧化碳濃度和氣溫的變化，但現在的二氧化碳濃度卻比過去 65 萬年的任何時候都還高。自工業革命起，到 20 世紀中葉為止的大約 200 年間，二氧化碳濃度上升了 50ppm。之後更是加速上升，在短短 30 年內又增加了 50ppm。日本國內的二氧化碳濃度也與世界其他地區相同，在 20 年內上升超過 40ppm。

參考資料：日本氣象廳《日本的氣候變遷及其影響》

譯註：臺灣的溫室效應氣體相關政策與成效，請參見：環境部氣候變遷署「我國溫室氣體排放及減量」https://www.cca.gov.tw/climatetalks/emission-and-reduction/national/1867.html

第 7 章 未來的地球

⑪ 地球暖化

阿根廷「冰河國家公園」內的斯佩加齊尼冰河會反射藍光，因此呈現美麗的藍色。冰河就像這樣存在於地球上，讓我們真切地感受到自己依然生活在「冰河時期」。

COLUMN 化石燃料還能夠維持多久？

　　資源並非無窮無盡，據說石油大約再過 46 年就會枯竭，煤炭則剩下 118 年。如果化石燃料耗盡，溫室氣體的排放量將會大幅減少，緩解地球暖化的危機。然而，地球是建立在精密平衡上的巨大系統，一旦失衡，就需要一段時間才能夠恢復平衡。有一派說法認為，化石燃料的影響，可能需要數萬年，乃至數十萬年才會消失。

各資源的確認可採蘊藏量與可採年限

資源	蘊藏量	可採年限
石油	1 兆 3832 億桶	46 年
天然氣	187.1 兆立方公尺	59 年間
煤炭	8609 億公噸	118 年間

參考資料：BP Statistical Review of World Energy June 2011、IEA Coal Information 2011

189

第 7 章 未來的地球

12 接下來將發生的地殼變動

超巨大火山爆發的威脅

地球的特徵之一就是「至今內部仍然炙熱且活躍」。地函熱對流使地表的板塊移動，並引發火山噴發。如同我們在這本書前面看到的，地球現在的樣貌正是來自於這些內部活動。那麼，地球今後還會出現怎樣的變化呢？

假設火山爆發，導致山體崩塌，熔岩和火山碎屑流流入市區，將會對住家與道路造成嚴重的破壞。另一方面，若這些物質流入河川或海洋，還可能引發「蒸氣爆炸」等二次災害。

未來的地球 | ⑫ 接下來將發生的地殼變動

火山不僅會帶來熔岩流，還有火山灰、有毒火山氣體等各種物質。

191

12 接下來將發生的地殼變動

必然成真的巨大火山爆發

■ 造成嚴重災害的火山噴發

回顧地球史可以發現，火山活動通常會改變氣候，改變生物的生存環境。地殼底下有地函在進行對流運動，而構成地函的岩石會融化成岩漿，以熔岩的形式噴出地表。

日本是個多火山的國家，因此大家經常聽到火山噴發的新聞。火山雖然為我們帶來溫泉等好處，然而一旦發生爆發，也會造成極大的災害。

舉例來說，1991年菲律賓品納土玻火山爆發，噴出的岩漿量約為5立方公里，相當於3000座東京巨蛋的容積※。噴上數十公里高空中的火山氣體成分發生化學反應，變成氣溶膠微粒滯留在大氣中，導致地球氣溫下降，甚至會破壞臭氧層。

然而，過去也發生過多次規模比這次更大的火山爆發（毀滅性噴發）。約9萬年前，日本熊本縣的阿蘇火山口曾噴出高達200立方公里的大量岩漿，這場堪稱日本最大規模的火山噴發，噴出的火山碎屑流幾乎覆蓋整個九州，甚至流到了本州最西邊的山口縣一帶，火山灰更是遮蓋了全日本。

這類會造成如此巨大噴發的火山遍布世界各地，其中甚至還有噴發規模可能超過阿蘇火山口的火山，我們無法預測是否很快就會有下一場大規模的火山爆發，但學者普遍認為未來必定會再度發生。一旦發生，其影響將波及全世界，並且對人類造成難以預估的災難。

※ 一座東京巨蛋的容積約124萬立方公尺

20世紀最大規模的菲律賓品納土玻火山噴發，從1991年4月左右開始，持續到6月達到高峰。據說當時噴出的火山煙柱高達25km。

AFP＝時事

第 7 章 未來的地球

⑫ 接下來將發生的地殼變動

阿蘇火山口是過去歷經 4 次大規模火山噴發而形成。在 9 萬年前那次噴發中，曾經噴出多達 200 立方公里的岩漿。

美國的黃石國家公園在 200 萬年前曾噴出多達 2500 立方公里的熔岩。這類會發生大規模噴發（毀滅性噴發）的火山，稱為「超級火山（Supervolcano）」。

COLUMN

地球因「火山冬天」而急速變冷

　　超級火山噴發產生的火山碎屑流和火山灰等，將會帶來重大災害，而且其影響不僅如此。火山噴發的同時，也會釋放出大量的火山氣體，火山氣體有一大半是水蒸氣與二氧化碳，除此之外還有硫化氫和二氧化硫等含硫的成分。這些含硫的成分飄浮在大氣中，會與太陽光發生化學反應，變為硫酸鹽氣溶膠微粒。

　　一旦大規模的火山噴發發生，產生大量這類微粒，將會覆蓋地球上空數年，反射太陽光、破壞臭氧層，致使地球進入寒冷期。

　　這種現象稱為「火山冬天」。

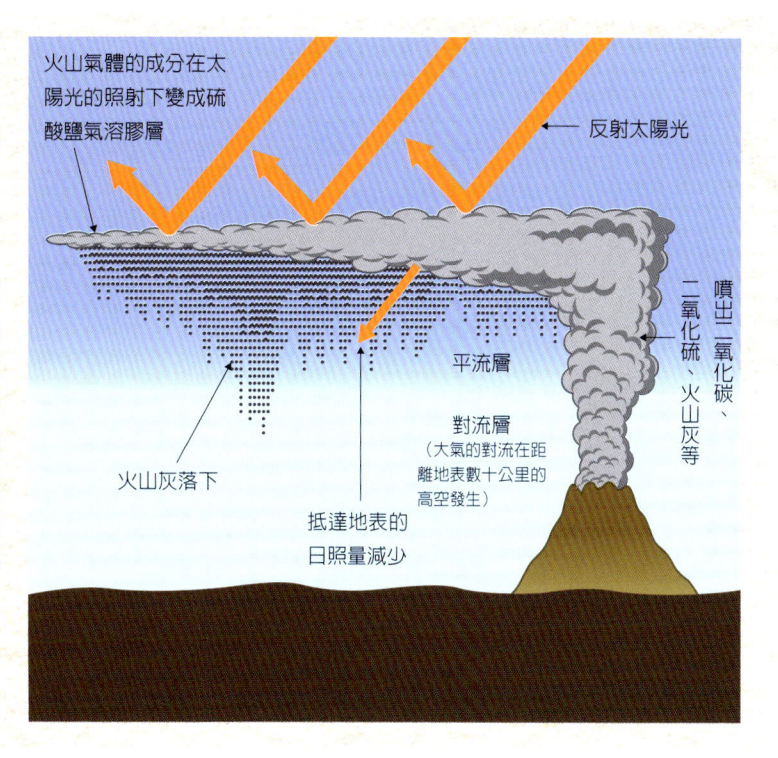

火山氣體的成分在太陽光的照射下變成硫酸鹽氣溶膠層

反射太陽光

噴出二氧化硫、二氧化碳、火山灰等

平流層

火山灰落下

對流層（大氣的對流在距離地表數十公里的高空發生）

抵達地表的日照量減少

193

12　接下來將發生的地殼變動

2 億 5000 萬年後的超大陸

1 億 5000 萬年後的大陸分布

日本將移動至赤道正下方

1 億 5000 萬年後，日本列島將會與朝鮮半島合併，並移動到赤道正下方。另外，與歐亞大陸合併的非洲大陸，則會移動到北半球。

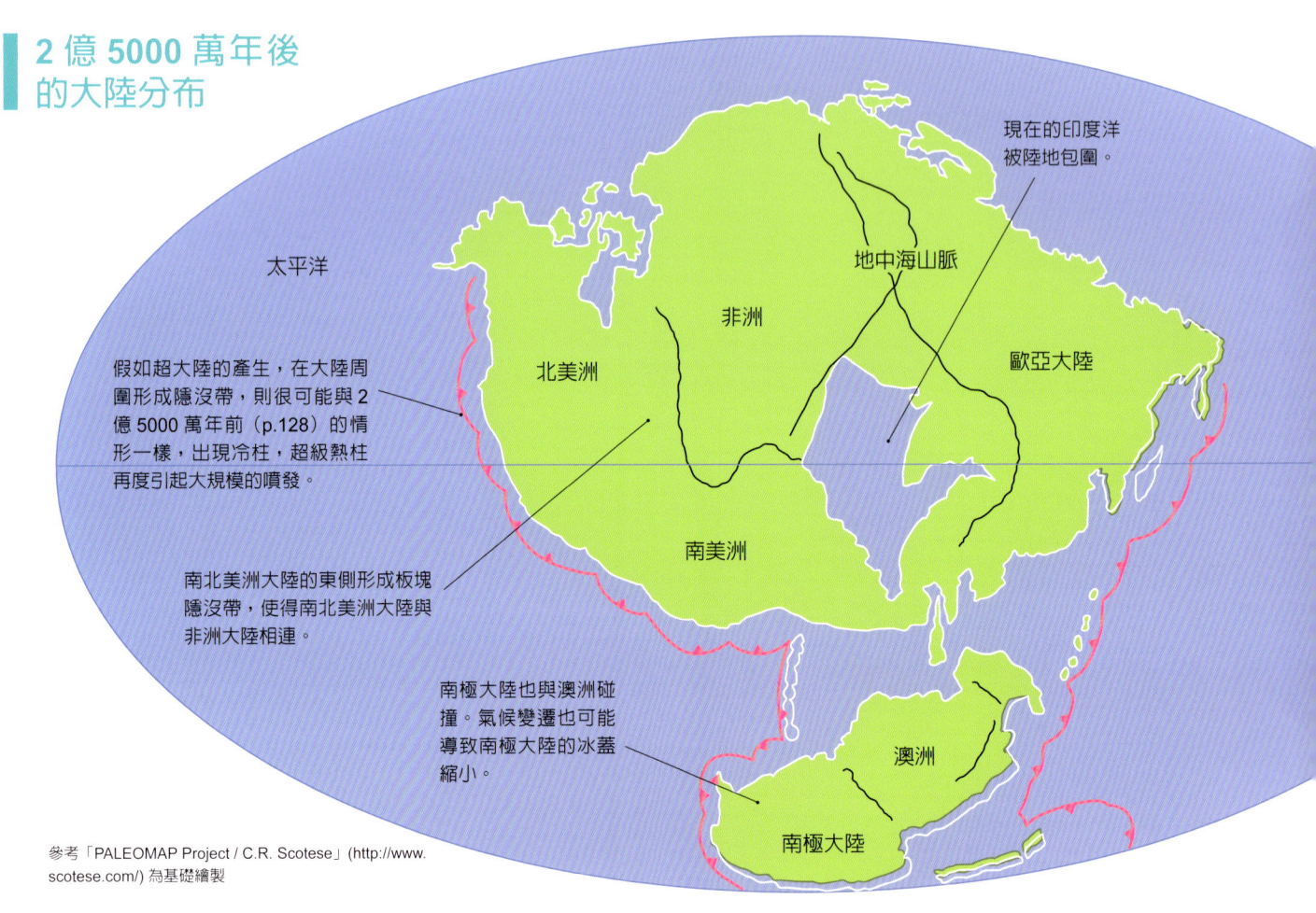

地圖標示：
- 英格蘭
- 北美洲
- 地中海山脈
- 北大西洋中洋脊
- 非洲
- 歐亞大陸
- 太平洋
- 南美洲
- 印澳山脈
- 印度大西洋
- 澳洲
- 南極大陸

圖例：
- 未來的大陸
- 現在的大陸
- 隱沒帶

2 億 5000 萬年後的大陸分布

現在的印度洋被陸地包圍。

假如超大陸的產生，在大陸周圍形成隱沒帶，則很可能與 2 億 5000 萬年前（p.128）的情形一樣，出現冷柱，超級熱柱再度引起大規模的噴發。

南北美洲大陸的東側形成板塊隱沒帶，使得南北美洲大陸與非洲大陸相連。

南極大陸也與澳洲碰撞。氣候變遷也可能導致南極大陸的冰蓋縮小。

地圖標示：太平洋、非洲、地中海山脈、北美洲、歐亞大陸、南美洲、澳洲、南極大陸

參考「PALEOMAP Project / C.R. Scotese」(http://www.scotese.com/) 為基礎繪製

194

■大陸會再次合而為一嗎？

覆蓋地球表面的板塊，現在也仍在緩慢移動，位於這些板塊上的大陸也隨之一同移動。在地球悠長的歷史中，大陸每數億年為一個週期，反覆進行聚合與分裂。

目前地球上的大陸分為南北美洲大陸、歐亞大陸、非洲大陸、澳洲大陸、南極大陸等。但如同韋格納提出的「大陸漂移說」所云，2億5000萬年前，這些大陸曾經集合在一起形成超大陸「盤古大陸」。

根據大陸漂移的週期來看，從現在起約2億～2億5000萬年後，地球將再次形成超大陸。

地球板塊的移動速度，已透過汽車導航也使用的GPS技術精準測量出來，板塊正以每年數公分的速度緩慢移動著。按照這個移動趨勢來看，未來很可能會出現稱為「終極盤古大陸」的超大陸。

在這個預測情境中，非洲大陸會撞上現在的歐洲部分，地中海與裏海等終將消失。南北美洲大陸的東側會形成板塊隱沒帶，所以美洲大陸將與非洲大陸相連。再來看看歐亞大陸的東側就會發現日本與朝鮮半島合併，變成日本半島。而在南極大陸與澳洲大陸合一之後，最後會向東亞靠近。科學家認為現在的印度洋將會來到「終極盤古大陸」的中央，由其他大陸包圍，變成巨大的內海。

然而，研究者對於超大陸的形成，意見分歧。這裡介紹的僅是眾多假說中的其中一種。

冰島的辛格韋德利國家公園位在歐亞板塊與北美板塊的交界上，可看到大地的裂縫。

■ 未來的大陸
□ 現在的大陸
― 隱沒帶

終極盤古大陸

專家預測各大陸將會朝向歐亞大陸聚集，現在的印度洋到時將會被陸地包圍。日本會移動到南半球，山脈出現在超大陸上。氣候或許也會產生劇烈變化。但是這樣形成的「終極盤古大陸」，有一天也會再次分裂，形成新的大陸。

COLUMN

另外一個「超大陸」論

地球上的大陸今後也將繼續著聚合與分散的循環，因此幾乎可以確定將會再次形成超大陸。然而，到時會形成什麼樣的超大陸，目前學界仍然眾說紛紜。「終極盤古大陸」的假說認為南北美洲大陸將會靠向歐洲，與非洲大陸相撞，不過也有另一派假說認為，北美洲大陸將與東亞相撞。在這個假說中，大陸碰撞出現的超大陸稱為「美亞大陸（Amasia）」。

第 7 章 未來的地球

13 地球的命運

脫離「適居帶」的地球

今後，太陽將愈來愈明亮，地球也將逐漸脫離「適居帶（生命可生存的區域）」。到時候海水將會蒸發，生命也將不可能生存吧！我們儘管無緣親眼見證這樣的未來，不過就讓我們預測一下地球的最終命運吧！

地球接收的日照量一旦達到現在的1.1倍，平流層的水蒸氣量會增加，這些水蒸氣被太陽的紫外線分解，氫會逸散至太空，最後海水將會全部消失殆盡。

未來的地球 ⓭ 地球的命運

太陽剛誕生時的亮度，大約只有現在的 70% 左右。但隨著時間推移，太陽逐漸變得愈來愈明亮，地球接收到的太陽能量也會過剩。

197

13　地球的命運

增加亮度的太陽

失控溫室效應的邊界
送達行星的能量一旦過剩，行星上的水會蒸發殆盡，最後連岩石也會熔化，在地表上形成岩漿海。這種狀態稱為「失控溫室效應」。

水星

金星

太陽

■太陽的亮度決定地球的命運

　　地球的地表上有液態水，因此能成為孕育眾多生命的行星，但能夠發展成適合眾多生命生存的環境，在某種意義上來說也十分幸運。

　　生命需要有液態水才能夠誕生，要讓水維持液態，地球與太陽的距離不能太近也不能太遠。

　　現在的地球之所以有水，是因為地表溫度維持在 0～374℃ 的範圍內。而可以維持在這個溫度範圍的區域，就稱為「適居帶」（p.52）。當地球比適居帶更靠近太陽時，氣溫就會升得太高，地表的水就會蒸發；如果比適居帶更遠離太陽，水就會凍結。

　　此外，大氣層的存在對於持續保有液態水也很重要。地球反射 30% 的太陽光，吸收 70% 的能量。溫暖的地表釋放出的紅外線，有一部分是大氣吸收，地面也因此繼續被加熱，結果使得氣溫上升。假如沒有大氣層的話，地球的氣溫大概會下降到零下

第 7 章 未來的地球

⓭ 地球的命運

15～25 億年後，地球將脫離適居帶

隨著太陽逐漸變得愈來愈明亮，預估在 15～25 億年後，適居帶的內側邊界將會跨過地球往火星方向移動，地球也會比現在承受更多的熱能。

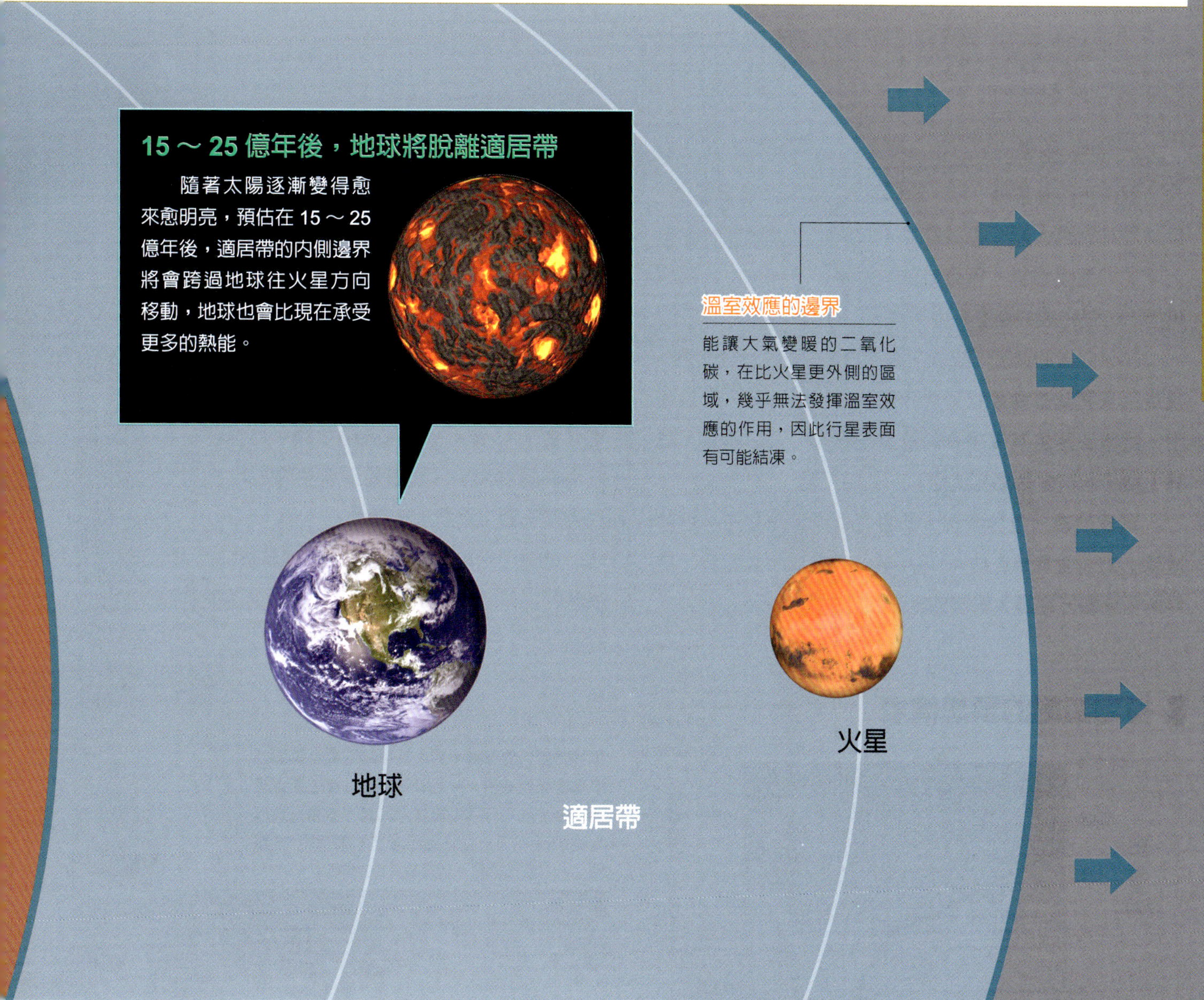

溫室效應的邊界
能讓大氣變暖的二氧化碳，在比火星更外側的區域，幾乎無法發揮溫室效應的作用，因此行星表面有可能結凍。

地球

火星

適居帶

40°C。

　「適居帶」會隨著太陽亮度的變化而改變位置。太陽在剛誕生時的亮度只有現在的約 70%，之後逐漸變亮，所以適居帶也隨之向外移動。

　這也就是說，地球未來將會脫離適居帶，這麼一來就無法保留液態水，也不再是生命可以生存的環境。

199

13 地球的命運

地球生物圈的終結

■壽命有多長？

就像恆星有壽命一樣，地球的生物圈似乎也有壽命。目前地球因為人類活動的緣故，二氧化碳濃度以地球史上罕見的速度增加，導致地球加速暖化。等到化石燃料用盡，二氧化碳的濃度將會下降。

二氧化碳的濃度下降後，植物將難以進行光合作用，最後所有植物都會停止光合作用。如果植物不行光合作用，就無法產生其他生物的糧食及活動所需的氧氣，地球上幾乎所有生命都將滅絕。

專家推測，這種情況大約會在 9 億年後發生。由於地球上出現生命是在約 40 億年前，因此也有人認為，地球的生物圈已經進入老年期，過完 80% 的壽命。

再說，正如 p.198 介紹的，當太陽愈來愈明亮時，地球上也會發生大幅度的變化。只要地球接收到的日照量增加 10%，平流層的水蒸氣就會激增，太陽的紫外線分解這些水蒸氣產生的氫，將會逃逸到太空中。

至今一直停留在地球表面的水，也將以氫的形式源源不絕地逸散到太空去，導致海水逐漸減少，這種狀態稱為「潮溼溫室狀態（moist greenhouse）」，據推測，地球會在 15 億年後迎來這個危機。25 億年後，地球表面的海洋將會消失。隨著能孕育生命的海洋消失，地球將不再是一顆「適居」的行星。

此外，地球內部的放射性元素目前仍在發生衰變[※]，衰變熱使得地球內部遲遲無法降溫，地函能持續對流。

植物滅絕的預想情境

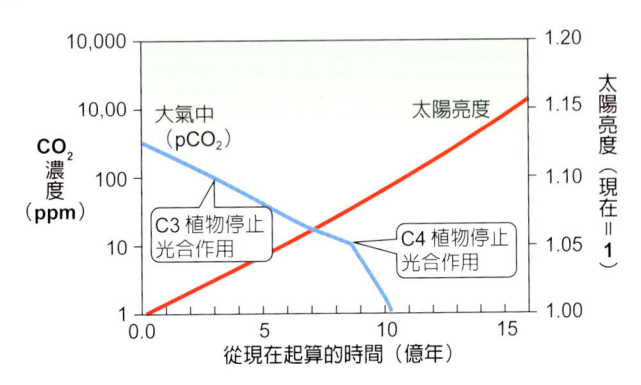

植物透過光合作用，將大氣中的二氧化碳固定下來並藉此生長，一旦環境中的二氧化碳濃度降低時，光合作用就會變得困難。依照光合作用的途徑不同，可分為稻米和小麥等「C3 植物」，以及玉蜀黍、甘蔗等「C4 植物」。

生命滅絕的預想情境

植物如果停止光合作用，除了化學合成細菌之外，地球上絕大多數的生物物種，將會因為失去食物來源而滅絕。

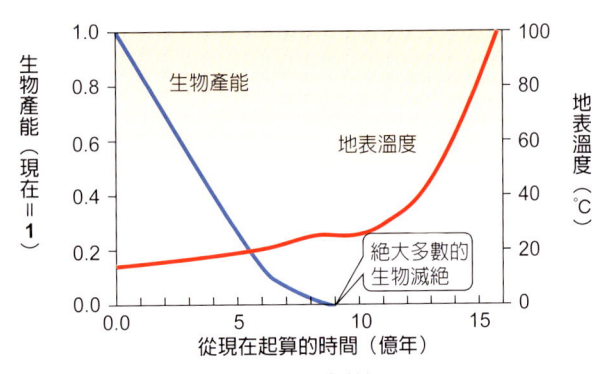

參考【Caldeira, K. and J. F. Kasting (1992)】製表

第 7 章 未來的地球

13 地球的命運

一般認為 25 億年後地球表面將不再有海洋，生物也會消失。

但地球內部總有一天會冷卻，變得就像現在的月球一樣，到那時候，也不會再有火山活動，物質也會停止循環。

不過專家認為，在地球內部變冷、火山活動停止之前，太陽應該會先變得更明亮，使地球變成如金星般的環境。

※ 放射性元素的衰變是指不穩定的核種（同位素）到某個半衰期變成穩定核種的過程。

COLUMN 人類何時滅亡？

即使地球生物圈的壽命還有大約 9 億年，但人類存活到那時的可能性極低。目前人類正蓬勃發展，但難保不會跟過去的大型恐龍一樣突然滅絕。

人類滅絕的原因，最有可能是傳染病的「全球大流行」（或稱瘟疫）。舉例來說，1918～1919 年間全球爆發的「西班牙流感」，全球人口約有 50% 染疫，25% 發病，最後在世界各地造成 4000 萬～5000 萬人死亡，規模極為可觀。

2002～2003 年期間，新病毒 SARS 急速傳播，專家呼籲很可能成為大流行，但幸好及時受到控制才沒有發生。現在大眾運輸工具四通八達，人與物頻繁往來於世界各地，在這種情況下若爆發大流行，恐怕將出現遠超過西班牙流感的災情。除了大流行之外，還有核子戰爭、小行星碰撞等，人類可能滅絕的因素不勝枚舉。

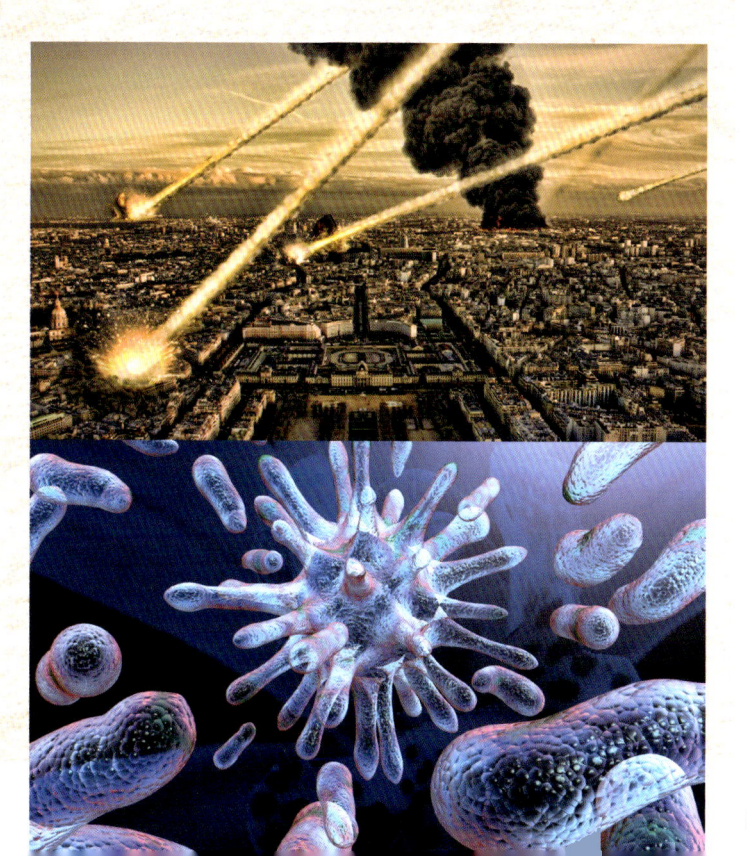

201

第 7 章 未來的地球

14 太陽的命運與宇宙的終結

太陽和宇宙將會變成什麼樣子呢？

學者們認為，太陽在接下來的 50 億年，大概會繼續是主序星，藉由核融合反應發光。之後會膨脹成為紅巨星，體積膨脹到現在的 100 倍以上。那麼，在那之後，太陽又會變成什麼樣子呢？我們一起來看看太陽與宇宙的未來吧！

地球與月球。到了這個時候，地球與月球上早已沒有生命，內部也完全冷卻了。

未來的地球

14 太陽的命運與宇宙的終結

體積膨脹到現在的 100 倍以上，變成紅巨星的太陽想像圖。

14 太陽的命運與宇宙的終結

老化的太陽

老化的太陽

太陽的日珥

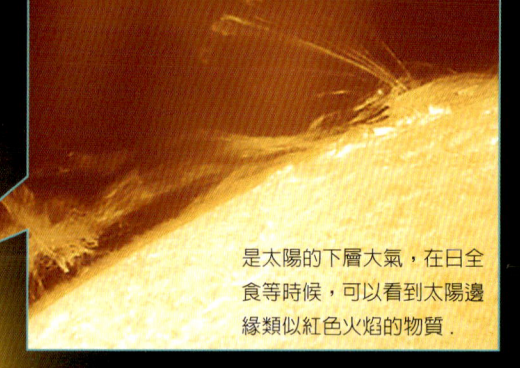

是太陽的下層大氣，在日全食等時候，可以看到太陽邊緣類似紅色火焰的物質．

核融合的能量

恆星是由大量的氫和氦構成的天體。在高溫高壓的核心部位，氫與氦發生核融合反應，產生熱與光。目前的太陽就是用氫當燃料。

紅巨星

在紅巨星之中，直徑特別大的稱為紅超巨星。當恆星的質量是太陽的 10 倍以上時，就會成為紅超巨星。

從地球上看到的紅巨星想像圖

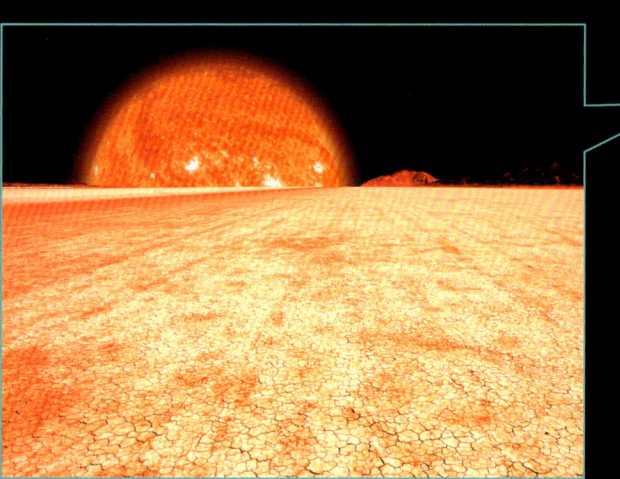

膨脹的星

當太陽核心的氫耗盡後，接下來就會使用氦進行核融合。氦進行核融合產生的能量比氫更多，因此太陽會逐漸膨脹。

第 7 章 未來的地球

■最終會冷卻的太陽

即使是能夠釋放大量能量的太陽，最後也會迎來死亡。包括太陽在內，恆星都有生存的期限，而決定壽命長短的是恆星的重量。重量愈重的恆星，壽命愈短；重量愈輕的恆星，壽命愈長。恆星愈重，引力就愈強，所以壓縮核心的力量也愈強，核融合也就愈劇烈。

地球在誕生生命之前經歷了幾億年的時間，所以假如在太陽系外的某處要誕生生命並演化的話，那麼恆星至少需要擁有 10 億年以上的壽命才有可能。此外，恆星並非自誕生以來就始終保持同樣亮度，而是隨著時間推移愈來愈明亮。在恆星一生中，稱為「主序星」的穩定階段約占 9 成，這段時期的亮度會提高到原來的 2～3 倍。在這段過程中，適居帶會逐漸向外移動，所以即使恆星的壽命超過 10 億年，行星實際位在適居帶內的時間有時可能更短。

以太陽為例，科學家認為其壽命約為 100 億年。它從誕生至今已經過了 46 億年，預計未來還有 50 億年可以穩定發光。那麼，太陽接下來將會經歷什麼樣的變化過程呢？首先，它會愈來愈明亮，最後變成紅巨星。變成紅巨星之後，它的直徑將達到現在的 100 倍以上。如果是太陽這種重量的恆星，氫耗盡後，接著會改以氦當作核融合的燃料；等到連氦也用盡、無法再進行核融合時，恆星會變成白矮星，逐漸冷卻。如果質量低於太陽的 0.08 倍，一開始就不會發生核融合，所以不會被歸類為恆星，而是稱為棕矮星。

⑭ 太陽的命運與宇宙的終結

行星狀星雲

白矮星

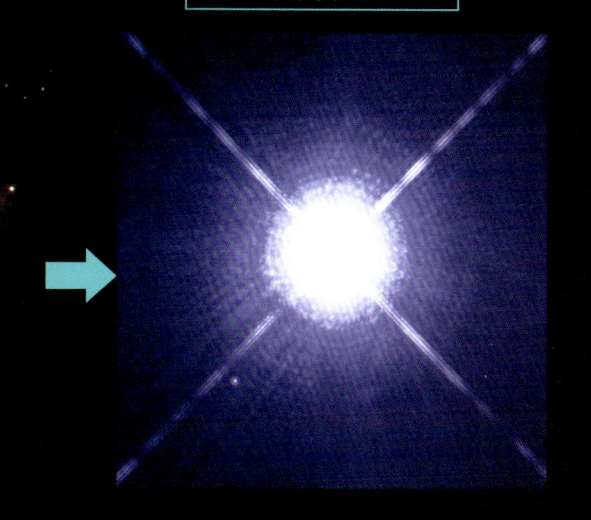

發光的氣體雲
太陽結束核融合後，會急速收縮成白矮星。剛誕生的白矮星釋放著強烈的紫外線，使周圍的氣體變成電漿。這片發光的氣體雲，就是行星狀星雲。

晚年的天體
白矮星的表面會逐漸冷卻，同時原本圍繞在它四周的氣體雲也會消失。白矮星的大小與地球差不多，但密度非常高，每立方公分高達數公噸。過了這個階段後，它只會繼續降溫冷卻。

14 太陽的命運與宇宙的終結

宇宙將何去何從？

黑洞的想像圖。已知在銀河星系的中心形成一個超大質量的黑洞。

■最終將會四分五裂？

因質量不同，每一顆恆星最後會走向何種命運也不盡相同。根據質量的高低，最後可能變成白矮星、中子星或黑洞等。

如果是質量超過太陽8倍以上的恆星，在結束一生時會發生超新星爆發，然後成為中子星或黑洞。包括我們所在的銀河星系在內，大多數的星系中心都有超大質量的黑洞，其質量是太陽的10萬倍～100億倍。

關於宇宙未來的命運，目前還沒有明確的結論。不過，最近的觀測發現宇宙的膨脹正在隨著時間加速，而且這項發現得到了2011年的諾貝爾物理學獎。有學者認為，速度如果持續加快，總有一天就會因膨脹過快，導致宇宙中存在的所有物質被撕裂，甚至分解成基本粒子，稱為「大解體（Big Rip）」。宇宙最後就因「大解體」而結束。

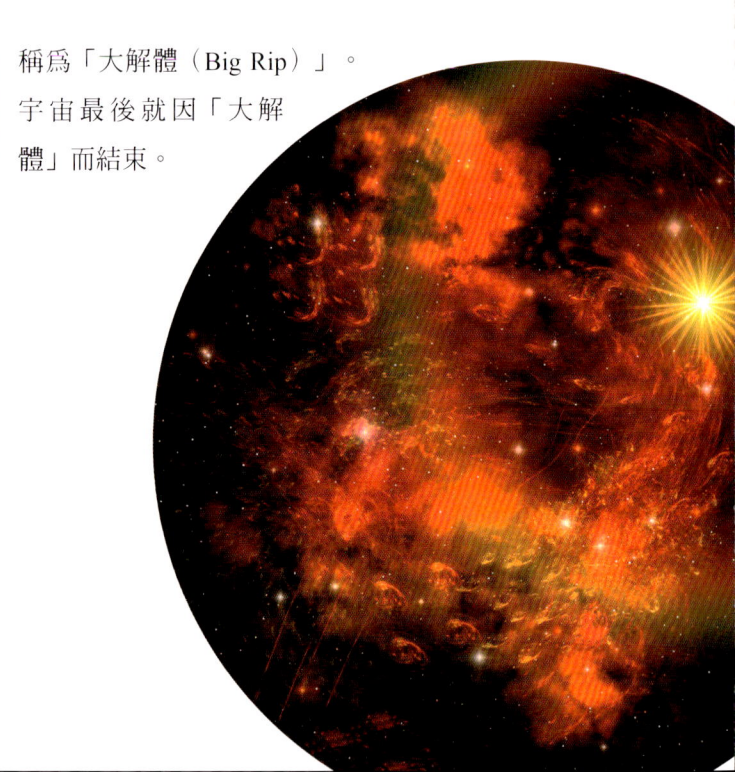

第 7 章 未來的地球

從天體的誕生到死亡

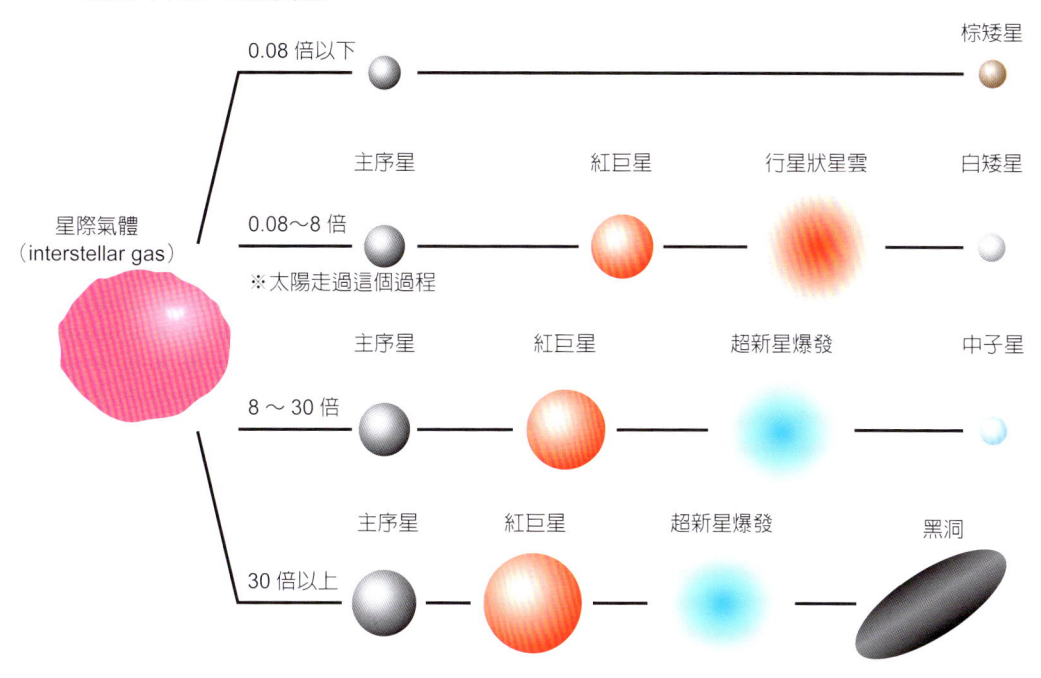

質量（單位：太陽質量）

- 0.08 倍以下 → 棕矮星
- 0.08～8 倍 → 主序星 → 紅巨星 → 行星狀星雲 → 白矮星
  ※太陽走過這個過程
- 8～30 倍 → 主序星 → 紅巨星 → 超新星爆發 → 中子星
- 30 倍以上 → 主序星 → 紅巨星 → 超新星爆發 → 黑洞

星際氣體（interstellar gas）

恆星的一生依質量不同而有差異。如果質量低於太陽的 0.08 倍，會成為「棕矮星」，無法進行核融合。質量是太陽質量的 0.08～8 倍之恆星，會走過與太陽一樣的經歷，最後成為白矮星。質量是太陽的 8 倍以上之恆星，最後會發生超新星爆發，成為中子星。質量是太陽的 30 倍以上之恆星，則會在超新星爆發後變成黑洞。

COLUMN 白矮星的超新星爆發

白色矮星是恆星燃燒殆盡後的殘骸，但這樣的白色矮星有時會發生超新星爆發，稱為「Ia 型超新星」，爆炸時發出的強光即使在遠方也能觀測到，因此經常用來測量宇宙的距離。

Ia 型超新星是由「聯星系統」（兩顆恆星受到彼此引力的影響而互繞，或繞行同一中心）中的白矮星形成，其質量因為伴星降落累積的氣體而增加，當超過某一界限、再也無法承受自身重力造成的收縮時，核心的碳核融合失控，就會發生超新星爆發。由於爆炸時的質量固定，其亮度（絕對星等）的最大值也是固定，所以天文學上會把超新星爆發當作測量距離的「標準光源」。

⑭ 太陽的命運與宇宙的終結

第 7 章 未來的地球

15 地外生命存在嗎？

可能有生命存在

聽到「地外生命」，你大概會聯想到「外星人」。想要確認是否有這種高度文明生命十分困難，不過宇宙中很有可能存在類似細菌等的「生命」。

在系外行星系的「適居帶」形成的行星想像圖。即使有大陸地殼，地表也有可能完全被海洋覆蓋。

未來的地球 ⓯ 地外生命存在嗎？

209

15　地外生命存在嗎？

太陽系外行星的發現

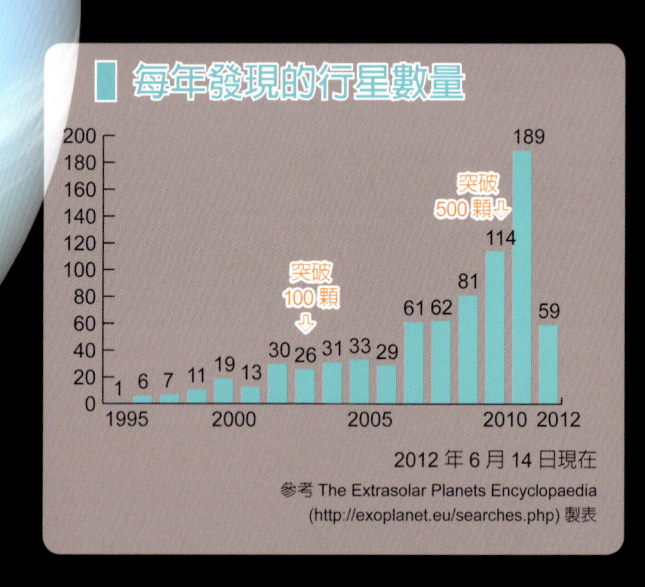

每年發現的行星數量

年份	數量
1995	1
1996	6
1997	7
1998	11
1999	19
2000	13
2001	30
2002	26
2003	31
2004	33
2005	29
2006	61
2007	62
2008	81
2009	114
2010	189
2011	—
2012	59

突破 100 顆
突破 500 顆

2012 年 6 月 14 日現在
參考 The Extrasolar Planets Encyclopaedia
(http://exoplanet.eu/searches.php) 製表

克卜勒 22 行星系統與太陽系的比較

克卜勒 22 行星系統
適居帶
太陽系

類地行星的發現

NASA 的克卜勒太空望遠鏡發現了一顆繞著類似太陽的恆星公轉的系外行星，名為「克卜勒 22b」，其大小約為地球的 2.4 倍，如果大氣層的溫室效應與地球相當的話，那麼平均氣溫就是 22°C。這顆行星的組成成分不明，據說有可能存在液態水。

改自「Kepler-22b - Comfortably Circling within the Habitable Zone」NASA/Ames/JPL-Caltech

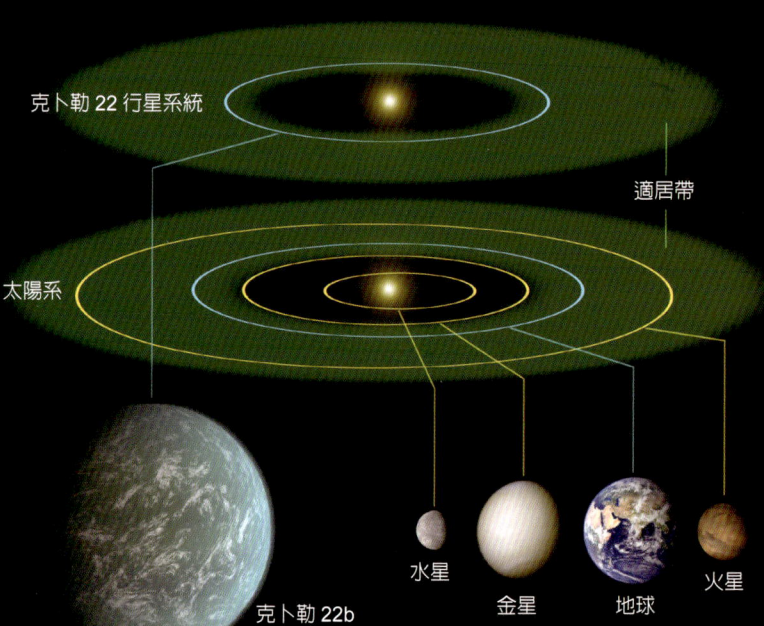

克卜勒 22b　水星　金星　地球　火星

第 7 章 未來的地球

⑮ 地外生命存在嗎？

■ 仍然無人知曉的行星

行星不像太陽等恆星一樣會主動發光，因此過去無法用望遠鏡觀測到。然而隨著觀測方式日新月異，現在我們已經能夠發現太陽系以外的行星了。人類首次成功觀測到太陽系外行星是在 1995 年，自那之後，到 2012 年 7 月為止，已經發現約 800 顆系外行星。（譯注：根據臺北市立天文教育科學館的報導，截至 2024 年 7 月已確認發現的系外行星數量為 5690 顆。）

過去人類一直以為最接近地球的恆星「太陽」很特別，但隨著天文學的發展，我們漸漸明白太陽也只是宇宙無數恆星之中的一顆。既然宇宙中存在那麼多恆星，那麼在這些恆星周圍形成行星系也並不奇怪。

在至今所發現的系外行星中，有些像木星一樣巨大，繞著非常接近母恆星的軌道運行，稱為「熱木星」。也有些稱為「離心木星」，它們是沿著非常窄長的橢圓軌道公轉，反覆著靠近母恆星的灼熱期，以及遠離母恆星的極寒期，這些都是太陽系裡沒有的行星類型。舉例來說，熱木星之一的「HD 209458 b」，非正式名稱為「歐西里斯」，表面溫度高達 1200℃，每秒鐘會釋放出 1 萬公噸的氣體，因此像彗星一樣拖著長長的尾巴。另外還有一種擁有地球數倍質量的行星，稱為「超級地球」。其他還有公轉方向與母恆星自轉方向相反的「逆行行星」等各式各樣的系外行星存在。

質量是木星的 0.7 倍、直徑為 1.4 倍的熱木星「HD 209458 b」想像圖。蒸發的大氣形成像彗星一樣的尾巴。

2009 年發現的超級地球「GJ1214 b」想像圖。由水與岩石構成，也確認存在大氣層。

COLUMN 如何發現行星？

觀測不會自己發光的太陽系外行星非常困難。雖然行星會反射來自恆星的光，但因為恆星本身的亮度極強，足以掩蓋行星反射的光，所以我們幾乎無法直接看到行星。

因此，為了尋找系外行星，人們最早使用的方法是觀察恆星的「晃動」。行星在繞行恆星公轉時，會造成恆星微幅晃動。利用都卜勒效應或天體測量學（測量恆星在天空中位置的改變）來觀察這些晃動。另外還有一種方法是「凌日法」，當行星從恆星前方通過時，恆星的光會因為行星遮擋而稍微變暗。最近也開始嘗試使用近紅外線等技術，直接拍攝系外行星的影像。

都卜勒效應的紅移

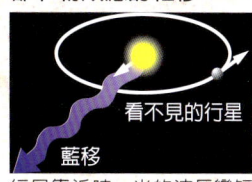

看不見的行星
藍移 / 紅移

行星靠近時，光的波長變短（藍移）。

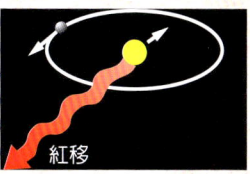

行星遠離時，光的波長變長（紅移）。

天體測量學

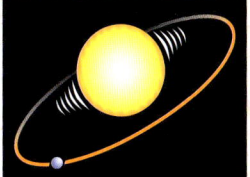

觀測行星繞恆星公轉時，恆星的微幅搖晃。

凌日法

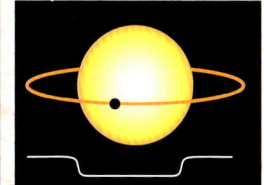

當行星通過恆星前方時，恆星的光有部分會變暗。

15 地外生命存在嗎？
存在地外生命的可能性

■我們會遇到它們嗎？

人類長年以來一直很好奇：「地球外有生命嗎？」也許不久的未來，科學將能夠回答這個問題。生命誕生需要具備能量、水、有機物這三大要素。地球因為這三項條件俱全，才得以誕生生命，也才有現在的我們。

在地球以外的地方，最有可能存在生命的就是火星。火星不僅有可能與地球一樣，位於太陽系的「適居帶」內，1996 年來自火星的隕石中，也發現了類似生命的痕跡，而且科學家們也發現火星早期可能有液態水，如果今後繼續探索，有可能找到微生物等。

除了火星之外，木星的衛星「歐羅巴」和土星的衛星「土衛二」也存在液態水。另一方面，在土星的衛星「泰坦」的北極附近，有由液態甲烷形成的湖泊。如果有液

這是類木行星（氣態巨行星）——系外行星「HD189733b」的想像圖。這是法國研究人員在 2005 年發現的熱木星。

尋找外星人──德瑞克方程式

$$N = R^* \times f_p \times n_e \times f_l \times f_i \times f_c \times L$$

N：銀河星系內存在的智慧文明數量

R^*：銀河星系內恆星誕生的速度（每年誕生的恆星數量）

f_p：那些恆星擁有行星系統的比例

n_e：行星的數量

f_l：那些行星可能出現生命的比例

f_i：那些行星上出現可演化成高等智慧文明的生命比例

f_c：那些生命具有足以與其他天體通訊的高度文明比例

L：此類文明的壽命

第 7 章 未來的地球

地外生命存在嗎？

態水或甲烷的話，就有可能孕育出生命。

太陽系外的行星中，也發現有些類地行星（岩石行星）的軌道在適居帶內，目前已經發現 4 顆這種行星，可以確定未來還會發現更多。

即使地外生命真的存在，我們也無從得知它們是否與地球上的生命相似，不過科學界普遍認為宇宙某處存在著生命的可能性很高。

美國天文學家法蘭克·德瑞克（Frank Drake）曾經提出一個著名的「德瑞克方程式」，用來估算銀河星系中可能存在的智慧文明數量。只要在這個方程式的各項目中輸入對應的數字，就可以估算出人類可能接觸到的智慧文明數量。雖然每個項目的數字可能會根據理論、觀測資料或思考方式等而相差甚遠，但這個方程式讓我們感覺到，人類與地外生命接觸的可能性不是零。

木星的衛星「歐羅巴」在距離地表約 50km 的深處，找到地下海洋。最近也發現在距離地表約 3～5km 深的地方可能有湖泊，因此也不禁期盼能找到生命。

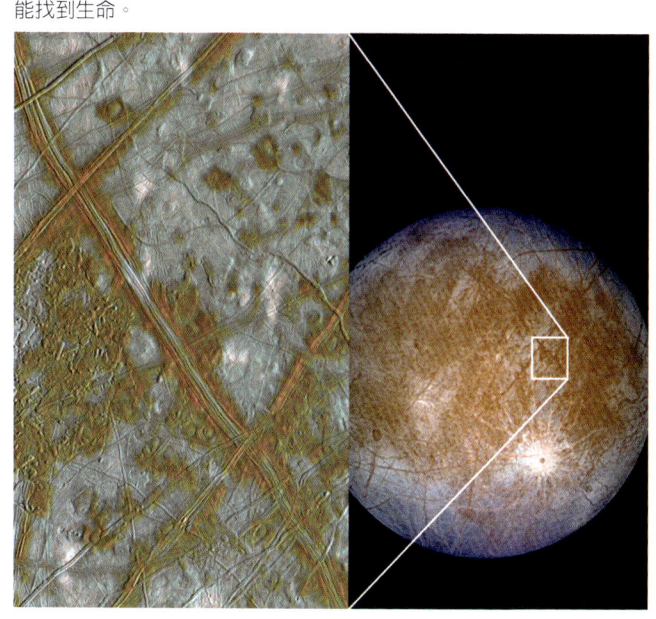

土星的衛星「泰坦」的地表上，已確認有甲烷湖。（塗上藍色的部分疑似為甲烷湖的痕跡）

COLUMN

地外智慧生命體真的存在嗎？

宇宙其他地方是否也有像地球人這樣的智慧生命體及文明呢？在天文學中有一個領域是「搜尋地外文明計畫（Search for Extra-Terrestrial Intelligence，以下簡稱 SETI）」，目的是在嘗試探尋地球以外的智慧生命體。

1960 年，美國天文學家法蘭克·德瑞克（Frank Drake）首次使用美國國家電波天文臺的無線電波望遠鏡尋找智慧生命體，這也成為「SETI」的起點。「SETI」主要是利用無線電波和雷射進行觀測與探索，尋找來自地外智慧生命發出的電波訊號，至今已有超過 100 項「SETI」相關計畫在進行中，但目前尚未發現任何確切的證據能證明地外智慧生命體的存在。

SETI 協會與加州大學柏克萊分校共用的無線電干涉儀。

213

15 地外生命存在嗎？

挑戰宇宙的人類
月球探索計畫

「月球門戶」繞月軌道太空站的想像圖。這個太空站是計畫當作連結地球與月球的中繼站，太空人可以此為據點，進行月球探索任務。之後也打算將這些技術與各種實驗設施運用在火星探索上。

阿提米絲登月計畫最重要的任務是以「獵戶座」太空船實現載人登月任務。2022 年 12 月，「獵戶座」進行 26 天無人繞月飛行後返回地球，專家將分析此次任務拍下的影像等，提供未來進行載人飛行時的參考。

載運「獵戶座」太空船進入太空的 NASA 新型火箭「SLS（Space Launch System）」。此次開發是為了執行阿提米絲計畫等，預計未來也將用來發射探測器等。

重量僅約 25 公斤、十分輕巧的超小型人造衛星「地球月球間自主定位系統運作及導航實驗（Cislunar Autonomous Positioning System Technology Operations and Navigation Experiment，簡稱 CAPSTONE）」。NASA 於 2022 年發射這顆衛星，用來檢驗阿提米絲計畫中占有重要位置的「月球門戶」太空站成效。

火星探索計畫

2012 年 8 月,「好奇號」探測車在火星著陸,並拍下火星表面的樣貌。從照片中可以清楚看到火星特有的紅色地表。「好奇號」的任務是為了探索火星上是否有生命存在的痕跡。

■衛星與探測器接連發射的時代

　　太空探索今後將會如何發展呢?在載人探索方面,目前的焦點集中在載人登月探索。

　　雖然在約 50 年前的阿波羅計畫中,人類已經多次踏上月球,但之後就沒有再進行過載人登月探索。到了 2000 年代,美國、俄羅斯、中國、歐洲、印度、日本等國開始展開月球探索。以美國主導的阿提米絲計畫為例,不僅計畫讓太空人再次登陸月球,也計畫建設一個新的繞月太空站「月球門戶」。另外,中國也正在進行國家級的月球探索計畫「嫦娥計畫」,目標是要讓人類能夠長時間駐留在月球表面。

　　不過,無論對哪個國家來說,登月探索計畫都需要龐大的資金,而其進展也會受到各國政治情勢的影響,因此這些計畫是否能如期進行,仍存在許多不確定性。

　　除了登月探索之外,備受關注的還有載人登上火星探索。火星是太陽系中與地球最相似的行星,也是地球以外唯一有可能住人的行星。美國的「好奇號」探測車、「毅力號」火星探測器、阿拉伯聯合大公國的「希望號」火星探測器、中國的「天問一號」火星探測器等,都已成功登上火星,載人登陸探索的技術也在穩定提升中。未來若能成功完成火星採樣等任務,也將有助於人類移居火星的研究。

　　無論是月球還是火星的探索,傳統上都是由國會主導進行,所需資金也相當龐大,因此近年來大量發射的都是超小型人造衛星與小型探測器。這類設備的製造成本與發射費用都非常低廉,開發時間也短,因此預期未來將會更積極地用在太空探索上。此外,這些小型設備獲得的大量資訊也會對外公開,並預期將廣泛應用在各式各樣的服務中。

索引（按筆劃排序）

C3 植物·················200
C4 植物·················200
DNA····················90
IPCC 第四次評估報告書········180
K-Pg 大滅絕·············127,150
P-T 大滅絕··············124,127
RNA 世界假說··············91

三劃

三腕蟲··················102
三葉蟲················111,113
三疊紀··················134
上部地函·················23
下部地函·················23
土星··················51,56
大型哺乳類···············168
大氣的大循環··············39
大氧化事件···············84,88
大規模噴發（毀滅性噴發）·····193
大陸地殼················26,78
大陸漂移說···············29
大滅絕···········124,126,128,150
大碰撞·················60,65

四劃

不飛鳥··················158
中子星··················206
中氣層···················38
內地核···················23
分裂說···················65
化石···················103

化石燃料···············187,189
化學化石·················103
天王星·················51,57
天體測量學···············211
太陽系················48,53,54
太陽系外行星··············210
巴林傑隕石坑··············77
巴基鯨··················163
月球···············60,64,66,68,70
月球門戶················214
木星··················50,56
水星··················50,55
水龍獸················125,135
火山冬天················193
火山活動·················30
火星··················50,55

五劃

代謝···················90
包頭龍··················146
古近紀··················154
古細菌域·················88
古蕨（古羊齒）············120
可燃冰················129,131
右旋胺基酸···············91
四足行走················170
外地核···················23
外氣層···················38
失控溫室效應的邊界··········198
尼安德塔人···········164,173,174
左旋胺基酸···············91
巧人···················172
巨脈蜻蜓················120

平流層···················38
弗洛勒斯人···············175
正斷層···················35
玄武岩···················78
瓦普塔蝦················109
生痕化石·················103
白矮星················205,207
皮卡蟲··················106
矛齒鯨··················162
石器時代················176

六劃

伊爾東缽················110
光合作用·············83,86,200
冰河沉積物···············96
冰河時期················95,97
冰期··················166,188
冰磧石··················166
匠人·················165,173
印多霍斯獸···············163
同源說···················65
地外生命···············208,212
地函過度帶················22
地函熱對流··············28,190
地球暖化···········178,180,182,184
地球磁層·················40
地殼····················22
地猿···················172
地震····················34
地震波···················23
多細胞動物···············99,100
有胎盤類················160
有袋類··················161

次級原始大氣……………62	板足鱟……………112	美亞大陸……………195
米勒重現太古濃湯實驗………83	板塊………………24	美洲劍齒虎……………168
肉鰭魚類……………117,118	板塊內部型地震……………35	重轟炸期……………72,76
自我複製……………90	板塊界面型地震……………34	風神翼龍……………133
自轉軸………………68	板塊構造論……………26	
行星反照率……………94	板龍………………145	## 十劃
行星狀星雲……………205,207	林喬利蟲……………109	冥古宙……………74
衣索比亞傍人……………172	泥盆紀……………116	凌日法……………211
西伯利亞洪水玄武岩……………130	直立人……………173	原人猿……………171
	肯亞平臉人……………172	原始太陽……………48,49
## 七劃	花崗岩……………78	原始太陽系圓盤……………48,62
伯吉斯頁岩動物群……………109	金伯拉蟲……………101,102	原始地球……………58,60
迅猛龍……………143	金星……………50,55	原始行星……………46,49
克卜勒 22b……………210	阿卡斯塔片麻岩……………74	哺乳類……………160
冷柱……………128	阿法南方古猿……………165,172	哺乳動物早期祖先……………122
希克蘇魯伯隕石坑……………150	阿波羅計畫……………70	埃及猿（曉猿）……………171
更猴……………160	阿提米絲計畫……………214,215	埃迪卡拉生物群……………100
狄更遜水母……………100	非洲南方古猿……………172	恐爪龍……………143
赤鐵礦……………87		恐龍……………140
走鯨……………163	## 九劃	恐鶴……………158
	信風……………39	捕獲說……………65
## 八劃	前人……………173	核融合……………204
侏儸紀……………136	厚頭龍……………147	氣囊……………138
初級原始大氣……………62	品納土玻火山……………192	海王星……………51,57
初期大規模脫氣說……………62	威爾遜循環……………93	海王星外天體……………53
奇蝦……………107,108	後獸類……………160	海洋地殼……………26,78
妮娜超大陸……………93	恆星……………52,206	海洋無氧事件……………127,128
始祖地猿……………172	查尼亞蟲……………101	海洋酸化……………186
始祖馬（曙馬）……………152	查德人猿……………172	海流……………36
岡瓦納大陸……………136	洋脊……………26	海流大循環……………36
岩石圈……………27	洛希極限……………61	海溝……………26
岩漿海……………62	盾皮魚類……………116	海德堡人……………173
東側故事……………172	紅巨星……………204,207	真核生物域……………88

217

真細菌域⋯⋯⋯⋯⋯⋯⋯⋯⋯88
真掌鰭魚⋯⋯⋯⋯⋯⋯⋯⋯118
真猿類⋯⋯⋯⋯⋯⋯⋯⋯⋯170
真獸類⋯⋯⋯⋯⋯⋯⋯⋯⋯160
逆斷層⋯⋯⋯⋯⋯⋯⋯⋯⋯35
釘狀龍⋯⋯⋯⋯⋯⋯⋯⋯⋯147
馬爾拉蟲⋯⋯⋯⋯⋯⋯⋯⋯107

十一劃
假熊猴⋯⋯⋯⋯⋯⋯⋯⋯⋯171
偏西風⋯⋯⋯⋯⋯⋯⋯⋯⋯39
副櫛龍⋯⋯⋯⋯⋯⋯⋯132,148
梁龍⋯⋯⋯⋯⋯⋯⋯⋯⋯⋯145
猛瑪象⋯⋯⋯⋯⋯⋯⋯⋯⋯168
異齒龍⋯⋯⋯⋯⋯⋯⋯⋯⋯123
盔龍（冠龍）⋯⋯⋯⋯⋯⋯149
眼窩內壁⋯⋯⋯⋯⋯⋯⋯⋯171
第四紀⋯⋯⋯⋯⋯⋯⋯166,168
終極盤古大陸⋯⋯⋯⋯⋯⋯195
羚羊河南方古猿⋯⋯⋯⋯⋯172
脫氣⋯⋯⋯⋯⋯⋯⋯⋯⋯⋯62
莫氏不連續面⋯⋯⋯⋯⋯⋯22
軟流圈⋯⋯⋯⋯⋯⋯⋯⋯⋯27
軟骨魚類⋯⋯⋯⋯⋯⋯⋯⋯117
部分凍結⋯⋯⋯⋯⋯⋯⋯85,96
都卜勒效應的紅移⋯⋯⋯⋯211
雪球地球（全球凍結）⋯⋯43,96
頂囊蕨⋯⋯⋯⋯⋯⋯⋯⋯⋯114
魚石螈⋯⋯⋯⋯⋯⋯⋯⋯⋯119
魚類⋯⋯⋯⋯⋯⋯⋯⋯⋯⋯116
鳥腳類⋯⋯⋯⋯⋯⋯⋯141,148
鳥臀類⋯⋯⋯⋯⋯⋯⋯⋯⋯141
鳥類⋯⋯⋯⋯⋯⋯⋯⋯⋯⋯138

十二劃
勞倫大陸⋯⋯⋯⋯⋯⋯⋯⋯136
喙嘴翼龍⋯⋯⋯⋯⋯⋯⋯⋯149
喜馬拉雅山脈⋯⋯⋯⋯154,156
單弓類⋯⋯⋯⋯⋯⋯⋯122,134
單成火山⋯⋯⋯⋯⋯⋯⋯⋯31
寒武紀⋯⋯⋯⋯⋯⋯⋯⋯⋯108
寒武紀大爆發⋯⋯⋯⋯106,108
提塔利克魚⋯⋯⋯⋯⋯⋯⋯118
智人⋯⋯⋯⋯⋯⋯⋯164,173,174
棘魚類⋯⋯⋯⋯⋯⋯⋯⋯⋯116
森林古猿⋯⋯⋯⋯⋯⋯⋯⋯165
湖畔南方古猿⋯⋯⋯⋯⋯⋯172
無弓類⋯⋯⋯⋯⋯⋯⋯⋯⋯122
無頷類⋯⋯⋯⋯⋯⋯⋯⋯⋯116
無齒翼龍⋯⋯⋯⋯⋯⋯⋯⋯149
猶因他獸⋯⋯⋯⋯⋯⋯⋯⋯160
發電機理論⋯⋯⋯⋯⋯⋯⋯40
硬骨魚類⋯⋯⋯⋯⋯⋯⋯⋯117
等刺蟲⋯⋯⋯⋯⋯⋯⋯⋯⋯110
腕龍⋯⋯⋯⋯⋯⋯⋯⋯⋯⋯144
菊石⋯⋯⋯⋯⋯⋯⋯⋯⋯⋯126
超級地球⋯⋯⋯⋯⋯⋯⋯⋯211
超級熱柱⋯⋯⋯⋯⋯⋯⋯28,128
超嗜熱生物⋯⋯⋯⋯⋯⋯⋯88
超新星爆發⋯⋯⋯⋯⋯⋯⋯48
間冰期⋯⋯⋯⋯⋯⋯⋯166,188

十三劃
嗜鹽菌⋯⋯⋯⋯⋯⋯⋯⋯⋯88
奧杜瓦伊石器⋯⋯⋯⋯⋯⋯174
新生代⋯⋯⋯⋯⋯⋯⋯154,166
新近紀⋯⋯⋯⋯⋯⋯⋯⋯⋯154

極地東風帶⋯⋯⋯⋯⋯⋯⋯39
溫室效應⋯⋯⋯⋯⋯⋯⋯⋯94
溫室效應的邊界⋯⋯⋯⋯⋯199
節肢動物⋯⋯⋯⋯⋯⋯⋯⋯112
葡萄園龍⋯⋯⋯⋯⋯⋯⋯⋯144
裝甲類⋯⋯⋯⋯⋯⋯⋯141,146

十四劃
厭氧生物⋯⋯⋯⋯⋯⋯⋯86,88
圖根原人⋯⋯⋯⋯⋯⋯⋯⋯172
實體化石⋯⋯⋯⋯⋯⋯⋯⋯103
對流層⋯⋯⋯⋯⋯⋯⋯⋯⋯38
綿張腔海綿⋯⋯⋯⋯⋯⋯⋯108
蜥腳形類⋯⋯⋯⋯⋯⋯140,144
蜥臀類⋯⋯⋯⋯⋯⋯⋯⋯⋯140

十五劃
增溫層⋯⋯⋯⋯⋯⋯⋯⋯⋯38
德瑞克方程式⋯⋯⋯⋯⋯⋯212
撞擊坑年代學⋯⋯⋯⋯⋯⋯77
撫仙湖蟲⋯⋯⋯⋯⋯⋯⋯⋯110
暴龍⋯⋯⋯⋯⋯⋯⋯⋯133,142
潮汐力⋯⋯⋯⋯⋯⋯⋯⋯⋯67
潮溼溫室狀態⋯⋯⋯⋯⋯⋯200
熱木星⋯⋯⋯⋯⋯⋯⋯⋯⋯211
熱泉噴出孔⋯⋯⋯⋯⋯⋯⋯82
熱點⋯⋯⋯⋯⋯⋯⋯⋯⋯⋯32
盤古大陸⋯⋯⋯⋯⋯⋯⋯⋯129
複式火山⋯⋯⋯⋯⋯⋯⋯⋯31
適居帶⋯⋯⋯⋯⋯⋯52,196,198
鄧氏魚（恐魚）⋯⋯⋯⋯⋯116
鋯石⋯⋯⋯⋯⋯⋯⋯⋯⋯74,78

十六劃
橫移斷層……………………35
盧多爾夫人…………………173
頭飾龍類……………………141,146
鮑氏傍人……………………173
默奇森隕石…………………91
龍王鯨………………………162

十七劃
翼肢鱟………………………112
翼龍類………………………149

十八劃
藍綠菌………………………86
雙弓類………………………122
雙足行走……………………170

十九劃
離心木星……………………211
獸腳類………………………140,142
羅百氏傍人…………………165,173
類木行星（氣態巨行星）……49,56
類地行星（岩石行星）………49,55
類海行星（冰巨行星）………49,57

二十二劃
疊層石………………………87

二十三劃
驚奇南方古猿………………172

二十四劃
靈長類………………………170

二十七劃
顳肌…………………………171

参考文献

- 《凍った地球——スノーボールアースと生命進化の物語》田近英一著（新潮社）
- 《大気の進化46億年 O_2とCO_2— 酸素と二酸化炭素の不思議な関係 —》田近英一著（技術評論社）
- 《地球環境46億年の大変動史》田近英一著（化学同人）
- 《NHKスペシャル 地球大進化 46億年・人類への旅（1〜6巻）》
  NHK「地球大進化」プロジェクト編（NHK出版）
- 《生物の進化 大図鑑》マイケル・J・ベントン他監修（河出書房新社）
- 《Newtonムック 大地と海を激変させた 地球史46億年の大事件ファイル》（ニュートンプレス）
- 《Newton別冊 なぜ、「水と生命」に恵まれたのか？ 地球 宇宙に浮かぶ奇跡の惑星》（ニュートンプレス）
- 《Newton別冊 生命創造から人類の誕生まで 生命史35億年の大事件ファイル》（ニュートンプレス）
- 《Newton別冊 最前線の研究者が挑む 生命に関する7大テーマ》（ニュートンプレス）
- 《Newton別冊 地球のしくみをくわしく図解 よくわかる地球の科学》（ニュートンプレス）
- 《ニュースでわかる！宇宙》（学研パブリッシング）
- 《図解入門 最新地球史がよくわかる本》川上紳一・東條文治著（秀和システム）
- 《一冊で読む 地球の歴史としくみ》山賀進著（ベレ出版）
- 《地球と生命の共進化》川上紳一著（NHK出版）
- 《月のかぐや》独立行政法人宇宙航空研究開発機構(JAXA)編著（新潮社）
- 《「地球科学」入門 たくさんの生命を育む地球のさまざまな謎を解き明かす！》
  谷合稔著（ソフトバンククリエイティブ）
- 《フォトサイエンス 生物図録》鈴木孝仁監修（数研出版）
- 《恐竜はなぜ鳥に進化したのか 絶滅も進化も酸素濃度が決めた》ピーター・D・ウォード著（文藝春秋）
- 《カンブリア爆発の謎 チェンジャンモンスターが残した進化の足跡》宇佐見義之著（技術評論社）
- 《眼の誕生 カンブリア紀大進化の謎を解く》アンドリュー・パーカー著（草思社）
- 《小学館の図鑑NEO POCKET 恐竜》（小学館）
- 《学研の図鑑 恐竜・大昔の生き物》（学研教育出版）
- 《生きもの上陸大作戦》中村桂子・板橋涼子著（PHP研究所）
- 《大量絶滅がもたらす進化 巨大隕石の衝突が絶滅の原因ではない？
  絶滅の危機がないと生物は進化を止める？》金子隆一著（ソフトバンククリエイティブ）
- 《新編 理科総合B》（東京書籍）
- 《進化する地球惑星システム》東京大学地球惑星システム科学講座編（東京大学出版会）
- 《地球温暖化のしくみ》江守正多監修、寺門和夫著（ナツメ社）
- 《アストロバイオロジー —— 宇宙が語る〈生命の起源〉》小林憲正著（岩波書店）
- 《スーパーアース 地球外生命はいるのか》井田茂著（PHP研究所）
- 《生命には意味がある どれだけの奇跡の果てに僕らはあるのか》長沼毅著（メディアファクトリー）
- 《オールカラー 深海と深海生物 美しき神秘の世界》
  独立行政法人海洋研究開発機構（JAMSTEC）監修（ナツメ社）
- 《宇宙ウォッチング》沼澤茂美・脇屋奈々代著（新星出版社）
- 《徹底図解 地球のしくみ》（新星出版社）
- 《徹底図解 宇宙のしくみ》渡部潤一監修、坂本志歩著（新星出版社）

參考網站

- NASA（英文）

https://www.nasa.gov/

- The National Oceanic and Atmospheric Administration (NOAA)（英文）

https://www.noaa.gov/

- U.S. Geological Survey (USGS)（英文）

https://www.usgs.gov/

- The PALEOMAP Project（英文）

http://www.scotese.com/

- Snowball Earth（英文）

https://www.snowballearth.org/

- 宇宙航空研究開發機構（JAXA）（日文）

https://www.jaxa.jp/

- 宇宙科學研究所（ISAS）（英文）

https://www.isas.jaxa.jp/en/

- 獨立行政法人海洋研究開發機構（JAMSTEC）（英文）

https://www.jamstec.go.jp/e/

- 國立科學博物館（繁體中文）

https://www.kahaku.go.jp/chinese_trad/

- 福井縣立恐龍博物館（日文）

https://www.dinosaur.pref.fukui.jp/

- The Burgess Shale（英文）

https://www.burgess-shale.bc.ca/

- National Geography 日本官方網站（日文）

https://natgeo.nikkeibp.co.jp/

- 科學入口網站（日文）

https://scienceportal.jst.go.jp/index.html

- 月球探索資訊站（日文）

https://moonstation.jp/

- 京都大學靈長類研究所（日文）

http://pri.ehub.kyoto-u.ac.jp/index-j.html

- 日本氣象廳（日文）

https://www.jma.go.jp/jma/index.html

- 日本全國地球暖化防止活動推廣中心（日文）

https://www.jccca.org/

國家圖書館出版品預行編目（CIP）資料

地球演化百科圖鑑 / 田近英一監修；黃薇嬪翻譯.
-- 初版 . -- 臺中市：晨星出版有限公司, 2025.08
　　面；　公分
譯自：新版 地球・生命の大進化
ISBN 978-626-420-128-5（精裝）

1.CST: 地球科學 2.CST: 生物演化 3.CST: 歷史

350.9　　　　　　　　　114006549

詳填晨星線上回函
50 元購書優惠券立即送
（限晨星網路書店使用）

地球演化百科圖鑑
新版 地球・生命の大進化

監修	田近英一
翻譯	黃薇嬪
審訂	蔡政修
主編	徐惠雅
執行主編	許裕苗
版面編排	許裕偉
插圖	加藤愛一、木下真一郎、月本佳代美、風美衣
圖解插圖	飛鳥井羊右（デザインコンビビア）

創辦人	陳銘民
發行所	晨星出版有限公司 台中市 407 工業區三十路 1 號 TEL：04-23595820　FAX：04-23550581 E-mail：service@morningstar.com.tw https：//www.morningstar.com.tw 行政院新聞局版台業字第 2500 號
初版	西元 2025 年 8 月 6 日
讀者專線	TEL：（02）23672044 /（04）23595819#212 FAX：（02）23635741 /（04）23595493 E-mail：service@morningstar.com.tw
網路書店	https://www.morningstar.com.tw
郵政劃撥	15060393（知己圖書股份有限公司）
印刷	上好印刷股份有限公司

定價 999 元

ISBN 978-626-420-128-5（精裝）

OTONA NO TAME NO ZUKAN SHINPAN CHIKYU・SEIMEI NO DAISHINKA
© SHINSEI Publishing Co., Ltd. 2023
Originally published in Japan in 2023 by SHINSEI Publishing Co., Ltd., TOKYO.
Traditional Chinese Characters translation rights arranged with SHINSEI Publishing Co.,Ltd., TOKYO, through TOHAN CORPORATION, TOKYO and jia-xi books co., ltd.,
NEW TAIPEI CITY.

版權所有 翻印必究（如有缺頁或破損，請寄回更換）